高等学校计算机科学与技术应用型教材

基于 ASP．NET 的网站建设与管理(C♯)

陈光军　韩立军　**主编**

U0291092

北京邮电大学出版社
www.buptpress.com

内 容 简 介

本书共分 12 章,第 1 章 ASP. NET 3.5 入门,第 2 章 HTML 基础知识,第 3 章 C♯语言基础,第 4 章 C♯面向对象程序设计,第 5 章 Web 窗体基础,第 6 章 ASP. NET 服务器控件,第 7 章创建外观一致的 Web 站点,第 8 章 ADO. NET 数据库访问技术,第 9 章 AJAX 技术,第 10 章 XML 数据操作,第 11 章 ASP. NET 程序的配置与部署,第 12 章三层系统结构。

本书内容丰富,实用性强,可以作为计算机科学与技术专业、网络工程专业、通信工程专业"网站建设与管理"课程的教材。

图书在版编目(CIP)数据

基于 ASP. NET 的网站建设与管理:C♯ / 陈光军,韩立军主编 . -- 北京:北京邮电大学出版社,2013.5
ISBN 978-7-5635-3477-7

Ⅰ. ①基… Ⅱ. ①陈… ②韩… Ⅲ. ①网页制作工具—程序设计—高等学校—教材②C 语言—程序设计—高等学校—教材 Ⅳ. ①TP393.092②TP312

中国版本图书馆 CIP 数据核字(2013)第 076273 号

书　　名:基于 ASP. NET 的网站建设与管理(C♯)
主　　编:陈光军　韩立军
责任编辑:刘春棠
出版发行:北京邮电大学出版社
社　　址:北京市海淀区西土城路 10 号(邮编:100876)
发 行 部:电话:010-62282185　传真:010-62283578
E-mail:publish@bupt.edu.cn
经　　销:各地新华书店
印　　刷:北京联兴华印刷厂
开　　本:787 mm×1 092 mm　1/16
印　　张:19.5
字　　数:511
印　　数:1—3 000 册
版　　次:2013 年 5 月第 1 版　2013 年 5 月第 1 次印刷

ISBN 978-7-5635-3477-7　　　　　　　　　　　　　　　　　定　价:39.00 元

· 如有印装质量问题,请与北京邮电大学出版社发行部联系 ·

前　言

　　网站是信息交流的重要平台,是一个单位形象的重要标志。网站建设与管理是企业实现现代化管理和参与国际市场竞争的重要手段。明确网站的建设目标,掌握网站的规划和建设的总体架构,把握网站的具体内容,掌握网页的设计与制作技术,使用最新的软件平台与工具是非常必要的。

　　本书列举大量实例,详细介绍了网站建设与管理的最新理念与应用技术,从网站的建设目标、总体规划开始,全面论述了网站建设与管理的基本知识、网页设计和制作的技术与技巧。

　　本书内容丰富,实用性强,可以作为计算机科学与技术专业、网络工程专业、通信工程专业"网站建设与管理"课程的教材。本书具有以下特点。

1. 编写思路明确

　　教材编写以满足社会需要为目标,在内容编排上遵从"网页元素的概念讲清、讲透,具体操作和实例融合,步骤详尽,直到得到实际的运行结果,使学生感到一步一个收获"的原则。本书案例实用,体现"学了就能用,学会了就能干"的理念。

2. 先进性

　　ASP. NET 是微软公司推出的一种创建动态 Web 应用程序的技术,它包括使用尽可能少的代码生成 Web 应用程序所需的各种服务。与先前的 Web 技术相比,创建可扩展、安全而又稳定的应用程序变得更快、更容易。

3. 实践性

　　本书在注重基本概念掌握的同时,又特别注重学生的实践能力。本书的编者多年从事"网站建设与管理"的教学与科研开发工作,对网站建设与管理有着深刻的理解和丰富的经验,在内容的组织上结合了教学与科研开发等方面的经验,书中的案例来自具体的科研项目。通过学习,学生能够水到渠成地掌握网站建设与管理技术。

　　本书由陈光军、韩立军任主编,陈光军编写了第 1～6 章,韩立军编写了第 7～12 章,潘明寒对全书进行了仔细认真的审阅,并提出了许多宝贵意见,在此表示衷心感谢。

　　由于作者水平有限,书中错误和不足之处在所难免,恳请广大读者批评指正。

编者

2012 年 12 月

目　　录

第1章
ASP.NET 3.5入门

1.1 网页开发基础概念

1.1.1 什么是网页

网页是上网浏览时看到的页面,通过浏览器(如 IE、火狐等),呈现在计算机上,用户在浏览器的地址栏输入一个网站地址,则打开一个页面,这个页面就是我们常说的"网页"。网站是一个具有多个网页的站点,如 http://www.sina.com.cn 就是一个网站的地址,用户通过这个地址来访问网站,网站包含多个相关的网页。图 1.1 就是打开的新浪网站主页。

图 1.1　新浪网站主页

关于网站地址有以下几个基本概念。

1. 统一资源定位器(URL)

URL(Uniform Resource Locator)即统一资源定位器,它使用数字和字母来代表Internet

文件在网上的地址。URL 好比 Internet 的门牌号码，它可以帮助用户在 Internet 的信息海洋中定位到所需要的资料。

Web 上所能访问的资源都有一个唯一的 URL。URL 包括所用的传输协议、服务器名称、文件的完整路径。例如，在浏览器 URL 处输入"http://www.sina.com.cn"就可以访问新浪网站的主页。URL 的第一个部分"http://"表示要访问的资源类型。其他常见资源类型还有："ftp://"表示 FTP 服务器，"gopher://"表示 Gopher 服务器，而"new://"表示 Newgroup 新闻组。第二部分"www.sina.com"是主机名，说明了要访问服务器的 Internet 名称。其中，"www"表示要访问的文件存放在名为 www 的服务器里；"sina"则表示该网站的名称；".com"大致指出了该网站的服务类型。

目前，常用的网站服务类型的含义如下：.com 特指事务和商务组织；.edu 表示教育机构；.gov 表示政府机关；.mil 表示军用服务；.net 表示网关，由网络主机或 Internet 服务提供商决定；.org 一般表示公共服务或非正式组织。

另外，有些域名后面会带有本国的域名。例如，新浪的网址"http://www.sina.com.cn"中的"cn"就代表该网站属于中国。其他国家的域表示如下：au 为澳大利亚，ca 为加拿大，fr 为法兰西，uk 为英国，jp 为日本等。

2. 万维网（WWW）

WWW 是 World Wide Web（环球信息网）的缩写，也可以简称为 Web，中文名字为"万维网"。用户在使用浏览器访问 Web 的过程中，无须再关心一些技术性的细节即可得到丰富的信息资料。WWW 是 Internet 发展最快且目前使用最广泛的一种服务。

简单地说，WWW 是漫游 Internet 的工具，它把 Internet 上不同地点的相关信息聚集起来，通过 WWW 浏览器（如 IE）检索它们，无论用户所需的信息在什么地方，只要浏览器为用户检索到之后，就可以将这些信息（文字、图片、动画、声音等）"提取"到用户的计算机屏幕上。

3. 超文本传输协议（HTTP）

HTTP（Hyper Text Transfer Protocol）即超文本传输协议，它是 WWW 服务器使用的最主要的协议。通过这一跨平台的通信协定，在 WWW 任何平台上的计算机都可以阅读远方主机（Server）上的同一文件。该协议经常用来在网络上传送 Web 页。当用户以"http://"开始一个链接的名字时，就是告诉浏览器去访问使用 HTTP 的 Web 页。

1.1.2　静态网页与动态网页

网页分为静态网页与动态网页。如果要制作简单的静态网页，只需要学习 HTML 语言就可以，这是一门非常简单的语言，通过标签来完成网页的设计。

静态网页可以算是第一代网页，只显示基本内容，根本无法与用户交互。与静态网页相对应的动态网页能与后台数据库进行交互、数据传递。也就是说，网页 URL 的后缀文件名不是.htm、.html、.shtml、.xml 等静态网页的常见形式，而是.aspx、.asp、.jsp、.php、.perl、.cgi 等，并且在动态网页网址中往往有一个标志性的符号"?"。

1.1.3　动态网页开发相关技术

目前动态网页开发的几种主流技术是 ASP、PHP、JSP 和 ASP.NET，下面对这几种开发技术分别进行介绍。

1. ASP

ASP 主要为 HTML 编写人员提供在服务器端运行脚本的环境，使 HTML 编写人员可以利用

VBScript 和 JScript 或其他第三方脚本语言来创建 ASP，实现有动态内容的网页，如计数器等。

ASP 有以下优点：首先，ASP 和现在普遍使用的 Windows 操作系统以及 IE 浏览器之间结合很紧密。其次，ASP 所使用的 VBScript 脚本语言直接来源于 VB 语言，简单易学。并且它的运行环境的安装以及 ASP 文件的开发环境也很简单。最后，目前 ASP 发展成熟，网上各种资源也很多，可以更方便地查找资料以及与他人交流。

2. PHP

PHP 是一种跨平台的服务器端的嵌入式脚本语言。它是技术人员在制作个人主页的过程中开发的一个小应用程序，而后经过整理和进一步开发而形成的语言。它能使一个人在多种操作系统下迅速完成一个轻型的 Web 应用。PHP 支持目前绝大多数数据库，并且是完全免费的，可以从 PHP 官方站点(http://www.php.net)自由下载。用户可以不受限制地获得源码，甚至可以从中加进自己需要的特色。

3. JSP

JSP 的全称是 Java Server Pages，它是由太阳微系统公司(Sun Microsystems Inc.)提出、多家公司合作建立的一种动态网页技术。JSP 的突出特点是开放的、跨平台的结构，它可以运行在几乎所有的服务器系统上。JSP 将 Java 程序片段和 JSP 标记嵌入普通的 HTML 文档中。当客户端访问一个 JSP 网页时，就执行其中的程序片段。Java 是一种成熟的跨平台的程序设计语言，它可以实现丰富强大的功能。

4. ASP. NET

ASP. NET 是一种将各种 Web 元素组合在一起的服务器技术，是一个统一的 Web 开发平台，它提供了生成一个完整的 Web 应用程序所必需的各种服务。作为一种新的 Web 技术，ASP. NET 给了设计者一个全新的 Web 设计概念。它将软件设计和 Web 设计融为一个整体，同时与 VB. NET、VC++. NET 和 C#(读音 C-Sharp)等程序设计语言紧密结合，从而为 Web 开发人员提供了一个更为强大的编程空间。

ASP. NET 是微软力推的功能强大的编程环境，可以使用 C# 等多种高级语言及脚本语言、HTML、XML、XSL 等来创建基于网络的应用程序。C# 作为一种面向对象的语言，在很多方面来看，将成为与 Java 相似的语言。

ASP、PHP 和 JSP 语言都是面向 Web 服务器的技术，客户端浏览器不需要任何附加的软件支持。它们都提供在 HTML 代码中混合某种程序代码、由语言引擎解释执行程序代码的能力，这样就造成了程序代码的混乱。而 ASP. NET 技术恰恰从这种混乱的代码中脱离出来，将页面描述与代码分离开，使程序员更加专注于进行专项开发。

1.1.4　ASP. NET 与 ASP 的主要差异

ASP 属于一种解释型的编程语言，它只能使用非结构语言编写，如 VBScript 和 JavaScript。受这两种脚本语言的限制，ASP 无法像传统编程语言那样对底层进行操作。如果要使用其他语言，则必须要有单独的解释器，从而限制了它的扩展性和优越性。而 ASP. NET 是一种编译型的编程语言，它提供了中层语言执行结构。除了和 ASP 一样可以采用 VBScript 和 JavaScript 作为编程语言外，还可以使用 C# 等多种语言，从而可以进行许多底层操作而无须借助其他语言。

虽然传统的 ASP 一直试图引用面向对象编程的概念，但始终没有成功。而 ASP. NET 则真正解决了这一问题，它采用了一种完全不同的编程方法，是完全面向对象的。

　　由于 ASP 是一种非结构化的语言，所以它的代码和表达逻辑混杂在一起，这使得应用程序难以理解和维护。由于 ASP 的这个限制，其代码分离几乎是不可能的。对于一个应用程序，不可能将表达逻辑的实现交给 Web 设计者，而是将代码交给开发人员，让他们同时来完成程序的开发。ASP.NET 提出了代码分离的概念，即将表达逻辑和脚本分别写入不同的文件，来共同完成一个应用程序。使用代码分离可以消除混乱的代码，同时使结构更为清晰，便于开发人员阅读和维护。

　　在 ASP 中，开发 COM 类型对象是一件让人头痛的事件。对于 ASP 所调用的所有控件，都必须使用 Regsvr 32. exe 程序来进行注册。如果修改了其中的组件，则必须停止全部的 Web 服务程序以对组件重新注册。而 ASP.NET 取消了组件注册及 DLL 锁定，全面使用 XML 配置文件，从而使这一问题变得更为简化。用户只需将组件复制到应用程序的 bin 目录下即可，而不需要任何注册操作。如果要取消注册，也只需要将组件文件从 bin 目录中删除。

　　此外，ASP.NET 的功能是无比强大的，几乎可以做我们在网络上能想到的所有事情。如文件上传，在 ASP 中，这个问题只能通过组件来实现；而在 ASP.NET 中，只需要简单的代码即可完成。事实上，ASP.NET 中的很多思想来自于 VB 和 VC++等，这使得我们在编写程序时感觉自己是在写软件，而不是在写传统的 ASP 程序。

　　上述仅仅是 ASP 与 ASP.NET 不同之处的很小一部分。事实上，与 ASP 相比，ASP.NET在性能、状态管理、可扩展性、安全性、输出缓存控制和网络支持等方面都有了很大的改进。可以说，在 ASP 中缺少的内容，在 ASP.NET 中都已实现，且易于使用。

　　虽然 ASP.NET 与 ASP 完全不同，但它们却可以同时并存，用户无须担心安装了 ASP.NET 之后，以前的 ASP 程序便无法使用。

1.2　.NET Framework

1.2.1　.NET Framework 简介

　　.NET Framework 是由微软开发的一个致力于敏捷软件开发（Agile Software Development）、快速应用开发（Rapid Application Development）、平台无关性和网络透明化的软件开发平台。.NET 是微软为下一个十年对服务器和桌面型软件工程迈出的第一步。.NET 包含许多有助于 Internet 和 Intranet 应用快速开发的技术。

　　.NET Framework 是微软公司继 Windows DNA 之后的新开发平台，是以一种采用系统虚拟机运行的编程平台，以公共语言运行库（Common Language Runtime）为基础，支持多种语言（C♯、VB.NET、C++、Python 等）的开发。

　　.NET 也为编程界面（API）提供了新功能和开发工具。这些革新使得程序设计员可以同时进行 Windows 应用软件和网络应用软件以及组件和服务的开发。.NET 提供了一个新的反射性的且面向对象的程序设计编程接口。.NET 设计得足够通用化从而使许多不同高级语言都得以被汇集。

1.2.2　.NET Framework 主要版本发展

　　（1）.NET Framework 1.0
　　这是最初的 .NET 构架，发行于 2002 年。它可以以一个独立的可重新分发的包的形式或在一个软件发展工具包集中被获得。它也是第一个微软 Visual Studio.NET 的发行版的一部分(也被称做 Visual Studio.NET 2002)。

(2).NET Framework 1.1

这是首个主要的.NET 框架升级版本,发行于 2003 年。它可以以一个独立的可重新分发的包的形式或在一个软件发展工具包集中被获得。它还是第二个微软 Visual Studio.NET 版本的一部分(也被称做 Visual Studio.NET 2003)。它还是首个被 Windows 操作系统 Windows Server 2003 所内置的.NET 框架版本。它实现了如下好处。

• 页面表现与代码清楚地分开。使用 ASP 时,编码逻辑常常散布在整个页面的 HTML 中,使得后面对页面的修改比较困难。

• 开发模型更接近于桌面应用程序的编程方式。

• 它有一个功能丰富的开发工具,开发人员可以用它来可视化地创建和编写 Web 应用程序代码。

• 有多种面向对象的编程语言可以选择。

• 它可以访问整个.NET Framework,这意味着 Web 开发人员首次有了一种统一且容易的方式来使用访问数据库、文件、E-mail、网络工具等许多高级功能。

(3).NET Framework 2.0

.NET Framework 2.0 的组件都包含在 Visual Studio 2005 和 SQL Server 2005 里面。通过 MSDN Universe 版可以免费下载 RTM 版本。

自 1.1 版本以来的改进如下。

• 大量的 API 变更。

• 新的 API 让需要管理.NET 运行库实例的非.NET 的应用程序可以做到这点。这个新的 API 为.NET 运行库的各种功能,包括多线程、内存分配、代码加载等,提供了很好的控制。它最初是为 Microsoft SQL Server 能够有效率地使用.NET 运行库而设计的,因为 Microsoft SQL Server 拥有它自己的日程管理器和内存管理器。

(4).NET Framework 3.5

这个版本将包含一个支持 C♯ 和 VB.NET 中心的语言特性的编译器,以及对语言整合查询(Language-Integrated Query,LINQ)的支持。该版本随 Visual Studio 2008 一起发布。

同时,.NET Framework 3.5 自动包含.NET Framework 2.0 SP1 以及.NET Framework 3.0 SP1,用于为这两个版本提供安全性修复,以及少量新增的类别库(如 System.DateTimeOffset)。此版本提供的新功能如下。

• 扩展方法(Extension Method)属性(Attribute),用于为扩展方法提供支持。

• LINQ 支持,包括 LINQ to Object、LINQ to ADO.NET 以及 LINQ to XML。

• 表达式目录树(Expression Tree),用于为 Lambda 表达式提供支持。

• 与 LINQ 和数据感知紧密整合。借助这个新功能,可以使用相同的语法,在任何支持 LINQ 的语言中编写相关代码,以筛选和列举多种型式的 SQL 数据、集合、XML 和数据集,以及创建它们的投影。

• 利用 ASP.NET AJAX 可以创建更有效、更具互动性、高度个性化的 Web 体验,这些体验在所有最流行的浏览器上都能实现。

• 用于生成 WCF 服务的全新 Web 协议支持,包括 AJAX、JSON、REST、POX、RSS、ATOM 和若干新的标准。

• Visual Studio 2008 中面向 WF、WCF 和 WPF 的完整工具支持,其中包括支持工作流的服务这一新技术。

* .NET Framework 3.5 基础类别库（BCL）中的新类可满足许多常见的客户请求。

1.2.3 .NET框架的体系结构

在.NET 框架中使用了很多全新的技术，带来了很多根本性的、深层次的创新。框架给因特网构筑了一个理想的工作环境。在这个环境中，用户能够在任何地方、任何时间使用任何设备从 Internet 中获得所需要的信息，而不需要知道这些信息存在什么地方以及获得这些信息的细节。

.NET 框架的体系结构包括 5 大部分，它们是程序设计语言及公共语言规范（Common Language Specification，CLS）、应用程序平台（ASP.NET 及 Windows 应用程序等）、ADO.NET 及类库、公共语言运行库、程序开发环境（Visual Studio.NET 2008 或 Visual Web Developer 2008）。其结构如图 1.2(a)所示，可以简化为如图 1.2(b)所示的结构。

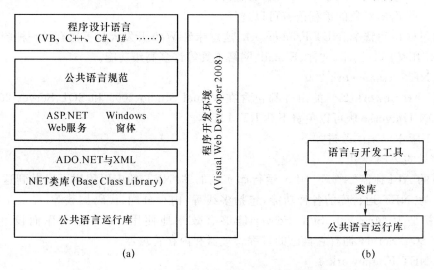

(a)   (b)

图 1.2 .NET 框架的体系结构

1．.NET框架使用的语言

在.NET 框架上可以运行多种语言，这是.NET 的一大优点。.NET 框架中的 CLS 实际上是一种语言规范。由于.NET 框架支持多种语言，并且要在不同语言对象之间进行交互，因此就要求这些语言必须遵守一些共同的规则。CLS 就定义了这些语言的共同规范，它包括了数据类型、语言构造等，同时 CLS 又被设计得足够小。

凡是符合 CLS 的语言都可以在.NET 框架上运行。目前已经有 C♯、VB.NET、C++.NET、J♯、JScript.NET 等。预计还将有 20 多种语言可以运行在.NET 框架中。目前，有些公司还在创建符合 CLS 的自己的语言。

由于多种语言都运行在.NET 框架中，因此它们的功能都基本相同，只是语法有区别。程序开发者可以选择自己习惯或爱好的语言进行开发。VB.NET 和 VC.NET 与原来的 VB、VC 相比已经有很多地方不兼容。VB.NET 和 VB 相比变化更大，VB.NET 是一种完全面向对象的语言（而 VB 只是基于面向对象的语言）。Visual J♯ 是.NET 框架 1.1 版本以后才增加进来的语言，供原来使用 Java 语言的程序员转向使用.NET 框架的应用程序时使用。

Visual C♯ 是为.NET 框架"量体裁衣"开发出来的语言，非常简练和安全，最适合在.NET框架中使用。本书的示例都是用 C♯ 编写的。

各种语言经过编译后,并不直接产生 CPU 可执行的代码,而是先转变为一种中间语言(Intermediate Language,IL 或 MSIL)。执行时再由公共语言运行库载入内存,通过实时解释将其转换为 CPU 可执行的代码。为什么要设置中间语言呢?设置中间语言是为了跨平台的需要。源程序经过编译转换为中间语言,各类平台只要装上不同的转换引擎,就可以将其转换为本 CPU 需要的代码。由于中间语言类似于汇编语言,与二进制代码非常接近,因此实时解释的速度也很快。

2. 类库

.NET 框架的另一个主要组成部分是类库,包括数千个可重用的"类"。各种不同的开发语言都可以用它来开发传统的命令行程序或者图形用户界面(GUI)应用程序。

.NET 框架中的类被划分到命名空间中。命名空间是类库的逻辑分区,是一种组织相关类和其他类型的方式。类库所采用的命名空间呈层次结构,即命名空间下面又可以再分成子命名空间。每个命名空间都包括一组按照功能划分的相关的类。这样,一个大型的.NET 库就变得易于理解和便于使用。

3. 公共语言运行库

公共语言运行库(CLR,也称公共语言运行环境)就相当于 Java 体系中的"虚拟机",是.NET框架的核心。它提供了程序运行时的内存管理、垃圾自动回收、线程管理和远程处理以及其他系统服务。同时,它还能监视程序的运行,进行严格的安全检查和维护工作,以确保程序运行的安全、可靠以及其他形式的代码的准确性。

运行库不仅提供了多种软件服务,同时也为以往的软件提供了支持。托管和非托管代码之间的互操作性使开发人员能够继续使用原来开发的 COM、ActiveX 控件和 DLL 动态链接等。

1.2.4 .NET Framework 3.5 的安装

(1) 安装 Visual Stido 2008 时系统会自动安装.NET 框架。

(2) 单独安装.NET Framework 框架。

.NET Framework 是微软公司的一个免费软件,可以直接从微软公司网站上下载。下载后,找到 dotnetfx35setup.exe 文件,双击安装即可。要判断是否已经安装好,或者查看当前机器已经安装了哪些版本的.NET Framework,最简单的方法是展开 C:\Windows\Microsoft.NET\Framework 文件夹,所有已安装的.NET Framework 版本都会列在如图 1.3 所示的页面中。

图 1.3 查看当前.NET Framework 版本

1.3　ASP.NET 3.5 基础知识

1.3.1　ASP.NET 3.5 概述

ASP.NET 的前身是 ASP，该语言曾以简单的语法及灵活地嵌入 HTML 的编辑方法在很短的时间内成为当时 Web 技术的领头羊。但随着 PHP 和 JSP 等技术的出现，ASP 的主导地位受到严峻的挑战。JSP 在执行效率及安全性等方面已经完全超过了 ASP，此外它更有着 ASP 所无法比拟的跨平台性（JSP 在 Windows、UNIX 和 Linux 主机上均能使用）。JSP 的诞生使越来越多的程序员选择了能够跨平台使用的 JSP，从而导致 ASP 面临着前所未有的危机。而对这种情况，微软公司开发新的更能适合自己操作系统的 Web 技术已成必然，由此提出了".NET"构想，并于不久推出了 ASP.NET。

ASP.NET 在结构上与以前的版本大大不同，它是.NET Framework 的一部分，是一种建立在 CLR 基础之上的程序开发架构，可以使用任何.NET 兼容的语言编写程序代码，经过编译后可以提供比脚本语言更出色的性能表现；它几乎是完全基于组件和模块化的，开发人员可以使用这个开发环境来开发更加模块化并且功能更强大的 Web 应用程序。

1.3.2　ASP.NET 运行原理

ASP.NET 网站应用程序是由许多 ASP.NET 网页组成的，默认情况下，ASP.NET 网页的扩展名都是.aspx。当用户在浏览器中输入 ASP.NET 网页的网址后，浏览器就会对该网页所在的网址送出一个要求（Request）查看网页的要求，网站服务器收到后会将此要求转送到网页所属的 ASP.NET 网站应用程序，接着执行网页，将执行结果传回用户的浏览器中，其运行原理如图 1.4 所示。

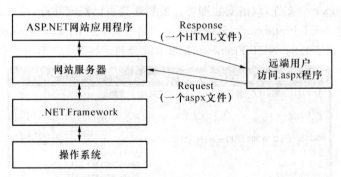

图 1.4　ASP.NET 3.5 运行原理

• 操作系统：目前.NET 只能运行在微软公司的操作系统上，如 Windows 2000、Windows XP、Windows Server 2003、Windows Vista、Windows 7 和 Windows 2008。其中 Windows XP、Windows 7 及 Windows Vista 系列是给个人及家庭用的，着重于易用性及其多媒体功能；Windows 2000、Windows 2003 和 Windows 2008 系统是给服务器等级的主机用的，着重于性能、安全及可靠性。

• .NET Framework：是.NET 应用程序的执行环境，程序员可以用 Visual Basic、C#、

J♯、C＋＋等程序语言开发多种类型的应用程序。

* 网站服务器：对于微软的操作系统而言，网站服务器即 IIS(Internet Information Service)。IIS 是一种服务，是 Windows 2000 以上版本系列的一个组件。不同于一般的应用程序，它就像驱动程序一样是操作系统的一部分，具有在系统启动时被同时启动的服务功能。IIS 也是允许在 Internet/Intranet 上发布信息的 Web 服务器。IIS 通过超文本传输协议(HTTP)传输信息，还可配置 IIS 以提供文件传输协议(FTP)和其他服务，如 NNTP 服务、SMTP 服务等。目前基于 Windows 2008 系统的 IIS 最新版本是 7.0，而基于 Windows XP 系统用 IIS 5.1 版即可。

1.3.3 ASP.NET 的命名空间

在 ASP.NET 中，.NET Framework 提供了丰富的基础类，为了能在程序中引用这些基础类，必须先引用其对应的命名空间。ASP.NET 中各个命名空间及其作用如表 1.1 所示。

表 1.1 ASP.NET 中各命名空间及其作用

命名空间	描述
Microsoft.com	支持 C♯语言编译和生成代码
System	包含了基础类，用于定义类型/数组/字符串/事件/事件处理程序/异常处理/接口/数据类型转换/数学计算/应用程序环境管理等
System.Collection	包含了一组用于管理对象集合(如列表/队列/数组/哈希表/字典等)的类
System.Data	主要包括组成 ADO.NET 体系结构的类
System.diagnostics	提供用于调试/跟踪，以及与系统进程/事件日志/性能计数器进行交互的类
System.Drawing	提供访问 GDI＋基本图形功能的类
System.IO	包含了用于读写数据流/文件和普通输入/输出(I/O)功能的类型和类
System.Reflection	包括提供类型检测和动态绑定对象功能的类和接口
System.reflection.Emit	生成动态程序集
System.Text	包含用于字符编码/将字符块转换为字节块/字节块转字符块功能对象
System.Text.RegularExpressions	包含了提供访问.NET 框架正则表达式引擎的类
System.Timer	提供了 Timer 组件
System.Web	提供了用于实施浏览器/服务器通信和其他 Web 相关功能的类
System.Web.Services	包含了用于创建和消费 Web 服务的类
System.Web.UI	包含了用于创建 Web 页和控件的用户接口的类和接口
System.Windows.Forms	包含了用于创建基于 Windows 的用户接口的类
System.XML	提供了支持处理 XML 的类

1.3.4 ASP.NET 控件种类

ASP.NET 3.5 内部提供的服务器控件大致可分为 3 种类型：HTML 服务器控件、ASP.NET标准服务器控件、自定义服务器控件。

1. HTML 服务器控件

HTML 服务器控件是由普通 HTML 控件转换而来的，其呈现的输出基本上与普通 HT-

ML 控件一致。在转化时，只需进行以下两步操作即可。

（1）在普通 HTML 控件特性中添加"runat＝"server""属性。

（2）设置其 ID 属性，当普通的 HTML 控件转化为 HTML 服务器控件后，即可通过 ID 来控制它们。

在创建 HTML 服务器控件时，直接从"工具箱"中拖动选中 HTML 控件，放置在页面中，然后在属性中加入"runat＝"server""即可。下面是一个普通的 HTML 按钮控件，代码如下。

<input id＝"Button1" type＝"button" value＝"确定" runat＝"server" />

上述代码中，控件是一个典型的 HTML 控件，可以看出，这个控件的代码与普通的 HTML 控件相比，增加了 ID 属性和"runat＝"server""属性。

2. ASP. NET 标准服务器控件

ASP. NET 标准服务器控件是在 ASP. NET 3.5 框架中预先定义的，它们与 HTML 控件相比，具有丰富的功能，其操作数据和呈现数据的功能也变得非常强大。例如，在绑定数据库中的数据时，使用一个 GridView 控件，即可实现数据的呈现、布局、修改、删除等操作，这样大大简化了页面代码的复杂性。

在 ASP. NET 3.5 中主要提供了 6 种类型的标准服务器控件，即标准控件、数据控件、验证控件、站点导航控件、登录控件和 WebParts 控件，另外还提供了一些 AJAX 控件和 HTML 控件。ASP. NET 3.5 中的标准服务器控件主要有以下功能。

（1）标准控件：ASP. NET 3.5 将传统的 Web 窗体控件作了一些标准化的定义，从而使开发更加简单。

（2）数据控件：分为数据源控件和数据绑定控件。数据源控件主要实现数据源连接、SQL 语句、存储过程执行和返回数据集合等功能；数据绑定控件主要实现数据显示、提供编辑、删除等操作的相关用户界面等。

（3）验证控件：验证用户输入的信息是否符合指定的规则。

（4）站点导航控件：与传统的站点导航相比，大大简化了工作量，同时可以绑定数据文件，使站点导航操作更加简单易行。

（5）登录控件：可以快速实现用户登录及相关功能。

（6）WebParts 控件：创建具备高度个性化特征的 Web 应用程序。

3. 自定义服务器控件

自定义服务器控件由开发人员自行设计开发，开发人员可自定义 UI、功能、属性、方法、事件等特征，这是自定义服务器控件与 ASP. NET 标准服务器控件的本质区别。常见的自定义服务器控件分为 4 种：复合控件、验证控件、模板控件和数据绑定控件。

1.3.5 ASP. NET 网站的前台和后台

Web 应用程序一般会分为两部分：前台开发和后台开发。

ASP. NET 新网站创建后，默认只有 3 个文件：web. config、default. aspx 和 defautl. aspx. cs。其中 web. config 是网站必需的配置文件，default. aspx 是网站的前台文件，default. aspx. cs 是网站的后台文件。

前台文件其实就是网页的界面设计，一般用于呈现各种网页布局，类似于以前的 HTML 静态网页，主要包括页面设计、样式布局、特效等。页面设计由基本的 HTML 和 JavaScript 完成,而样式布局和特效一般由 CSS(样式表)完成。

后台文件用来处理用户与服务器的各种交互,可以处理非常复杂的功能,如读取数据、保存操作等。可以与数据库交互的各种开发语言,如 ASP.NET、Java、PHP 等,一般由一些类库和包组成。如果使用 ASP.NET,微软提供了一个.NET 3.5 框架,其包含了 Web 开发所有需要的类库,开发人员可以轻松调用,完成非常复杂的功能。

.NET 的这种前后台代码分离技术可以使程序设计更加安全、高效。

1.4 Visual Studio 2008 概述

1.4.1 Visual Studio 2008 概述

经过多年的发展,Visual Studio 在软件易用性和用户友好性方面取得重大突破。随着.NET 平台和 C♯语言的不断发展,Visual Studio 2008 作为.NET 平台下应用程序开发的主要工具,以其简单友好的操作界面、方便快捷的编码方式、完整的调试环境等优势,给程序开发人员带来很大帮助。

Visual Studio 2008 是一个集成开发环境,可以利用该集成环境创建不同类型的应用程序。在 Visual Studio 2008 中可以开发 Visual C♯、Visual C++、Visual Basic.NET 应用程序,这些应用程序按类型分为:Windows 项目、Web 项目、WPF 项目、WCF 项目、WWF 项目、数据库项目、测试项目、Office 项目和智能设备项目等类型。

另外,Visual Studio 2008 的项目并不相互排斥,而是可以同时存在于一个解决方案中,解决方案可以理解成解决一个问题的方法,这个方法体现到软件代码上就构成了多个项目,不同的项目完成不同的功能。

1.4.2 Visual Studio 2008 的安装

通过对 Visual Studio 2008 的了解,下面将介绍其安装过程(本书以 Visual Studio 2008 专业版为例)。读者可以去微软官方网站下载试用版或者购买完整的 Visual Studio 2008 的安装光盘,具体安装过程如下。

(1) 将光盘放入光驱,光碟会自动播放(也可以双击光盘里的 setup.exe 进行安装),并弹出图 1.5 所示的"Visual Studio 2008 安装程序"对话框,在该界面中包括"安装 Visual Studio 2008"、"安装产品文档"、"检查 Service Release"选项。

(2) 在图 1.5 所示的界面中选择"安装 Visual Studio 2008"选项,将弹出图 1.6 所示的欢迎界面,在该界面中单击"下一步"按钮将打开如图 1.7 所示的注册对话框。

(3) 在注册对话框中选择"我已阅读并接受许可条款(A)"单选按钮,然后输入用户名称和购买所带的产品密钥。填写完毕"下一步"按钮将变成活动状态,单击该按钮即可进入图1.8所示的选择组件和安装目录界面。

(4) 选择所需安装的 Visual Studio 2008 组件及安装项目,此处选择默认选项。Visual Studio 2008 将被安装在"C:\Program File\Microsoft Visual Studio 9.0"目录下,如图 1.8 所示。单击"安装"按钮开始安装。

(5) 安装完毕,单击"完成"按钮,安装完成。返回 Visual Studio 2008 安装程序完成页对话框，如图 1.9 所示。

图 1.5 "Visual Studio 2008 安装程序"对话框

图 1.6 Visual Studio 2008 欢迎界面

图 1.7 注册对话框

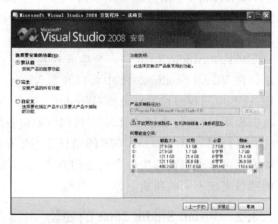

图 1.8 Visual Studio 2008 组件安装

图 1.9 安装完成页

至此 Visual Studio 2008 的整个安装过程完成。

1.4.3 MSDN 的安装

MSDN(Microsoft Developer Network,微软公司面向软件开发者的一种信息服务)包含大量信息,是.NET 开发人员必不可少的帮助手册。随着 Visual Studio 2008 的问世,MSDN也随之升级。读者可以随 Visual Studio 2008 一同安装 MSDN,也可以单独安装该软件。下面介绍新版 MSDN 的安装过程。

(1)因为已安装完成 Visual Studio 2008,所以单击"完成"按钮后,返回如图 1.10 所示的安装程序对话框,直接选择"安装产品文档"选项即可。

(2)在弹出的如图 1.11 所示的"Microsoft MSDN Library for Visual Studio 2008"对话框中,单击"下一步"按钮进行下一步操作。

图 1.10 "Visual Studio 2008 安装程序"对话框

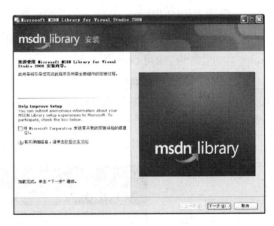

图 1.11 MSDN 安装界面

(3)在图 1.12 所示的安装程序起始页对话框中选择"我已阅读并接受许可条款(A)"单选按钮,然后单击"下一步"按钮将弹出如图 1.13 所示的选择安装 MSDN 的功能和安装目录对话框。

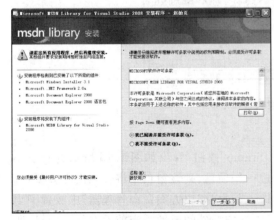

图 1.12 选择协议对话框

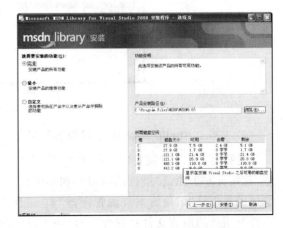

图 1.13 组件及安装目录的选择对话框

(4)安装程序选项页中选择所需安装的 MSDN Library for Visual Studio 2008 组件及安装项目,此处选择默认选项。

（5）单击"安装"按钮，MSDN Library for Visual Studio 2008 将被安装在指定目录下。

1.4.4 Visual Studio 2008 的 IDE

Visual Studio 2008 是目前为止构建 ASP.NET Web 页面使用最为广泛、功能最为丰富的集成开发环境。IDE(Integrated Development Environment，集成开发环境)是指构建复杂 Web 应用程序所需的所有独立工具都集成在一个环境中。它不需要在文本编辑器中写代码、在命令行编译代码、在单独的应用程序中写 HTML 和 CSS，然后在另一个应用程序中管理数据库；它允许在同一个环境中执行所有这些任务及更多其他任务。这样不仅提高了效率，而且由于不必在工具之间频繁切换，还使人们更容易学习 Visual Studio 2008 的新功能，因为许多内置工具的工作方式都是一样的。

1. 启动 Visual Studio 2008

安装好 Visual Studio 2008 之后，单击"开始"|"程序"|"所有程序"|"Microsoft Visual Studio 2008"命令，便可以将其打开。

第一次打开时，Visual Studio 2008 要求进行默认环境设置，如图 1.14 所示。选择"Web 开发设置"选项，会自动将 IDE 布局成方便 Web 开发的环境和界面。也可以随时选择不同的开发设置。方法是单击"工具"|"导入导出设置"命令，然后选择"重置所有设置"选项。单击"下一步"按钮，根据提示便可完成开发环境设置。

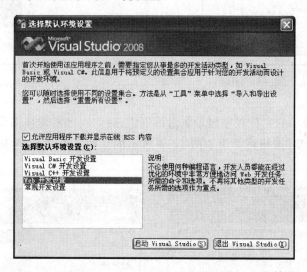

图 1.14 默认环境设置对话框

2. Visual Studio 2008 窗体界面的认识

选择"Web 开发设置"选项，单击"启动 Visual Studio"按钮，弹出如图 1.15 所示的开发环境，起始页左上角是"最近的项目"，如果之前开发过一些项目，则该窗口中将会列出部分项目。窗体的右边是"解决方案资源管理器"和"属性"窗口。其中"解决方案资源管理器"中放置了当前打开项目的所有文件；"属性"窗口用于显示项目中选定控件的属性。当前没有打开项目，所以两个窗口内容都是空白。

（1）解决方案资源管理器

使用 Visual Studio 2008 开发的每一个应用程序叫做解决方案。每一个解决方案可以包含一

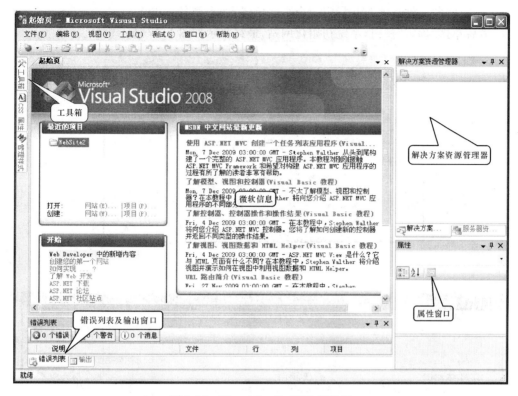

图 1.15　Visual Studio 2008 起始页

个或多个项目。一个项目通常是一个完整的程序模块，一般一个项目中包含多个文件。

（2）错误列表窗口

可以从视图菜单下访问，它提供了一个列表，列出了当前因为某种原因在站点中被中断的内容，包括 ASPX 或 HTML 文件中的错误标记，以及 VB 或 C♯ 文件中的编程错误。这个窗口甚至可以显示 XML 和 CSS 文件中的错误。这个错误列表显示了 3 类消息，包括错误、警告和消息，它们分别表示不同的问题严重程度。

（3）输出窗口

当用 Build 菜单构建站点时，输出窗口会提示有没有构建成功。如果构建失败，那么输出窗口会指出为什么构建失败。在 Visual Studio 的商业版本中，输出窗口还用来输出其他信息，包括外部插件程序的状态。

1.4.5　第一个 ASP.NET 网站

（1）启动 Visual Studio 2008

单击"开始"|"所有程序"|"Microsoft Visual Studio 2008"命令，启动 Microsoft Visual Studio 2008。

（2）新建网站

在 Microsoft Visual Studio 2008 主窗口中单击"文件"|"新建网站"命令，此时会弹出如图 1.16 所示对话框。在此界面中我们分别做如下工作。

- 模板选择"ASP.NET 网站"。
- 语言选择"Visual C♯"。

- 位置选择"文件系统"，并指定一个存储位置，如本例"F:\mySite"。
- 最后单击"确定"按钮，系统初始化网站，最终显示如图 1.17 所示窗口。

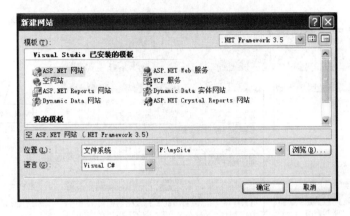

图 1.16 "新建网站"对话框

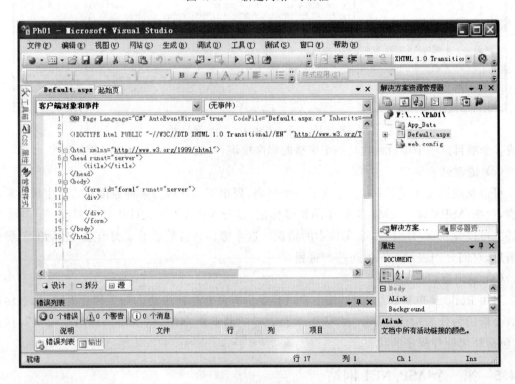

图 1.17 ASP.NET 程序设计窗口

（3）页面设计

在"解决方案资源管理器"中可以看到，系统自动建立了一个 Default.aspx 页面，并且给出了页面的 HTML 代码，如"源"视图中所示代码。对应下面的"源"视图按钮，其左边"拆分"按钮用于拆分显示代码与实际显示效果。单击其最左边的"设计"视图按钮，即切换到所见即所得设计页面。在"工具箱"中依次拖放一个 TextBox 控件、一个 Button 按钮控件、一个 Label 按钮，放入 default.aspx 文件的"设计"页面中。在 Button 按钮的"属性"窗口中，设置其 Text 属性为"确定"。在 Label 标签的"属性"窗口中，设置其 Text 属性为空，显示效果如图 1.18 所示。

（4）代码编写

在"设计"视图中双击"确定"按钮，进入 Default. aspx. cs 页面，为其添加事件处理程序，整个文件代码如下：

```
using System;
using System.Collections.Generic;
using System.Linq;
using System.Web;
using System.Web.UI;
using System.Web.UI.WebControls;
public partial class _Default:System.Web.UI.Page
{
    protected void Page_Load(object sender, EventArgs e)
    {
    }
    protected void Button1_Click(object sender, EventArgs e)
    {
        string strInfo = "输入信息是：";
        this.Label1.Text = strInfo + this.TextBox1.Text;
    }
}
```

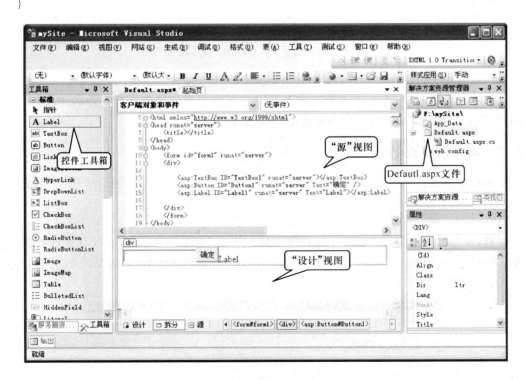

图 1.18　设计后的页面

（5）运行 ASP. NET 页面

按"Ctrl＋F5"组合键或单击工具栏三角按钮运行网页，在文本框中输入信息"我喜欢苹果"，然后单击"确定"按钮，效果如图 1.19 所示。

图 1.19　页面运行窗口

从前面创建 ASP.NET 应用程序的过程来看，我们要注意以下知识点。

在创建 Web 应用程序时，要对站点"位置"设置站点使用服务器模式。其分为"文件系统"、"HTTP"和"FTP"。在下拉列表中选择"文件系统"选项，则系统会建立一个临时的 Web 服务器。该服务器安全性较高，外部不能访问；如果要选择"HTTP"项，则要求计算机架设了 Web 服务器（IIS）；"FTP"选项表示将文件存放到远程的目录，该模式适用于对已经存在的远程 Web 站点进行修改。

当我们创建一个页面如 Default.aspx 时，会发现有一个同名的 Default.aspx.cs 文件，这是 ASP.NET 的后台代码文件，即 ASP.NET 采用了页面分离技术，真正实现了用户界面和逻辑界面的分离。

1.5　程序调试技术

在程序开发过程中，掌握代码调试技术是顺利完成程序的关键。代码中的 Bugs 主要分为两种，首先是容易发现和解决的语法错误，其次是逻辑错误。

1.5.1　调试语法错误

语法错误是指程序员所输入的指令违反了 C#语言（或其他语言）的语法规定，例如下面的代码表达式：

```
string str＝´你好´;
```

显然，这里应该使用双引号表示字符串变量。Visual Studio 2008 提供了强大的代码调试功能，当使用 Visual Studio 2008 编译代码时，Visual Studio 2008 会在"错误列表"窗口提示出现的错误，如图 1.20 所示。

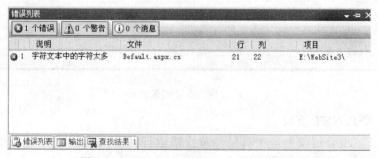

图 1.20　Visual Studio 2008 中的错误报告

双击错误提示,Visual Studio 2008 自动将光标定位在出现错误的代码行,这样就可以快速地进行修改。除了上面介绍的这种明显的语法错误之外,还有一些稍复杂的语法错误。例如,试图在类外面访问其私有成员、使用未赋值的变量等,都可以通过这种方式解决。

1.5.2 调试逻辑错误

逻辑错误是指代码在语法上没有错误,但是从程序的功能上看,代码却没有正确完成其功能。与语法错误相比,逻辑错误是更让人头疼的问题。如下代码:

```
// 输出 10 次"欢迎你"
for(int i = 0 ; i< = 10; i ++ )
{
    Page.Response.Write("欢迎你<br>");
}
```

代码希望其输出 10 次"欢迎你",然而结果却输出了 11 次。相信读者已经找到了 Bug 在哪句代码,就是 for 语句的结束语句,将其中的"i< =10"改为"i<10"即可。然而在实际开发中,逻辑错误往往没这么容易被发现。

逻辑错误同样可以使用 Visual Studio 2008 来寻找。在调试模式下运行程序时,Visual Studio 2008 并非仅仅给出最后的结果,还保留了应用程序所有的中间结果,即 Visual Studio 2008 知道代码每一行都发生了什么。既然这样,程序员就可以通过跟踪这些中间结果来发现 Bug 所在的代码位置。

针对这个小例题,下面来看如何使用 Visual Studio 2008 将 Bug 找出来。

(1) 首先配置 Visual Studio 2008 进入调试环境

想要跟踪代码,首先要把 Visual Studio 2008 配置为中断模式。这时,需要把程序的输出项选为 debug。其操作如下:在 Visual Studio 2008 工具菜单的"调试"按钮后面,调整下拉框的内容为"debug"即可,如图 1.21 所示。

图 1.21 配置调试环境

(2) 初步估计错误出现的范围

在使用调试手段处理逻辑错误之前,程序员需要估计错误出现的尽可能小的范围。这可以通过观察代码实现。如果无法估计,则可认为错误存在的范围是整个程序。寻找这个范围的目的在于可以确定断点的设置位置。

(3) 设置断点

断点就是程序"暂停"的代码行,"暂停"后,程序员便可以进一步观察中间结果,以便根据这些数据修改代码中的逻辑错误。设置断点的方法是,在"源"视图下,找到要设定断点的那一行程序,在最左边的灰色区域单击鼠标左键(一定要在左边的灰色区域按下鼠标左键才行),如果有一个红色的球出现,即表示已成功在此行设定一个断点,如图 1.22 所示。如果要取消断点，再在红球位置单击即可（红球消失）。

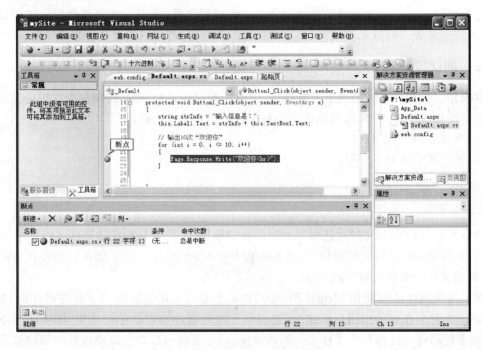

图 1.22　设置断点

　　断点设置完成以后，单击"调试"命令或者按"F5"快捷键，运行程序，当程序运行到指定的断点位置，并满足暂停条件时，代码就会暂停运行。这时，就可以使用单步执行中同样的变量监视方法，来查看运行的状态，以寻找出错误的根源。比如上例，我们要查看变量 i 每次运行的值，可以根据当前断点显示状态来查看，如图 1.23 所示。

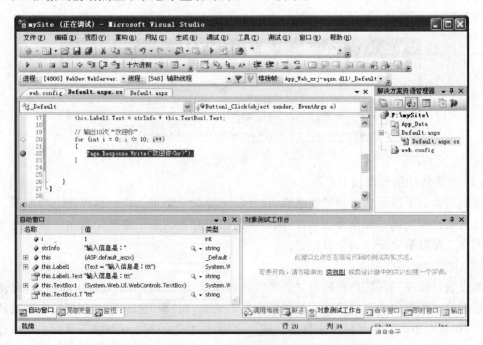

图 1.23　断点设置执行状态

（4）单步执行程序

利用断点暂停程序后，跟踪代码的每一步执行，最后找到 Bug 所在的代码行。使用快捷键"F10"或"F11"可以单步执行程序。两者的区别如下。

F10：逐过程，将跳过一行代码中所调用的方法。

F11：可进入过程内部，进行更为细致的跟踪。

另外，当程序暂停以后，Visual Studio 2008 的监视窗口便可以显示当前执行位置的变量值情况。

监视窗口有两个面板，其功能如下。

局部变量：显示当前运行位置附近的局部变量值。

监视：如果想要监视某个变量的值，可以首先切换到"监视"面板，然后在监视窗口的"名称"栏里面直接输入这个值，也可以把这个值从代码中选中，然后按住鼠标左键，直接拖放到监视窗口中，如图 1.24 所示。

图 1.24　监视窗口

监视窗口有 3 列，分别显示想要监视的变量名称、变量值及变量的数据类型。每当变量的值发生变化时，就会用红色显示。在本例中，需要在 for 语句的执行语句体为

```
Page.Response.Write("欢迎你<br>");
```

执行 11 次，因此需要在这里按 11 次"F10"快捷键，然后仔细观察监视窗口内 i 的值。在执行最后一次的时候，将发现 i 的值为 10，这时便可以发现问题所在了。

1.5.3　程序调试原则

利用断点和单步执行，观察中间数据结果，可以一步步确定逻辑错误所在的代码，这往往是一个非常耗时的工作，特别是在代码很多的程序中更是如此。在调试过程中，如何迅速地缩小逻辑错误的范围是非常关键的。此处简单介绍 2 种常用的寻找策略。

（1）从大到小，逐步缩小范围。

有时候，程序员很难判定错误到底出现在哪个方法、哪一行，这时可以从外到内、从大到小，逐步缩小 Bug 所在的范围。

一方面，这可以通过设置断点，然后逐过程执行来实现。如果在执行了一个过程后，变量的值是正确的，那么可以排除 Bug 在这个过程中的可能。否则，如果在执行一个过程后，变量的值不正确，那么可以断定 Bug 在这个过程里面。这时需要进一步进入这个过程，逐语句检查。

另一方面，还需要程序员理清代码的逻辑结构，迅速判断 Bug 可能所在的位置，然后在相应的位置设置断点进行验证。实际上，在开发中，更为重要的调试策略往往更加依赖于开发者。通过分析代码结构，迅速缩小和定位 Bug 所在的位置，是程序调试更为高级的层次，这依赖于开发者对代码的整体把握和严密的思路。

（2）注释掉可能出错的行。

另外一种比较有效的寻找 Bug 的策略是，注释掉一部分代码，然后运行程序，看其是否出错。这也是缩小 Bug 所在范围的一种策略，不同于使用断点来实现。

在注释掉一部分代码之后，运行程序，如果程序不再出现错误，那么很明显 Bug 就在注释掉的代码之中；不过反过来，如果注释掉后运行仍不正确，也不能说注释掉的代码肯定正确。

1.6 小　　结

- . NET Framework 主要由 4 个重要组件构成：公共语言运行库（CLR）、. NET 基础类库、ADO. NET 和 ASP. NET。
- 公共类型规范（CTS）定义和管理所有类型所遵循的规则，且无须考虑源语言。
- C#语言具有简单、现代、面向对象、版本控件、兼容、灵活等特点。
- C#源程序需要经过二次编译，才能成为可以运行的本机代码。
- ASP. NET 是. NET 框架提供的一个统一的 Web 开发模型。
- ASP. NET 的控件可分为 3 种类型：HTML 服务器控件、ASP. NET 标准服务器控件和自定义服务器控件。
- ASP. NET 采用了前端与后台的代码分离技术，使 Web 开发效率更高。
- 程序错误可分为语法错误和逻辑错误两类。

1.7 习　　题

一、填空题

（1）利用 ASP. NET 可以创建动态、交互的_____应用程序。

（2）. NET Framework 具有两个主要组件，它们是_____和_____。

（3）ASP. NET 页面文件的后缀是_____。

（4）基于 C#的 ASP. NET 程序文件的后缀是_____。

二、选择题

(1) Web 页的 Page_Load 事件在(　　　)阶段触发。

  A. 网页框架初始化   B. 用户代码初始化

  C. 验证   D. 事件处理

(2) . NET Framework 旨在实现的目标包括(　　　)。

  A. 提供一个一致的面向对象的编程环境,而无论对象代码是在本地存储和执行,还是在本地执行但在 Internet 上分布,或者在远程执行

  B. 提供一价目将软件部署和版本控制冲突最小化的代码执行环境

  C. 提供一个可提高代码(包括由未知的或不完全受信任的第三方创建的代码)执行安全性的代码执行环境

  D. 提供一个可消除脚本环境或解释环境的性能问题的代码执行环境

(3) 开发 ASP. NET Web 应用程序,必须具有的工具包括(　　　)。

  A. . NET Framework 3.5   B. IIS

  C. Visual Studio 2008

(4) 下列文件必须位于 Bin 目录下的是(　　　)。

  A. . cs 文件   B. . vb 文件   C. . aspx 文件   D. . dll 文件

(5) 应用程序文件夹的内容除(　　　)之外并不在响应 Web 请求时提供响应。

  A. App_Themes   B. App_Data   C. App_Code   D. Bin

三、简述题

(1) 简述 Web 的特点。

(2) 简述静态网页和动态网页的执行过程,说明两者的异同。

(3) 简述 . NET Framework 的作用。

第2章

HTML基础知识

2.1 HTML 基础

2.1.1 HTML 概述

超文本标记语言(Hyper Text Markup Language, HTML)是一种用来制作超文本文档的标记语言。用 HTML 编写的超文本文档称为 HTML 文档,它能独立于各种操作系统。HTML 是表示网页的一种规范(或者是一种标准),它通过标记符定义了网页内容的显示格式。在文本文件的基础上,增加一系列描述文本格式、颜色等的标记,再加上声音、动画及视频等,形成精彩的画面。HTML 是实际创建 Web 页面的语言,如今现有的每个 Web 浏览器都能理解这种语言。自从 20 世纪 90 年代以来,它就成为了 WWW 的驱动力量。

当用户通过浏览器浏览网上信息时,服务器会将相关的 HTML 文档原封不动地传送到浏览器上,由浏览器按顺序读取 HMTL 文档的标记符,然后解释 HMTL 标记符,并显示网页内容的相应格式。

2.1.2 HMTL 标记基础

HTML 的语法非常简单,即使没有任何高级语言程序设计基础的人都可以很容易地学会。HTML 语法由标记符(Tag)和属性(Attribute)组成,浏览器是通过解释 HTML 标记符和属性来显示网页内容的。HTML 文档的编辑可用任何文本编辑器(记事本、写字板、Word……),只是最后存盘时文档类型要存成.htm 或.html(存盘对话框中保存文件类型别忘选择 ＊.＊)。

1. 标记符

关于 HMTL 的标记符有以下语法规则。

(1) HTML 中所有的标记符都用"＜"和"＞"括起来。

(2) 大部分标记符成对出现,如＜body＞…＜/body＞等。

(3) 少部分标记符只有开始标记,而没有结束标记,如＜br /＞等。

(4) 标记符不区分大小写。

2. 标记符属性

关于标记符属性有以下几种语法规则。

(1) 所有属性必须写在开始标记符的尖括号(＜ ＞)里,不同属性间用空格分隔。

（2）每个属性都有其默认值，通常属性值要加双引号（″″）或单引号（′′），但如果属性值由字母、数字组成，双引号或单引号可以省略。

（3）属性名不区分大小写。

图2.1所示为HTML语法格式的一个例子。

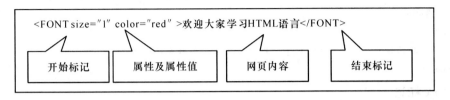

<FONT size=″1″ color=″red″>欢迎大家学习HTML语言</FONT>

| 开始标记 | 属性及属性值 | 网页内容 | 结束标记 |

图2.1　HTML语法格式

2.1.3　HTML文档基本结构

一个HTML文档，其基本结构如下：

```
<html>
    <head>
    …
    </head>
    <body>
    …
    </body>
</html>
```

（1）<html>…</html>标记符

<html>…</html>是Web文档的第一个和最后一个标记，用来标记HTML文档，Web文档的其他内容都位于这两个标记之间。它的作用是告诉浏览器，此文档作为一个Web文档。

（2）<head>…</head>标记符

<head>…</head>表示Web文档的头部容器。

（3）<body>…</body>标记符

<body>…</body>标记符用来指定HTML文档的主体，文字、图形、超链接等网页元素所对应的标记符都必须位于<body>…</body>之间。

2.2　HTML标记的应用

通常文本是网页的主体，所以文本格式的应用是网页设计过程中最基本、最关键的问题之一。

2.2.1　设置文件头

<head>和</head>构成HTML文档的开头部分，在此标记对之间可以使用<title></title>、<script></script>等标记对。这些标记对都是描述HTML文档相关信息的标记对，<head></head>标记对之间的内容是不会在浏览器的框内显示出来的。两个标记必须一块使用。

1. title 标记

<title></title>标记标明该 HTML 文件的题目，是对文件内容的概括。一个好的题目应该能使读者从中判断出该文件的大概内容。文件的题目一般不会显示在文本窗口中，而以窗口的名称显示在标题栏中。<title></title>标记对只能放在<head></head>标记对之间。例如：

```
<head>
<title>我的网页</title>  <! --此信息将显示在浏览器标题栏上 -->
</head>
```

2. base 标记

<base>标记用于设定超链接的基准路径。使用这个标记，可以大大简化网页内超链接的编写。用户不用为每个标记输入完整的全路径，而只需指定它相对于 base 标记所指定的基准地址的相对路径即可。该标记包含参数 href，用于指明基准路径。该标记用法如下：

```
<base href = "URL">
```

3. meta 标记

<meta>标记用来介绍与文件内容相关的信息。每一个该标记指明一个名称或数值对。如果多个 meta 标记使用了相同的名称，其内容便会合并连成一个用逗号隔开的列表，也就是和该名称相关的值。meta 标记的主要参数如下。

http-equlv：把标记放到 HTTP 头域之中。HTTP 服务器可使用该信息处理文件，特别是它可在对这个文件请示的回应中包含一个头域。标题名取自 http-equiv 参数值，而标题值则取自 content 参数值。

name：指明名称或数值对的名称。如果没有，则由 http-equiv 给出名称。

content：指明名称或数值对的值，一般为"text/html"。

charset：指明网页所使用的基本字符集，一般为"GB 2312"，即标准简体中文。该标记一般用法如下：

```
<meta http-equiv = "Content-Type" content = "text/html;charset = gb2312">
```

2.2.2　HTML 文本格式化

1. 网页的主体格式

<body></body>是 HTML 文档的主体部分，在此标记对之间可包含众多的标记和信息，它们所定义的文本、图像等将会在浏览器的框内显示出来。两个标记必须一块使用。<body>标记中还可以设置一些属性，如表 2.1 所示。

表 2.1　<body>标记的属性

属性	用途	示例
<body Bgcolor="# rrggbb">	设置背景颜色	<body Bgcolor="red">红色背景
<body text="# rrggbb">	设置文本颜色	<body text="# 0000ff">蓝色文本
<body link="# rrggbb">	设置链接颜色	<body link="blue">链接为蓝色
<body vlink="# rrggbb">	设置已使用的链接的颜色	<body vlink="# ff0000">
<body alink="# rrggbb">	设置正在被击中的链接的颜色	<body alink="yellow">

以上各个属性可以结合使用,如<body bgcolor="red" text="#0000ff">。引号内的 rrggbb 是用六个十六进制数表示的 RGB(即红、绿、蓝三色的组合)颜色,如#ff0000 对应的是红色。

此外,还可以使用 HTML 语言所给定的常量名来表示颜色:Black(黑)、White(白)、Green(绿)、Maroon(褐红)、Olive(橄榄)、Navy(深蓝)、Purple(紫)、Gray(灰)、Yellow(黄)、Lime(浅绿)、Aqua(蓝绿)、Fuchsia(紫红)、Silver(银)、Red(红)、Blue(蓝)和 Teal(青),如<body Text="Blue">表示<body></body>标记对中的文本使用蓝色显示在浏览器的框内。

2. HTML 中的注释

注释标签用来在 HTML 源文件中插入注释,注释会被浏览器忽略不显示。用户可以使用注释来解释代码,例如"<!-- 这是一条注释信息 -->"(注意:在左括号"<"后面需要添加一个感叹号,而右括号则不需添加)。此注释信息可在以后编辑代码的时候,给阅读者提供必要的帮助和提示。

3. 输入标题

一般文章都有标题、副标题、章和节等结构,HTML 中也提供了相应的标题标签<hn>,其中 n 为标题的等级。HTML 总共提供 6 个等级的标题,n 越小,标题字号就越大。

4. 划分段落

<p></p>标记对是用来创建一个段落的,在此标记对之间加入的文本将按照段落的格式显示在浏览器上。HTML 将多个空格以及回车等效为一个空格,HTML 的分段完全依赖于分段标记<p>。

另外,<p>标记还可以使用 align 属性,它用来说明对齐方式,语法是:<p align="left"></p>。align 可以是 left(左对齐)、center(居中)和 right(右对齐)3 个值中的任何一个。如<p align="center"></p>表示标记对中的文本使用居中的对齐方式。

用来创建一个回车换行。如果
处在<p></p>标记对的外边,将创建一个大的回车换行,即
前边和后边的文本的行与行之间的距离比较大。若处在<p></p>标记对的中间,则
前边和后边的文本的行与行之间的距离将比较小。

5. 设置文本格式

在 HTML 文件里,一般都有大量的文本和信息。如要主次分明、重点突出的显示这些信息,则需要在格式设定方面使用更多的标记和更详细的设置。

(1) 设置字体和字号

<font></font>是用来设置文字字体的标记对。它的 face 属性指定浏览器所显示文本的字体类别,而 size 和 color 属性则可以对输出文本的字体大小、颜色进行随意地改变。

用户在使用 font 标记的 face 属性设置文本字体时,可指定一个字体列表,如果浏览器不支持第一种字体,就会依次使用第二、第三等后续字体显示网页内容。如下例:

<font face="宋体、仿宋体、隶书">我要显示的汉字</font>

size 属性用来改变字体的大小,它可以取值:-1、1 和+1;而 color 属性则用来改变文本的颜色,颜色的取值是十六进制 RGB 颜色码或 HTML 语言给定的颜色常量名。

(2) 黑体、斜体和下画线

除了正常的字体外,用户还可将文本的字型修改为粗体、斜体和下画线等字型。HTML 对这些标记符号出现的次序没有特别的要求。

<b></b>用来使文本以黑体字的形式输出。

<i></i>用来使文本以斜体字的形式输出。

<u></u>用来使文本以下加一画线的形式输出。

（3）强调及加重等效果

这些标记对的用法和上边的一样，差别只是在于输出的文本字体不太一样而已。

<tt></tt>用来输出打字机风格字体的文本。

<cite></cite>用来输出引用方式的字体，通常是斜体。

<em></em>用来输出需要强调的文本（通常是斜体加黑体）。

<strong></strong>则用来输出加重文本（通常也是斜体加黑体）。

6. 建立超链接

超链接一般可分为外部链接（External Link）与内部链接（Internal Link）。单击外部链接时，浏览器窗口将显示其他文档的内容。单击内部链接时，访问者将看到网页的其他部分成为当前浏览器窗口的内容。另外，HTML还可以创建指向邮件地址的链接，单击该链接之后便可通过电子邮件的形式给指定的地址发送邮件。

（1）创建外部链接

一个超链接通常由以下3部分构成：首先是超链接标记符号<a></a>，表示这是一个连接；然后是属性 href 及其值，这就定义了连接所指的地方；最后是在超链接中显示在网页上作为链接的文字。链接文本的格式如下：

<a href = "URL">

单击外部链接时，可在访问者的浏览器窗口打开、跟踪其他的文档。文档可能保存在其他站点内，也可能保存在当前站点内，为了便于区分这两种情况，可将指向其他站点文档的链接称为 URL 链接，而将指向同一站点内文档的链接称为本地链接。

创建 URL 链接时，需要给出 URL 链接的详细网址，例如下面一行代码就是在网页中添加一个"新浪网"的超链接：

<a href = "http://www.sina.com.cn">新浪网</a>

在一台机器上对不同文件进行链接叫本地链接，常用相对路径或绝对路径表示一个文件。假如链接的对象放在当前的 HTML 文档所在文件夹的子文件里，则可直接使用相对路径地址来指向该对象。例如：

<a href = "bbs\login.html">登录 BBS</a>

而对象的指向如采用绝对路径可表示为

<a href = "/c:\myweb\bbs\login.html">登录 BBS</a>

注意："/"是不能少的，它表示为绝对路径。假如链接的对象放在当前的 HTML 文档所在文件夹的上层文件夹中，则路径可使用"../"来指向上层文件夹。例如：

<a href = "../default.htm">返回首页</a>

假如当前网页处于子文件夹 Sub1 内，则此链接实现连接到上级目录的 default. htm 页面。

此外，<a href="">< /a>还具有 target 属性，此属性用来指明浏览的目标框架，该属性的各项值的用法与含义如表 2.2 所示。

表 2.2 　target 属性与用途

属性	用途
target="框架名称"	这只运用于框架网页中,若设定则链接结果将显示在"框架名称"的框窗中,框架名称事先由框架标记命名
target="_blank" 或 target="new"	将链接的内容打开在新的浏览器窗口中
target="_parent"	将链接的内容当成文件的上一个画面
target="_self"	将链接的内容显示在当前窗口中(默认值)
target="_top"	将框架中链接的画面内容显示在没有框架的视窗中(即除去了框架)

如果不使用 target 属性,当浏览者单击了链接之后将在原来的浏览器窗口中浏览新的 HTML 文档。若 target 的值等于"_blank",单击链接后将会打开一个新的浏览器窗口来浏览新的 HTML 文档,如下面一行代码所示:

　　<a href="http://www.163.com" target="_blank">网易网站</a>

(2) 创建内部链接

所谓内部链接就是网页中的书签。在内容较多的网页内建立内部链接时,它的链接目标不是其他文档,而是网页内不同的部分。在使用内部链接之前,需要在网页确定书签的内容,并使用 a 标记的 name 属性给书签命名。它的一般格式为

　　<a name="书签名称">书签内容</a>

其中,"书签名称"是代表"书签内容"的字符串,用户可使用简短、有意义的字符串代替网页文本。为了使 Web 浏览器易于区分"书签名称"与文档内容,"书签名称"前面需要添加符号♯。例如,先定义一个标签 a,然后要找到"标签名"这个标签,就可编写如下代码:

　　<a name="标签 a">书签内容</a>

　　<a href="♯标签 a">单击此处将使浏览器跳到"标签 a"处</a>

(3) 创建邮件链接

邮件链接可使访问者在浏览页面时,只需单击电子邮件链接就能够打开默认的邮件编辑窗口,用于向指定的地址发送邮件。电子邮件链接的应用格式如下:

　　<a href="mailto:E-mail 地址">邮件链接文本</a>

其中,"E-mail 地址"是用户在国际互联网上的电子邮件地址,而"邮件链接文本"就是站点访问者单击的文本。

访问者单击链接文本 E-mail 地址时,将打开默认的电子邮件编辑窗口。例如,使用Office 系列的 Outlook Express 作为默认的邮件编辑器时,单击 E-mail 地址时将打开邮件编辑器窗口,收件人旁将出现邮件地址。

7. 插入图像

制作网页时,常需要在页面添加上一些图片,因为有时"一图胜千言"。HTML 语言也专门提供了<img>标记来处理图像的输出。本节将介绍在网页内插入图像文件、图像链接的方法,通过 HTML 标记的运用,用户还可以改变图像的显示尺寸与对齐方式等。

(1) 在网页中插入图像

HTML 采用的图像格式有 GIF、JPG 和 PNG,用户可以使用这 3 种格式的图像文件。在网页中插入图像文件,用户需要使用 HTML 的 img 标记,它的应用格式如下:

　　<img src="picname">

"src"是"source"（源）英文的缩写，而"picname"则是希望在网页内显示图像的 URL。在网页内创建图像链接与文本链接的区别并不大，用户也需要使用 a 标记，并指明链接目标的 URL，唯一的区别就是在</a >标记符号之前要使用 img 标记，图像链接的标记格式如下：

　　＜a href =＂URL＂＞＜img src =＂picname＂＞</a＞

其中，URL 是链接目标的 URL，picname 是图像文件的 URL。在网页内插入图像链接时，浏览器窗口的图像周围将出现黑色边框，如果用户不希望出现该边框，可在＜img＞标记符号内添加＜border＝0＞的属性设置。

（2）设置图像格式与布局

在默认的情况下，将图像插入到网页文件之后，它与网页文本是垂直居下对齐的，并且文本出现在图像的右侧。要对图像进一步设置，需要了解更多的属性设置方法，如表 2.3 所示。

表 2.3　图像的属性及其用途

属性	用途
＜src＝＂＂	图片来源
＜width＝＂＂ height＝＂＂	图片大小，此宽度及高度一般采用 pixels 作单位。通常设为图片的真实大小，以免失真，若需要改图片大小最好使用专用的图像编辑工具
＜hspace＝＂＂ vspace＝＂＂	设定图片边沿空白，以免文字或其他图片贴近。"hspace"是设定图片左右的空间，"vspace"是设定图片上下的空间，高度采用 pixels 作单位
border＝＂＂	图片边框厚度
align＝＂top＂	调整图片旁边文字的位置，可选值有 top、middle、bottom、left、right，默认值为 botom
alt＝＂＂	这是用以描述该图形的文字，若使用的浏览器不能显示该图片时，这些文字将会代替图片被显示。若浏览器显示了该图片，当鼠标指针移至图片上时该文字也会被显示
lowsrc＝＂＂	设定先显示低解析度的图片。若在网页中加入的是一张很大的图片，用户浏览时可能需要很长的下载时间。而设置一张低解析度的图片后，它会先被显示以免浏览者失去兴趣，通常采用原图的黑白版本来作为低解析度图片

说明：图片文件必须都预先存放在该 HTML 文档所在的文件夹中，才能在浏览器中正常显示。

8. 加入水平线

使用 hr 标记可以在网页内部插入一条水平线，它可以直接使用，其基本使用方式如下：

＜hr align = 对齐方式 width = x% ,size = n,noshade＞

＜hr＞标记具有 size、color、width、align 和 noshade 属性，各属性的含义如下。

size 属性用于以像素为单位设置水平线的厚度。

width 属性用于设置水平线宽度，默认单位是像素，也可使用占浏览器窗口的百分比来设定。

color 属性设置颜色。

align 属性可以设置水平线的对齐方式。

noshade 属性不用赋值，而是直接加入标记即可使用，它用来加入一条没有阴影的水平线（不加入此属性水平线将有阴影）。

9. 文本格式例题

下面我们创建一个关于文本应用的综合例题。请将如下代码用记事本或 Visual Studio

2008 创建,并存盘成.htm 或者.html 文件,然后双击存盘文件运行查看效果,如图 2.2 所示。

```
<! --例 2-1.htm -|
<html>
<head>
    <title>文本格式综合例题</title>
</head>
<body text = black>
    <font color = red size = 24 face = "隶书,黑体">文本格式综合例题</font>
    <hr width = 300 align = left />
    <h1  align = "center">静夜思</h1>
    <h2  align = right>李白</h2>
    <p align = center><font color = red> 床前明月光,</font></p>
    <div align = center>
    <br><font face = "隶书" size = 14> 疑是地上霜。</font> </br>
    <br><b>举头望明月,</b></br>
    <i>低头思故乡。</i>
    </div>
    <hr width = 50 % />
    资料来源:<a href = http://www.baidu.com>www.baidu.com</a>
</body>
</html>
```

图 2.2 格式示例

2.2.3 列表格式应用

使用列表能够有效地表达出具有并列、排序关系的网页内容,为访问者阅读网页提供方便。HTML 为用户提供了编号列表、符号列表与自定义列表形式。通过上述列表的相互嵌套,还可以进一步丰富列表的表现手段。

1. 编号列表

当网页标题存在排序关系时，可以使用编号列表，它表明标题的前、后顺序是不能改变的。编号列表的应用格式如下：

```
<ol>
<li>编号列表
…
</ol>
```

提示：在编号列表的开始、结束处，需要使用<ol></ol>标记对（ol 是 ordered list 的缩写），它用于定义编号列表的作用范围。

在编号列表内容之前必须添加 li 列表项标记（它是列表选项 list item 的缩写），以便与其他列表相区别。

编号列表支持 type 属性，属性值与编号类型的对应关系如表 2.4 所示。在默认的情况下，编号总是从该类型的第 1 个数值或字母开始的，通过 start 属性的设置，用户可以设置编号列表不同的起始序号。

表 2.4　li 标记的 type 属性设置

type 属性	编号显示方式
A	英文大写字母，如 A、B、C 等
a	英文小写字母，如 a、b、c 等
I	罗马大写字母，如 Ⅰ、Ⅱ、Ⅲ 等
i	罗马小写字母，如 ⅰ、ⅱ、ⅲ 等
l	阿拉伯字母，如 1、2、3 等

2. 符号列表

当网页内容中出现并列的选项时，可采用符号列表。它的标记是 ul（unordered list，无序列表），在每一列表项的开始处需要使用 li 以示区别。符号列表的应用格式如下：

```
<ul>
<li>符号列表
…
</ul>
```

在默认的情况下，符号列表的项目符号是圆点，改变 type 属性的赋值时，可以更换项目符号的形式，用户可在 disc（圆点）、circle（圆圈）、square（方块）中选择满意的项目符号。将 type 属性值添加到 ul 标记内，所有的列表项目都采用相同的符号项。将 type 属性值添加到 li 标记内，它只能改变当前列表的项目符号，通过这种方法可为列表内的项目设置不同的项目符号。

3. 自定义列表

当网页内出现新词汇、术语时，为了给访问者一个明确的提示，需要对它们进行定义和说明，此时用户可以使用自定义列表（Definition List）。自定义列表标记 dl 由一系列的词语标记 dt 和定义标记 dd 组成，通常 dt 标记与 dd 标记成对地出现在网页文件内，词语的定义内容以首行缩进的方式显示在浏览器窗口。定义列表的应用格式如下：

```
<dl>
<dt>第 1 条词语<dd>定义内容
<dt>第 2 条词语<dd>定义内容
…
</dl>
```

4. 定义嵌套列表

HTML 不仅允许用户使用单独的列表，而且还能够把不同类型的列表相互嵌套，嵌套的级数不受限制，这样就形成复合列表，它意味着第一个列表的内容还未结束时，另一列表就可以开始。例如,在自定义列表内,使用编号列表说明具有层次感的列表选项,使用编号列表说明具有并列关系的列表选项。

介绍一个列表例题,创建如图 2.3 所示的包含各种列表的网页。将以下代码存盘成2-2.htm文件。

```
<!--例 2-2.html-|
<html>
  <head>
    <title>一个列表格式例题应用</title>
  </head>
  <body>
    <dl>
      <dt>ordered <dd>现代英汉词典解释
      <ol>
      <li>安排好的;整齐的;<li>规则的<li>有秩序的;
      </ol>
      <dt>HTML 列表<dd>列表的种类
      <ul>
      <li>编号列表<li>符号列表<li>自定义列表
      </ul>
    </dl>
  </body>
</html>
```

图 2.3　包含各种列表的网页

2.3　表格与框架

表格标记对于制作网页是很重要的,现在很多网页都是使用表格。其主要是因为表格不但可以固定文本或图像的输出,而且还可以任意进行背景和前景颜色的设置。

2.3.1　认识表格标记

一个表格由<table>开始，</table>结束，表的内容由<tr>和<td>定义。<tr>说明表的一个行，表有多少行就有多少个<tr>；<td>则设定一个单元格来填充表格。

将以下代码存盘成例 2-3.htm 文件，创建如图 2.4 所示的简单表格的网页。

```
<!--例 2-3.htm-|
<html>
<head>
    <title>简单表格练习</title>
</head>
<body>
  <table  border = 1>
    <tr>
      <td>编号</td>
      <td>姓名</td>
      <td>成绩</td>
    </tr>
    <tr>
      <td>1001</td>
      <td>张三丰</td>
      <td>88</td>
    </tr>
  </table>
  </body>
</html>
```

图 2.4　一个简单的表格

2.3.2　设置表格的整体属性

<table></table>标记对用来创建一个表格。<table></table>具有以下属性，如表 2.5 所示。

表 2.5　表格的属性

属性	用途
<table bgcolor="">	设置表格的背景色
<table border="">	设置边框的宽度，若不设置此属性，则边框宽度默认为 0
<table bordercolor="">	设置边框的颜色
<table bordercolorlight="">	设置边框明亮部分的颜色（当 border 的值大于等于 1 时才有用）
<table bordercolordark="">	设置边框昏暗部分的颜色（当 border 的值大于等于 1 时才有用）
<table cellspacing="">	设置表格单元格与单元格之间的空间大小
<table cellpadding="">	设置表格单元格边框与其内部内容之间的空间大小
<table width="">	设置整个表格的宽度，单位用绝对像素值或总宽度的百分比

说明：以上各个属性可以结合使用。有关宽度、大小的单位用绝对像素值。而有关颜色的属性使用十六进制 RGB 颜色码或 HTML 语言给定的颜色常量名。

2.3.3　设置表格的一行的属性

<tr></tr>标记对用来创建表格中的一行，表有多少行就有多少个<tr>。<tr>具

有以下属性,如表2.6所示。

表 2.6　表格行的属性

属性	用途
<tr align="">	设置表格行的对齐方式(水平),可选值为 left、center、right
<tr valign="">	设置表格行的对齐方式(垂直),可选值为 top、middle、bottom
<tr bgcolor="">	设置表格行的底色
<tr bordercolor="">	设置表格行的边框颜色
<tr bordercolorlight="">	设置表格行的边框向光部分的颜色

将以下代码存盘成例 2-4. htm 文件,创建如图 2.5 所示的表格网页。

```
<!--例 2-4. htm-|
<html>
<head>
    <title>表格属性练习</title>
</head>
<body>
    <table width="85%" border="1" cellspacing="5" bordercolor="black">
    <tr bordercolor="#0000FF" align="Right">
        <td>第一行边界线为蓝色</td><td>第一行靠右对齐</td>
    </tr>
    <tr bordercolorlight="#CF0000" bordercolordark="#00FF00" valign="bottom">
        <td>第二行向光边框为绿色背光边框为红色</td><td>第二行靠底对齐</td>
    </tr>
    </table>
</body>
</html>
```

图 2.5　设置表格行的格式

2.3.4　设置单元格的属性

1. 普通单元格

<td></td>标记对用来设置表格中的一个单元格的内容及格式。单元格可以包含文本、图像、列表、段落、表单、水平线、表格等。<td>具有以下属性,如表 2.7 所示。

表 2.7　单元格的属性

属性	用途
<td width="">	设置单元格的宽度、接受绝对值(如 80)及相对值(如 80%)
<td height="">	设置单元格的高度
<td colspan="">	设置单元格的向右通栏的栏数

属性	用途
<td rowspan="">	设置单元格的向下通栏的栏数
<td align="">	设置单元格的对齐方式（水平），可选值为 left、center、right
<td valign="">	设置单元格的对齐方式（垂直），可选值为 top、middle、bottom
<td bgcolor="">	设置单元格的底色
<td bordercolor="">	设置单元格的边框颜色
<td bordercolorlight="">	设置单元格的边框向光部分的颜色
<td bordercolordark="">	设置单元格的边框背光部分的颜色
<td background="">	设置单元格的背景图片，与 bgcolor 任选其一

2. 标题单元格

<th>与<td>同样是标记一个单元格，唯一不同的是<th>所标记的单元格中的文字以粗体出现，通常用于表格中的标题栏目。用它取代<td>的位置便可以，其参数设定请参考<td>。也可以在<td>所标记的文字加上粗体标记便能达到同样效果。

3. 表格总标题

<caption> 的作用是为表格标示一个标题列，如同在表格上方加一没有格线的通栏列，通常用来存放表格标题。

可使用<caption align=" ">属性来设置该表格标题列相对于表格的对齐方式（水平），可选值为 left、center、right、top、middle 与 bottom。若 align="bottom" 的话，标题列便会出现在表格的下方，而与<caption> 语句在<table>中的位置无关。

将以下代码存盘成例 2-5. htm 文件，创建如图 2.6 所示的表格网页。

```
<! --例 2-5. htm-|
<html>
<head>
    <title>设置单元格与标题的格式</title>
</head>
<body>
<table width = "350" border = "1" cellspacing = "0" cellpadding = "2" align = "center" bgcolor = "#FFC4E1" bordercolor = "#0000FF">
<caption>山东省汽车销售冠军榜</caption>
    <tr align = "center">
      <td colspan = "3">济南市销售情况</td>
    </tr>
    <tr align = "center">
      <td rowspan = "3">一月</td>
      <th>车牌</th><th>数量</th>
    </tr>
    <tr align = "center">
      <td>捷达</td><td>221</td>
    </tr>
```

```
    <tr align="center">
      <td>富康</td><td>193</td>
    </tr>
  </table>
</body>
</html>
```

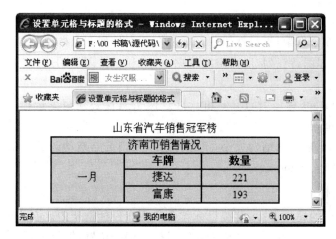

图2.6　设置单元格与标题的格式

2.3.5　使用框架

框架网页把浏览器窗口切割成几个独立的部分,打开的链接目标文件只占用浏览器窗口的某个区域,该区域就是框架网页的目标框架。框架网页的出现使得访问者在浏览器窗口可同时观察多个网页。

1. 认识框架标记

设计框架网页时,frame 和 frameset 标记用于定义框架网页的结构。由于框架网页的出现从根本上改变了 HTML 文档的传统结构,因此在出现 frameset 标记的文档中,将不再使用body 标记,包含框架网页的 HTML 文档的基本结构为

```
<html>
<head>…</head>
<frameset>…</frameset>
<frame src="URL">
</html>
```

其中,URL 是用于确定在框架网页内显示的网页文件。

提示:如果考虑到一些不支持框架网页功能的浏览器,可使用<noframes></noframes>标记对。把此标记对放在<frameset></frameset>标记对之间,中间即可输入可显示在那些不支持框架的浏览器中的文本或图像信息。

在网页内添加框架网页,就意味着对浏览器窗口进行纵向与横向的划分。rows 用来规定主文档中各个横向划分的框架的行定位,而 cols 用来规定主文档中各个纵向划分的框架的列定位。这两个属性的取值可以是百分数、绝对像素值或星号"＊",其中星号代表那些未被划分的空间,如果同一个属性中出现多个星号则将剩下的未被说明的空间平均分配。同时,所有的框架将按照 rows 和

cols 的值从左到右,然后从上到下排列。设置框架网页大小尺寸的例子如下所示:

<frameset rows = ˝ * , * , * ˝>

该例共设置有 3 个按列排列的框架,每个框架占整个浏览器窗口的 1/3。

<frameset cols = ˝40 % , * , * ˝>

该例共设置有 3 个按行排列的框架,第一个框架占整个浏览器窗口的 40%,剩下的空间平均分配给另外两个框架。

<frameset rows = ˝40 % , * ˝ cols = ˝50 % , * ,200˝>

该例共设置有 6 个框架,先是在第一行中从左到右排列 3 个框架,然后在第二行中从左到右再排列 3 个框架,即两行三列,所占空间依据 rows 和 cols 属性的值,其中 200 表示的意思为 200 像素。

注意:使用 frameset 标记时,rows 和 cols 这两个属性必须至少选择一个,否则浏览器只显示第一个定义的框架。

提示:如果欲固定框架的结构大小,不允许用户在浏览器拖动改变框架的大小,可在 HTML 代码中添加一句<frame noresize>。

2. 确立框架目标

单击框架网页内的超文本后,链接目标就会出现在目标框架内。在确定目录框架之前,应该对它进行命名,通过框架网页的名称来确定目标框架的位置,框架网页的名称应该注意区分大小写。内容相同、大小写不同的框架网页名称将被认为是不同的框架网页。确定目标框架网页的通用格式如下:

<frame name = ˝框架网页名称˝>
<a href = URL,target = ˝框架网页名称˝>

对于一些特殊的框架网页,HTML 已经预先为其设置了名称,这些常用的特殊框架网页如下。

black:空白框架网页。单击链接文本之后,将打开一个新的浏览器窗口,并显示链接目标。

self:将链接指向当前框架网页。单击链接文本之后,链接目标将在链接文本所在的框架网页内出现,并且链接文本窗口将被刷新。

parent:将链接指向父框架网页。如果没有父框架网页,那么它就指向自己。父框架、子框架网页是根据网页的结构关系设置的。

top:指向整个浏览器窗口本身,它是打开网页时首先见到的浏览器窗口。

3. 设置框架网页的外观

框架网页外观是由框架网页的边框、间距、颜色、页边距、滚动条等组成的。在默认的情况下,HTML 提供了一系列的默认值,分别对上述选项进行设置。考虑到应用框架网页的背景、场合的不同,HTML 允许用户自定义框架网页的外观。

通过 frameborder 属性的设置,用户可以自定义边框是否出现。设置框架网页边框的应用格式如下所示:

<frame frameborder = Yes|No>

其中,Yes 表示将在浏览器窗口显示框架网页边框;如果用户选择 No,框架网页边框将消失。类似地,将 frameborder 属性设置为 0 时,框架网页边框也将消失,但设置任何大于 0 的数值时,框架网页边框都会出现,并且宽度是一致的。

框架网页间距是指框架网页之间的空白区域,框架网页的内容是不会出现在该区域的。使用 frameset 标记的 framespacing 属性可以设置不同的框架网页间距,当需要将浏览器框架

网页内所有的框架网页间距设置为 50 个像素时,可在网页文件内添加下列语句:

```
<framest cols = "10%,*" framespacing = 50>
```

每个框架网页都相当于一个独立的网页,因此可对网页的页边距进行设置。frame 标记的 marginlength 和 marginheight 属性分别用于设置页边距的宽度和高度。

当框架网页的内容超过框架网页的大小尺寸时,可以使用滚动条拖动的方式来观察整个网页的内容。用户可通过 frame 标记的 scrolling 属性决定是否允许滚动条出现在浏览器窗口。用户可将 Yes、No、Auto 赋值给 scrolling 属性。在默认的情况下,系统将给 scrolling 属性赋值 Auto,这样可根据框架网页内容的多少,决定是否在浏览器窗口内出现滚动条。

将以下代码存盘成例 2-6.htm 文件,创建如图 2.7 所示的表格网页。

```
<!--例 2-6.htm-|
<html>
<head>
    <title>框架网页</title>
</head>
<frameset cols = 20%,*>
<farme src = "http://www.163.com">
    <framset rows = 40%,*>
    <frame src = "http://www.cctv.com">
    <frame src = "例 2-5.htm">
    </frameset>
</frameset>
</html>
```

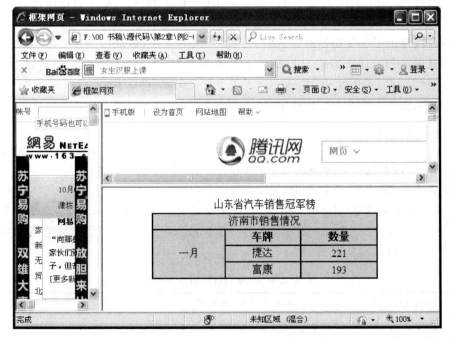

图 2.7　框架网页

2.4 使 用 表 单

表单在 Web 网页中用来给访问者填写信息,从而能获得用户信息,使网页具有交互的功能。一般是将表单设计在一个 HTML 文档中,当用户填写完信息后做提交(Submit)操作,于是表单的内容就从客户端的浏览器传送到服务器上,经过服务器上的处理程序处理后,再将用户所需信息传送回客户端的浏览器上,这样网页就具有了交互性。本节将从最基本的表单元素开始,只介绍如何使用 HTML 的表单标记来设置表单。

2.4.1 表单的基本结构

网页内的表单由表单标记符号 form 定义,使用＜form＞标记符号意味着表单的开始,而＜/form＞标记符号则意味着表单的结束。由于表单经常用于收集站点访问者的信息,因此在表单的内部必须出现输入标记 input,它可以用于收集表单数据,另外,还可将表单数据发送给站点管理员,或者清除表单的内容,重新输入表单。表单标记的基本结构如下所示:

＜form action = URL method = get|post＞

…

＜input type = submit＞

＜input type = reset＞

＜/form＞

表单标记 form 最重要的属性就是 action 和 method。action 属性用于指定表单处理程序的 URL。例如,＜form action＝"login. asp"＞,当用户提交表单时,服务器将执行该 HTML 文件所在文件夹中名为 login. asp 的 ASP 程序。

method 属性用于定义处理站点访问者提供数据的方法,可取值为 get 与 post 的其中一个。get 方式是处理程序从当前 HTML 文档中获取数据,然而这种方式传送的数据量是有所限制的,一般限制在 1 KB 以下。post 方式与 get 方式相反,它是当前的 HTML 文档把数据传送给处理程序,传送的数据量要比使用 get 方式大得多。

2.4.2 表单的用户输入区域

表单是一个能够包含多种不同表单元素的区域。表单元素能够让用户在表单中输入信息,它包括文本框、密码框、下拉菜单、单选按钮、复选框等。

最常用的表单标签是＜input＞标签,它可用来定义一个用户输入区,用户可在其中输入信息。＜input type＝""＞标记共提供了 8 种类型的输入区域,具体是哪一种类型由 type 属性来决定,如表 2.8 所示。

表 2.8　表单的各项组成元素

type 属性取值	输入区域类型	输入区域示例
＜input type＝"text" size＝"" maxlength＝""＞	单行的文本输入区域。size 与 maxlength 属性用来定义显示的尺寸大小与输入的最大字符数	姓名:□

续　表

type 属性取值	输入区域类型	输入区域示例
`<input type="submit">`	将表单内容提交给服务器的按钮	提交查询内容
`<input type="reset">`	将表单内容全部清除、重新填写的按钮	重置
`<input type="checkbox" checked>`	一个复选框，checked 属性用来设置该复选框在默认时是否被选中	请选择你的爱好 ☑ 音乐 ☑ 体育 ☑ 文学
`<input type="hidden">`	隐藏区域，用户不能在其中输入，它常用来预设某些要传送的信息	
`<input type="image" src="URL">`	使用图像来代替 submit 按钮，图像的源文件名由 src 属性指定。用户单击后，表单中的信息和单击位置的 X、Y 坐标一起传送给服务器	
`<input type="password">`	输入密码的区域，当用户输入密码时，区域内将会显示"*"号	请输入密码：
`<input type="radio">`	单选按钮类型，checked 属性用来设置该单选框默认时是否被选中	请输入性别： ○ 男 ○ 女

上面 8 种类型的输入区域有一个公共的属性 name，此属性给每一个输入区域一个名字。这个名字与输入区域是一一对应的，即一个输入区域对应一个名字。服务器就是通过调用某一输入区域名字的 value 属性来获得该区域的数据的。而 value 属性是另一个公共属性，它可用来指定输入区域的默认值。

2.4.3　表单的列表框

列表框是用于确定选项内容的另一种方式，它包括下拉式列表框与滚动式列表框两种形式，在下拉式列表框内，只能选择其中的一个选项；在滚动式列表框内，却可以选择其中的多项内容。表单的列表框是由 select 和 option 两个标记来定义的，它的应用格式如下所示：

```
<select name = "name">
<option>
</select>
```

select 具有 multiple、name 和 size 等属性。multiple 属性不需赋值，直接加入标记中即可使用，加入了此属性后列表框就成了可多选的了；name 属性用于确定 select 标记的名称；size 属性用来设置列表的高度，默认时值为 1，若没有设置（加入）multiple 属性，显示的将是一个弹出式的列表框。

此外，option 标记用来指定列表框中的一个选项，它放在`<select></select>`标记对之间。此标记具有 selected 和 value 属性，selected 用来指定默认的选项，value 属性用来给 option指定的那一个选项赋值，这个值是要传送到服务器上的，服务器正是通过调用`<select>`区域名字的 value 属性来获得该区域选中的数据项的。

将以下代码存盘成例 2-7. htm 文件，创建如图 2.8 所示的表格网页。

```
<! --例 2-7. htm-|
<html>
```

```
<head>
    <title>包含列表框的表单网页</title>
</head>
<body>
<form action="例2-6.htm" method="post">
  <p>请选择你的年级：
  <select name="old" size="1">
    <option value="grade1">大学一年级
    <option value="grade2" selected>大学二年级
    <option value="grade3">大学三年级
    <option value="grade4">大学四年级
  </select>
  <p>请选择你所喜爱的体育运动：
  <select name="sports" multiple size="4">
    <option value="Football">足球
    <option value="Table Tennis" selected>乒乓球
    <option value="Badminton">羽毛球
    <option value="Other">其他
  </select>
</form>
</body>
</html>
```

图2.8 包含列表框的表单网页

2.4.4　文本框与文件选项

<textarea></textarea>用来创建一个可以输入多行的文本框,此标记对用于<form></form>标记对之间。<textarea>具有 name、cols 和 rows 属性。cols 和 rows 属性分别用来设置文本框的列数和行数,这里列与行是以字符数为单位的。

如果在表单内填写的内容太多,如个人工作经历等,为了方便访问者填写,可在表单内添加文件选项。

在表单内添加文件选项时,用户可使用 form 标记的 enctype 属性,以指定文件的数据类型,使用该属性还需要将 input 标记的 type 属性设置为 file。

将以下代码存盘成例 2-8. htm 文件,创建如图 2.9 所示的表格网页。

```
<! --例 2-8.htm-|
<html>
<head>
        <title>文本框与文件选项的表单网页</title>
</head>
<body>
    <form method = "post">
        <p>请输入留言:
        <textarea name = "ly" clos = "20" rows = "4">
                    请在这里输入您的看法和见解
        </textarea>
        <br><br><hr align = left><br>
        请选择上传的文件:<input name = "filename" type = "file"><p>
        <input type = submit value = "提交">
        <input type = reset value = "重选">
    </form>
</body>
</html>
```

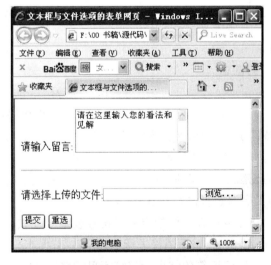

图 2.9 包含文本框与文件选项的表单网页

2.5 小 结

- HTML 4.0 中常用标记符的语法规则以及用 HTML 创建 Web 页面的方法。
- HTML 语言是一种页面描述语言。
- 当用户通过 Web 浏览器阅读 HTML 文档时,浏览器负责解释插入在 HTML 文档中的各种标记,并以页面的形式呈现在用户面前。

- 用 HTML 语言编写的文档称为 HTML 文档，编制 HTML 文档时，需要加入一些标记，用来说明段落、标题、文字、图像、框架等。
- HTML 里的标签大部分要成对出现，只有＜br／＞＜hr／＞等个别标签不需要成对出现。
- 表格与框架可以用来对页面进行布局。
- 表单＜form＞里的控件可以完成人机交互。

2.6 习 题

一、填空题

（1）HTML 的意思是＿＿＿＿＿＿＿＿＿＿＿＿＿＿＿＿＿＿＿。

（2）＜title＞的意思是＿＿＿＿＿＿。

（3）如果要为网页指定黑色的背景颜色，应使用以下 html 语句：＿＿＿＿＿。

（4）＜hr width＝50％＞表示创建一条＿＿＿＿的水平线。

（5）在 ol 标记符中，使用＿＿＿＿属性可以控制有序列表的数字序列样式。

（6）在指定页内超链接的时候，如果在某一个位置使用了＜a ＿＿＿＝"target1"＞锚点＜/a＞语句定义了锚点，那么应使用以下语句，以便在单击超链接时跳转到锚点定义的位置：＜a href＝＿＿＿＿＞锚点链接＜/a＞。

（7）上网浏览网页时，应使用＿＿＿＿＿＿作为客户端程序。

二、选择题

（1）WWW 是（ ）的意思。

    A. 网页   B. 万维网

    C. 浏览器   D. 超文本传输协议

（2）在网页中显示特殊字符，如果要输入"＜"，应使用（ ）。

    A. lt;   B. ≪   C. &lt   D. <

（3）以下有关列表的说法中，错误的是（ ）。

    A. 有序列表和无序列表可以互相嵌套

    B. 指定嵌套列表时，也可以具体指定项目符号或编号样式

    C. 无序列表应使用 ul 和 li 标记符进行创建

    D. 在创建列表时，li 标记符的结束标记符不可省略

（4）以下关于 font 标记符的说法中，错误的是（ ）。

    A. 可以使用 color 属性指定文字颜色

    B. 可以使用 size 属性指定文字大小（也就是字号）

    C. 指定字号时可以使用 1~7 的数字

    D. 语句 ＜font size＝"＋2"＞这里是 2 号字＜/font＞ 将使文字以 2 号字显示

（5）如果要在表单里创建一个普通文本框，以下写法中正确的是（ ）。

    A. ＜input＞   B. ＜input type＝"password"＞

    C. ＜input type＝"checkbox"＞   D. ＜input type＝"radio"＞

（6）以下有关表单的说明中,错误的是(   )。

    A. 表单通常用于搜集用户信息

    B. 在 form 标记符中使用 action 属性指定表单处理程序的位置

    C. 表单中只能包含表单控件,而不能包含其他诸如图片之类的内容

    D. 在 form 标记符中使用 method 属性指定提交表单数据的方法

三、综合题

编写代码实现如图 2.10 所示页面。

图 2.10　综合题图

第3章
C#语言基础

3.1 C♯语言简介

对 C♯ 的由来有两种解释:从字面的意义来解释,是 C 语言的开发利器;从微软给出的解释,是 C++ 的升级语言,具有比 C++ 更优越的开发特性。

ASP. NET 是一个平台,上面支持用 C♯ 或者 VB. NET 写代码。

若是单纯以概念来说,可以把. NET 当做一个工作平台,它是一个开发环境的基底,提供开发 Windows、Web、Mobile、XML 等应用程序的一个共通的平台;若是要了解深一点,则再去了解其运作的相关机制。

C♯ 是 Web 开发的一种重要语言,微软将 C♯ 发展成为 Java 语言的重要对手。在微软提供的. NET 框架中,可以用 C♯ 开发 C/S 应用,也可以开发 Web 应用,并且可以在一个项目中混合使用 C♯ 和 VB 等语言,这从某种意义上讲,. NET 框架和 Java 的虚拟机有很大的相似性。

C♯ 编程语言是由微软公司的 Anders Hejlsberg 和 Scott Willamette 领导的开发小组专门为. NET 平台设计的语言,它可以使程序员转移到. NET 上。这种转移对于广大的程序员来说是比较容易的,因为 C♯ 从 C、C++ 和 Java 发展而来,它采用了这 3 种语言最优秀的特点,并加入了它自己的特性。C♯ 是事件驱动的,完全面向对象的可视化编程语言,我们可以使用集成开发环境来编写 C♯ 程序。使用 IDE,程序员可以方便地建立、运行、测试和调试 C♯ 程序,这就将开发一个可用程序的时间减少到不用 IDE 开发时所用时间的一小部分。使用 IDE 迅速建立一个应用程序的过程称为快速反应开发。

C♯ 的优点概括如下。

(1) 支持快速开发:快速开发曾经是 VB 语言的一大特色,而 C♯ 整合了这种特色,借助于 Visual Studio开发工具,可以通过拖放的形式添加组件,并自动生成组件需要的代码,同时在 Visual Studio 2008 中,自动生成的代码与手动控制的代码相隔离,让开发人员更容易地检查自己的设计。

(2) 支持面向对象:面向对象是开发程序的一种机制,是专指在程序设计中采用封装、继承、抽象等设计方法,其重点是类的设计。而 C♯ 中连一个字符串都是面向对象型的设计。

(3) 对 XML 强大的支持:XML 语言已经成为一种标准的数据描述语言,支持 XML 开发也成了衡量一种语言是否强大的标准。C♯ 对 XML 语言的支持体现在强有力的 XML 框架类中,尤其是命名空间"System. XML"中,提供了一系列对 XML 读取的操作类,使 XML 程序的开发变得非常容易。

（4）面向组件的开发：面向组件是继面向对象后的又一流行趋势，属于设计方法的一种。在 C#中最具特色的组件就是 ADO.NET 数据访问组件。组件设计也是 C#考虑最多的一种形式，组件可以在开发中直接使用，也可以调用对象提供的方法来操作。

3.2　数　据　类　型

计算机语言有成千上万种，但是绝大多数程序设计语言的目标只有一个：处理数据。但数据本身也是多种多样的。例如，在平时生活中我们常常用整数来表达东西的数量，在工程金融等领域往往需要用到很高精度的小数等。但对计算机来说，数据的含义还更加宽泛一些，如一个字符、一句话等，对于计算机来说都是数据。也就是说，计算机会接触到很多不同种类的数据，它也会用不同的方式来处理不同的数据，于是程序设计语言里面定义了数据类型这个概念。

C#支持很多数据类型，而这些类型之间又可能有互相包含的关系。C#常用的数据类型如表 3.1 所示。

表 3.1　C♯常用的数据类型

C♯ 数据类型	说明
byte	无符号 8 位整数，$0\sim255$
sbyte	有符号 8 位整数，$-128\sim127$
short	有符号 16 位整数，$-32\,768\sim32\,767$
ushort	无符号 16 位整数，$0\sim65\,535$
int	有符号 32 位整数，$-2\,147\,483\,648\sim2\,147\,483\,647$
uint	无符号 32 位整数，$0\sim4\,294\,967\,295$
long	有符号 64 位整数，$-9\,223\,372\,036\,854\,775\,808\sim9\,223\,372\,0363\,854\,775\,807$
ulong	无符号 64 位整数，$0\sim18\,446\,744\,073\,709\,551\,615$
bool	表示逻辑上的真（true）或者假（false）
char	16 位的 Unicode
decimal	有符号 128 位数据，有 $28\sim29$ 位有效位，$\pm1.0\times10^{-28}\sim\pm7.9\times10^{28}$
double	64 位浮点数，有 $15\sim16$ 位小数，$\pm5.0\times10^{-324}\sim\pm1.7\times10^{308}$
float	32 位浮点数，有 7 位小数，$\pm1.5\times10^{-45}\sim\pm3.4\times10^{38}$
string	根据字符串长度而定，最多可存放约 20 亿长度的 Unicode 字符
object	可存放各种类型的数据

可以看到，这些数据类型除了名字不同，主要的区别就在于位数和数据的范围，由于有这些区别，它们的用途也不同。

例如，如果要编写一个程序来存储学生的资料，其中会包括学生的年龄，那么用 byte 类型来表示年龄是最好的。因为 byte 类型的范围是 $0\sim255$，几乎没有人的年龄在这个范围之外。虽然用 uint、ushort 也可以，但是它们所能表达的几万甚至几十亿的范围对年龄这个数据来说实在没有必要，况且它们所需要的存储空间比 byte 类型多。那么，为什么不用 sbyte 类型呢？因为 sbyte 允许负数，这在人的年龄来讲是没有意义的。

　　再如，如果要编写一个有关天体的软件，需要一个数字来表示天体的数目，那么 ulong 应该是一个好的选择，因为它允许存储很大的数字，虽然它会用掉 64 位的空间，但是这个代价是值得的。

3.3　变量、常量与运算符

3.3.1　变量

1. 变量的声明

　　变量代表的是一条信息的名称，其值是可以改变的，变量使用前必须先定义。定义变量的方法就是在前面写上变量的类型，然后跟上变量的名字，如下：

　　char x;

　　int y;

　　decimal w;

　　string myname;

　　如果多个变量的数据类型一样，可以如下一并声明：

　　int m,n,i,j;

　　变量名称之间需要用逗号分隔，以上声明了 4 个整型变量 m、n、i、j。

　　这里特别说一下转义字符。在 C# 里的 char 类型中还定义了一些转义字符，以方便在程序开发中使用，如表 3.2 所示。

表 3.2　C# 转义字符

转义字符	说明	转义字符	说明
\'	单引号	\f	换页
\"	双引号	\n	换行
\\	反斜杠	\r	回车
\0	空字符	\t	水平 tab
\a	感叹号	\v	垂直 tab
\b	退格	\x	十六进制

2. 命名规则

　　在 C# 中，对于变量的名字有以下一些限制。

- 变量名必须以字母或下画线开头。
- 变量名只能由字母、数字和下画线组成，不得包括空格、标点等。
- 变量名不得与 C# 的关键字同名。
- 变量名不得与 C# 的库函数同名。

　　所谓 C# 语言的"关键字"，最简单的分辨方式就是：在开发工具的程序代码窗口里输入后会变成蓝色的，就是 C# 的关键词。如果违反了这些规则，编译程序时就会发生错误。除了一定要遵守的规则之外，也有一些变量命名上的建议给读者参考。

- 不要全部用大写字符：一般由大写字符构成的名称主要用于声明常量。
- 要有一致的命名风格：变量的名称通常是由有意义的名词组成的，一般可以使用 Pascal、Camel，或者匈牙利命名法，让变量名称在程序中更具有可判读性及可维护性。
- 尽量不要使用简写：C♯对于变量名称的长度并没有限制，因此尽量使用完整的名称。
- 不要只使用大小写区分变量名称：如果只以变量大小写来区分变量名称，很容易造成使用上的混淆，应尽量避免。
- 变量名称意义要清晰：变量命名除了合法与否，还要考虑名字是否清晰。如 abc 就不如 myname 一目了然。

3. 命名惯例

如果写程序的习惯不好，造成程序的可读性差，日后要维护或调试时，隔几天自己再看就有可能已经看不懂了，更不要说修改或维护。培养写程序的好习惯就从为变量取个名字开始。

基本上，为变量选择名称时，最好使用有意义的名字，而且不要为了少打几个字用简写或缩写。比如用 shadd 不如 strHomeAddress 更加明白、正确。

- Pascal Casing

如 HomeAddress 是由 Home 与 Address 两个英文字合成的，为使程序读者可以很明确地看出它是由两个字组合而成的，通常会将"每个英文字的第一个字母以大写表示"，这种命名方式被称为"Pascal Casing"。

- Camel Casing

另外，如果"只有第一个英文以小写字母开头，其他英文字的第一个字母则以大写表示"，这种命名方式被称为"Camel Casing"，因为这些字高低起伏感觉很像骆驼（Camel）的侧影，如 strHomeAddress。

4. 设定变量值

在 C# 中可以"="设定变量的值。为了区别不同的数据类型，数据可能会加上不同的方式识别。

比如以下程序会将整数变量 intAge 的值设为 10：

```
int intAge;
intAge = 10;
```

另外，也可在变量声明时即为它设置一个初始值，即

```
int intAge = 10;
```

声明字符串变量，其值要用双引号括起来，即

```
string MyName = "张三";
```

声明布尔类型变量，其值只有两个：true 或 false，且 true 及 false 本身就是 C♯ 的关键主词，因此设置的方式就是直接把 true 或 false 设置给变量即可，即

```
bool isParty
isParty = true;
```

5. 空值

空值即 null，但 null 不是 0 或空字符串""，null 代表的意思是"未定义"、"未设定"或"空值"。默认声明变量时，有很多类型都不能设定为 null，例如 int、long、bool、double 等。

```
int age = null;   //编译产生错误
```

编译时产生的错误信息为：无法将 null 转换成 int。如果确实需要先将 int 型变量置为空值，可以用如下方法：

```
int? age = null;
age = 10;
```

3.3.2 常量

变量之所以被称为"变"量，就是可以任意变更其中的值。若希望数据设定后就固定下来，不可变更，则可改用常量。定义常量要用到 const 关键词。

```
const float pi = 3.14;
```

在程序中，往往把一些不太可能改变的数值定义成常量加以使用，而不是直接使用数值。例如在计算圆的面积的程序中，就可以先定义好圆周率的值。

3.3.3 隐性局部变量

在 VB 等语言中除了用 int、string 等定义变量，还可以直接用 var，这一直被认为是类型不安全的表现。在 C♯3.0 中，依然引入了"var"关键字，但 C♯的类型转换机制提供了类型的安全保障。下面是几个常见的隐性局部变量。

```
var i = 3；
var str ="欢迎你"；
var mary = new int[]{2,4,6,8}
```

上面的变量都使用了 var 关键字定义，其效果类似于下面的代码：

```
int i = 3；
string str ="欢迎你"；
int[] mary = new int[]{2,4,6,8}；
```

var 的用法比较简单，但需要注意以下几点。

- var 必须包含初始化器。
- 初始化器必须是一个表达式。
- 初始化器的编译类型不能是 null 类型。
- 如果局部变量声明了多个声明符，这些变量必须具备相同的编译器类型。

3.3.4 装箱和拆箱

装箱（Boxing）和拆箱（Unboxing）的概念是 C♯类型系统的核心，它在值类型（数值、字符、布尔等）和引用类型（类类型、接口类型、数组类型等）之间架起了一座桥梁，使得在 C♯类型系统中，任何值类型都可以转换为 object 类型，反过来也可以。

1. 装箱操作

装箱操作是指将一个值类型隐式地转换成一个 object 类型。将一个值类型的值装箱，就是创建一个 object 实例，并将这个值复制给该 object。

```
int m = 123；
object n = m；  //装箱（本质上是数据从栈结构中转移到了堆结构中）
```

2. 拆箱操作

C♯拆箱和装箱正好相反，拆箱转换是指将一个对象类型显示地转换成一个值类型。拆箱的过程分为两步:首先,检查这个对象实例,看它是否是给定的值类型的装箱值;然后,把这个实例的值复制给值类型的变量。

```
int m = 123;
object n = m;
int x = (int)n;   //拆箱(本质上是数据从堆结构中转移到了栈结构中)
```

3.3.5　表达式与运算符

表达式是产生给定类型值的关键字、运算符、函数和常量值的任意组合。

表达式由操作数和运算符构成。表达式的运算符指示对操作数进行什么样的运算。包括十、一、*、/等符号都是运算符。而文本、字段、变量和表达式都可以作为操作数。

按照运算符作用的操作数个数来分类,有以下三类运算符。

一元运算符:一元运算符带一个操作数并使用前缀表示法(如一x)或后缀表示((如 x++)。

二元运算符:二元运算符带两个操作数并且全都使用中缀表示法(如 x+y)。

三元运算符:只有一个三元运算符?,它带三个操作数并使用中缀表示法(c? x:y)。

如果按照运算符的作用来分类,就会得到一个很庞大的表,因为 C#中的运算符不但数量多,而且作用也多。C#常用运算符如表 3.3 所示。

表 3.3　C#常用运算符

运算符类别	运算符
算术	+ − * \ %
逻辑	& | ˆ ! ~ && || true false
字符串串联	+
递增、递减	++ −−
移位	<< >>
关系	== ! = < > <= >=
赋值	= += −= /= %= %= ! ˆ= <<= >>=
成员访问	.
索引	[]
转换	()
条件	?:
委托串联和移除	+
创建对象	New
类型信息	as is sizeof typeof
溢出异常控制	chedked unchecked
间接寻址和地址	* | [] &

1. 算术运算符

算术运算符表示的是算术运算,C#中算术运算符有 5 个,其中十、一、*、/ 就是大家熟悉的加、减、乘、除,而%是模运算,也就是取余运算,例如 x=17%5,其值为 2。实际上++与−−也属于算术运算符范围,只是它是一目运算而已。

2. 关系运算符

关系运算符用来决定两个数之间的大小或者等于关系，它们是＞＝（大于等于）、＞（大于）、＝＝（等于）、＜（小于）、＜＝（小于等于）和！＝（不等于），这种决定的结果是一个布尔值，例如写出 1＞2 这样的表达式会得到一个 false，而 1＋1＝2 则会得到一个 true。

3. 逻辑运算符

逻辑运算符是用来进行逻辑运算的，它们是！（非）、＆＆（与）和‖（或）。参与逻辑运算的是布尔值，逻辑运算的规则如表 3.4 所示。

除了！、‖和＆＆，还有一类按位进行的逻辑运算符，它们可以用于整数，只不过意义稍有不同。

＆按位与：对于整型，＆计算操作数的按位"与"运算；对于 bool 操作数，＆相当于＆＆。

‖按位或：对于整型，‖对操作数进行按位"或"运算；对于 bool 操作数，‖相当于‖。

^按位异或：对于整型，计算操作数的按位"异或"；对于 bool 操作，计算操作数的逻辑"异或"。

～按位求补：为 int、uint、long 和 ulong 操作数执行按位求补操作。

4. 三元运算符

三元运算符"？："也称为条件运算符，是"if…else…"结构的简化形式。三元运算符名称的出处是因为它带有 3 个操作数，其语法结构如下：

```
条件？结果 1：结果 2
```

其中条件是要计算的布尔型表达式，结果 1 是条件为真时返回的值，结果 2 是条件为假时返回的值。比如：

```
int max = a＞b？a：b;   //返回变量 a 与 b 中较大的值
```

示例"ph0301"演示了 C♯ 基本语法的应用。

（1）新建 C♯ 控制台应用程序，命名"ph0301"，如图 3.1 所示。

表 3.4　逻辑运算规则

x	y	！x	x‖y	x＆＆y
true	true	false	true	true
true	false	false	true	false
false	true	true	true	false
false	false	true	false	false

图 3.1　建立控制台应用程序对话框

（2）在系统默认自建的 program.cs 文件中输入如下代码（加粗部分）：

```
namespace ph0301
{
    class Program
    {
        static void Main(string[] args)
        {
```

```
        int m, n;
        int max, min;
        Console.WriteLine("请输入第 1 个数");
        m = Convert.ToInt32(Console.ReadLine());
        Console.WriteLine("请输入第 2 个数");
        n = Convert.ToInt32(Console.ReadLine());
        max = m > n ? m:n;
        min = m < n ? m:n;
        Console.WriteLine("输入的大数是{0},小数是{1}", max, min);
    }
  }
}
```

（3）按"Ctrl＋F5"组合键运行程序。查看结果如图 3.2 所示。

本例中 Convert.ToInt32()是对输入的数据进行类型转换,按"Ctrl＋F5"组合键是让程序运行完毕暂停一下,如果按"F5"快捷键或工具栏的三角符号运行,则程序运行完毕不会停止,"结果窗口"会自动关闭,这样我们看不到结果。

图 3.2　运行结果

3.4　流　程　控　制

一个应用程序通常包含了复杂的应用逻辑,要实现这些逻辑,就必须进行流程控制。流程控制一般来说主要是指分支与循环。

3.4.1　条件语句

1. if 语句

if 是最常用的条件语句,它的功能是根据条件表达式的值(true 或 false)选择要执行的语句块,使用时要注意 else 应和最近的 if 语句匹配。

（1）单独的 if

if 语句用来判断条件,符合条件则进入 if 语句的代码块,不符合则执行 if 代码块后面的内容。if 语句的语法如下所示:

```
if(条件表达式){…}
```

（2）if…else…语句

如果有且只有两个判断条件,可以使用 if…else…的组合语句,使用语法如下所示:

```
if(条件表达式){…}
else{…}
```

（3）if…else if…语句

如果有多个判断条件,可以使用 if…else if…的组合语句,使用语法如下所示:

```
if(条件表达式 1){…}
else if(条件表达式 2){…}
```

```
else if(条件表达式3){…}
…
else{…}
```

注意：else 与 if 之间有一个空格。

示例"ph0302"演示了 if 语句的应用。使用嵌套 if 语句判断成绩的等级：90 分及以上是优秀，80 分及以上是良好，70 分及以上是中等，60 分及以上是及格，60 分以下是不及格。代码如下所示：

```
namespace ph0302
{
    class Program
    {
        static void Main(string[] args)
        {
            Console.WriteLine("请输入分数后按回车:");
            double score = Convert.ToDouble(Console.ReadLine());
            if (score < 0 || score > 100) {
                Console.WriteLine("您输入的数据不合法!");
                return;
            }
            if (score < 60) {
                Console.WriteLine("不及格!");
            }else if (score < 70) {
                Console.WriteLine("及格");
            }else if (score < 80) {
                Console.WriteLine("中等");
            }else if (score < 90) {
                Console.WriteLine("良好");
            }else{
                Console.WriteLine("优秀");
            }
        }
    }
}
```

代码运行结果如图 3.3 所示。

图 3.3　判断成绩等级运行结果

2. switch 语句

switch 语句也是条件判断语句，其主要用于两个以上的条件判断。switch 语句的语法如下所示：

```
switch(条件表达式)
{ case 常量表达式 1:语句块 1;break;
case 常量表达式 2:语句块 2;break;
  ...
[default:语句块 n]
}
```

（1）常量表达式

switch 条件表达式的值和每个 case 后的常量表达式可以是 string、int、char、enum 或其他类型。特别是常量表达式可以是 string 类型，给程序员带来了很大的方便。

（2）语句块

每个 case 后的语句块可以用大括号括起来，也可以不用，但是每个 case 块的最后一定要是 break 语句，或者是 goto 语句（强烈建议不到万不得已，尽量不要使用 goto 语句），否则在编译时就会提示错误。

（3）switch 语句的执行顺序

① 如果 switch 语句的条件表达式的值和某一个 case 标记后指定的值相等，则转到该标记后的语句序列执行。

② 如果 switch 语句的条件表达式的值和任何一个 case 标记后指定的值都不相等，则跳到 default 标记后的语句块执行。

③ 如果 switch 块中没有 default 标记，则跳到 switch 块的结尾。

（4）注意

当找到符合条件表达式值的 case 标记时，如果其后有语句序列，则它只会执行此块中的语句序列，不会再对其他的 case 标记进行判断，所以才要求每个语句序列的最后语句必须是 break 语句。但有一个情况例外，即如果某个 case 块为空，则会从这个块直接跳到下一个 case 块上。

示例"ph0303"用 switch 语句对上例进行修改，代码如下：

```
namespace ph0303
{
    class Program
    {
        static void Main(string[] args)
        {
            Console.WriteLine("请输入分数后回车:");
            double score = Convert.ToDouble(Console.ReadLine());
            if (score < 0 || score > 100) {
                Console.WriteLine("您输入的数据不合法!");
                return;
            }
            int flag = (int)score / 10;
            switch (flag)
            {
                case 10:
                case 9:
                    Console.WriteLine("优秀");
                    break;
```

```
            case 8：
                Console.WriteLine("良好")；
                break；
            case 7：
                Console.WriteLine("中等")；
                break；
            case 6：
                Console.WriteLine("及格")；
                break；
            default：
                Console.WriteLine("不及格")；
                break；
            }
        }
    }
}
```

上述代码先将成绩除以 10 后取整，然后使用 switch 语句进行判断，并输出对应的结果。运行效果与上例完全相同。

3.4.2 循环语句

循环语句可以重复执行一个程序模块，C♯语言中的循环语句有 for 语句、while 语句和 foreach 语句。其中 foreach 语句主要用于对集合进行操作。

1. for 语句

for 语句需要至少一个局部变量控制循环测试条件，不满足测试条件时结束循环的执行一般形式为

```
for(初始值；循环条件；循环控制)
{
循环体语句
}
```

for 语句的功能是以＜初始值＞作为循环的开始，当＜循环条件＞满足时进入循环体，开始执行语句，语句执行完毕返回＜循环控制＞，按照控制条件改变局部变量的值，并再次判断条件是否满足，直到条件不满足，结束循环，跳出 for 语句的执行，否则继续循环。

示例"ph0304"演示了使用 for 循环接收 5 个数，并求和的结果。代码如下：

```
namespace ph0304
{
    class Program
    {
        static void Main(string[] args)
        {
            int sum = 0；
            Console.WriteLine("输入 5 个数，然后计算这 5 个数的和！")；
            for (int i = 0; i < 5; i++)
            {
                Console.WriteLine("请输入第{0}个数：", i + 1)；
```

```
                sum = sum + Convert.ToInt32(Console.ReadLine());
            }
            Console.WriteLine("5个数的和是" + sum);
        }
    }
}
```

代码运行结果如图 3.4 所示。

图 3.4　求和结果

2．foreach 语句

foreach 语句适合对集合对象的存取。可以使用该语句逐个提取集合中的元素，并对集合中每个元素执行语句序列中的操作。它的一般形式为

```
foreach(类型 标识符 in 表达式)
{
循环体语句
}
```

其中，类型和标记符是用来声明循环变量的；表达式对应于作为操作对象的一个集合。要注意，循环变量是一个只读型的局部变量，在循环体内不能试图改变它的值，而指定的该循环变量的类型一定要和表达式所包含的集合中元素的类型相同，否则要进行显式的类型转换。

3．while 语句

while 语句与 for 语句一样，也是一个测试循环语句，在条件为 true 的情况下，会重复执行循环体内的语句，直到条件为 false 为止。与 for 语句不同的是，while 语句一般用于循环次数不确定的场合，它的一般形式为

```
while(条件)
{
循环体语句
}
```

显然，循环体语句的程序可能会多次执行，也可能一次也不执行。

4．do-while 语句

do-while 语句也是用来重复执行循环体内程序的，它的一般形式为

```
do
{
```

循环体语句

)while(条件);

与 while 语句不同的是，do-while 语句循环体内语句至少会执行一次，然后再判断条件是否为 true，如果条件为 true，则继续循环。

3.4.3 跳转语句

对于前面介绍的条件和循环语句，程序的执行都是按照条件的测试结果来进行的，在实际使用时经常会使用到灵活的跳转语句来配合条件和循环语句的执行。

1. break 语句

break 语句可以退出最近封闭的 switch、while、do-while、for 和 foreach 语句。语法为

break;

2. continue 语句

continue 语句将控制传递给下一个 while、do-while、for 和 foreach 语句，继续执行下一次循环。语法为

continue;

3. return 语句

return 语句将控制返回到出现 return 语句的函数成员的调用方。语法为

return [表达式];

其中，表达式为可选项，如果该函数成员的返回类型不为 null，则 reuturn 语句必须使用表达式返回这个类型的值，否则 return 语句不能使用表达式。

3.5 数　　组

3.5.1 使用数组

数组表示一组变量按照一定的顺序放在一起，数组中的每一个变量称为一个数组元素。所有数组元素必须为同一类型，该类型称为数组的元素类型。下面的两个语句就分别声明了一个整型数组和一个字符串数组。

int[] intArray;

string[] strAddress;

声明一个数组很容易，只要把声明元素的语句加上一对方括号就可以了，方括号应该放在类型符的后面。

不过，上面的语句仅仅只是声明了数组，在.NET 中，每一个数组都是一个 System. Array 对象，必须用 new 语句来生成真正的数组实例。生成数组实例的语句可以和声明语句写在一起，也可以放在声明之后的某个地方。

int[] intArray = new int[10];

string[] strAddress;

strAddress = new string[12];

方括号中数字表示数组中元素的个数，现在数组 intArray 有 10 个元素，而 strAddress 有

12 个元素。如果要访问数组的元素,也是使用方括号,例如:

```
intArray[0] = 23;
intArray[9] = 43;
strAddress[0] = "济南是省会";
string myAdd = strAddress[0];       //字符串变量 myAdd 与数组元素 strAddress[0]同值
```

在访问时,方括号中的数字表示访问数组中的第几个元素,这叫做数组的"索引"。C♯中数组索引从 0 开始,即要访问第 1 个元素,而要访问第 10 个元素,其索引是 9。

3.5.2　多维数组

刚才我们用到的数组都是一维的,.NET 支持多维数组,也就是说,可以产生二维或三维数组。若希望建立一个 9×9 的二维数组以记录九九乘法表,可以做如下声明:

```
int[,] intMulArray = new int[9,9];
```

因.NET 索引值是从 0 开始的,因此要存储 9×9 个数据,其第一维 0～8,第二维也是 0～8。多维数组的访问依旧是通过索引值,如下例:

```
intMulArray[0,0] = 1;
intMulArray[8,8] = 81;
```

3.5.3　数组的长度及维度

数组中的数据使用索引值识别,若传入错误的索引值,程序将会产生 IndexOutOfRange-Exception 异常状态。如果要在程序中判断数组的大小,无论是一维数组还是多维数组都可以通过数组本身的 Length 属性得知。

```
int[] intArray = new int[10];
Response.Write(intArray.Length);     //10;
```

如果是二维数组,Length 属性返回的是整个数组可存储的个数。

```
string[,] strName = new string[2,4];
Response.Write(strName.Length);     //8
```

在多维数组情况下,如何得知某一维度的大小呢?可以调用数组本身的 GetLength()方法。

```
string[,] strName = new string[2,4];
Response.Write(strName.GetLength(0));     //返回第 1 个维度 2
Response.Write(strName.GetLength(1));     //返回第 2 个维度 4
```

示例"ph0305"演示了数组的排序过程,代码如下:

```
namespace ph0305
{
    class Program
    {
        static void Main(string[] args)
        {
            int i, j, temp;
            int[] ary = new int[10] { 23, 44, 12, 56, 43, 67, 4, 22, 56, 33 };
            for ( i = 0; i < 10; i++){
                for (j = 0; j < i; j++){
                    if (ary[i] < ary[j])
                    {
```

```
                        temp = ary[i];
                        ary[i] = ary[j];
                        ary[j] = temp;
                    }
                }
            }
            Console.WriteLine("数组排序后的结果:");
            for (i = 0; i < 10; i++)
            {
                Console.Write("{0}\t", ary[i]);
            }
        }
    }
}
```

程序运行结果如图 3.5 所示。

图 3.5　数组排序结果

3.6　编　码　规　范

在编写程序时,好的编码规范非常重要,一方面可以便于后期的程序维护和管理,另一方面具有良好规范的编码可以大大降低开发时程序员犯错误的几率。

3.6.1　代码书写规则

代码书写规则通常对应用程序的功能没有影响,但它们对于改善对源代码的理解是有帮助的。养成良好的习惯对于软件的开发和维护都是很有益处的,下面介绍一些代码书写规则。

(1) 尽量使用接口,然后使用类实现接口,以提高程序的灵活性。

(2) 一行不要超过 80 个字符。

(3) 尽量不要手工更改计算机生成的代码,若必须更改,一定要改成和计算机生成的代码风格一样。

(4) 关键的语句(包括声明关键的变量)必须要写注释。

(5) 建议局部变量在最接近使用它的地方声明。

(6) 不要使用 goto 系列语句,除非是用在跳出深层循环时。

(7) 避免写超过 5 个参数的方法。如果要传递多个参数,则使用结构。

(8) 避免书写代码量过大的 try-catch 模块。

(9) 避免在同一个文件中放置多个类。

(10) 生成和构建一个长的字符串时,一定要使用 StringBulder 类型,而不用 string 类型。

（11）switch 语句一定要有 default 语句来处理意外情况。

（12）对于 if 语句，应该使用一对"{ }"把语句块包含起来。

（13）尽量不使用 this 关键字引用。

3.6.2 好的编码结构

对比以下两段程序，它们功能相同，定义了一个圆类，并有可求其面积的方法。

程序一：

```
public class circle
{
public double r;
pubic pi;
public circle(double r1);
{
this.r = r1;
this.pi = 3.14;
}
public getareacircle()
{
return this.r * this.r * pi;
}
}
```

程序二：

```
public class circle
{
    public double r;
    pubic pi;
    public circle(double r1);
    {
      this.r = r1;
      this.pi = 3.14;
    }
    public getareacircle()
    {
      return this.r * this.r * pi;
    }
}
```

相信在不做任何解释的情况下，读者也能够看明白程序二的内容，因为它缩进结构良好，体现了清晰的逻辑结构。可以看出，良好的代码层次结构及清晰的代码逻辑结构可以大大提高代码的质量。一方面可以降低程序员出错的可能性，另一方面在代码出现错误的时候也很容易查找。

3.6.3 好的注释风格

注释可以大大提高代码的可读性，另外在编写程序时，还可以帮助程序员具有更清晰的思路，如下例：

```
///<summary>
///求圆的面积
///</summary>
public class circle
{
  public double r;      //圆的半径
  pubic pi;             //π 的值

  public circle(double r1);    //构造函数 cirlce
  {
    this.r = r1;
    this.pi = 3.14;
  }
```

```
    public getareacircle()        //返回圆的面积
    {
        return this.r * this.r * pi;
    }
}
```

很明显，有了注释以后，完全没有必要对这段代码进行解释了，读者一定能够看懂。另外，Visual Studio 2008 提供了良好的自动注释功能，在方法或者类前面用"///"添加注释时，会自动生成大量的注释格式，只需要在相应的位置添入注释项即可。

3.6.4　好的命名规范

命名规范在编写代码中起到很重要的作用，虽然不遵循命名规范程序也可以运行，但是使用命名规范可以很直观地了解代码所代表的含义。下面列出一些命名规范。

（1）使用 Pascal 规则来命名方法和类型，Pascal 的命名规则是第一个字母必须大写，并且后面的连接词的第一个字母均为大写。

例如，定义一个公共类，并在此类中创建一个公共方法，代码如下。

```
public class DataGrid        //创建一个公共类
{
    public void DataBind()    //在公共类中创建一个公共方法
    {
    }
}
```

（2）用 Camel 规则来命名局部变量和方法的参数，Camel 规则是指名称中第一个单词的第一个字母小写。

例如，声明一个字符串变量和创建一个公共方法，代码如下。

```
string strUserName;        //声明一个字符串变量 strUserName
public void addUser(string strUserId,byte[] byPassword);    //创建一个具有两个参数的方法
```

（3）所有成员变量前加前缀"_"。

例如，在公共类 DataBase 中声明一个私有成员变量_connectionString，代码如下。

```
Public class DataBase    //声明一个公共类
{
    private string _connectionString;        //声明一个私有成员方法
}
```

（4）接口的名称加前缀"I"。

例如，创建一个公共接口 Iconvertible，代码如下。

```
public interface Iconvertible                //创建一个公共接口 Iconvertible
{
    byte ToByte();                           //声明一个 byte 类型的方法
}
```

（5）方法的命名，一般将其命名为动宾短语。

例如，在公共类 File 中创建 CreateFile 方法和 GetPath 方法，代码如下。

```
public class File                            //创建一个公共类
{
```

```
    public void CreateFile(string filePath)          //创建一个 CreateFile 方法
    {
    }
    public void GetPath(string path)                 //创建一个 GetPath 方法
    {
    }
}
```

（6）所有的成员变量声明在类的顶端，用一个换行把它和方法分开。

例如，在类的顶端声明两个私有变量_productId 和_productName，代码如下。

```
public class Porduct                                 //创建一个公共类
{
    private string _productId;                       //在类的顶端声明变量
    private string _productName;                      //在类的顶端声明变量
    public void AddProduct(string productId,string productName)    //创建公共方法
    {
    }
}
```

（7）用有意义的名称命名空间 namespace，如公司名、产品名。

例如，利用公司和产品命名空间 namespace，代码如下。

```
namespace wfuSoft                                    //公司命名
{
}
namespace wfuERP                                     //产品命名
{
}
```

（8）使用某个控件时，尽量使用局部变量。

例如，创建一个方法，在方法中声明一个字符串变量 title，使其等于 Label 控件的 Text 值，代码如下。

```
public string Gettitle()                             //创建一个公共方法
{
    string title = lbl_title.Text;                   //定义一个局部变量
    return title;                                     //使用局部变量
}
```

3.6.5　避免文件过大

在开发中，应尽量避免使用大文件。如果一个文件里的代码过于庞大，就可以考虑将其分开到不同的类中；如无法避免，则可以考虑定义 partial 类。另外，也要尽量避免写太长的方法，一个较理想的方法代码在 1～25 行之间，方法名应尽量体现其功能。

3.7　异常处理机制

再熟练的程序员也不敢说自己写的代码没有任何问题，可以说，代码中异常陷阱无处不

在,如数据库连接失败、IO 错误、数据溢出、数组下标越界等。鉴于此,提供了异常处理机制,允许开发者捕获程序运行时可能的异常。

3.7.1　异常类 Exception

.NET 可以自动捕捉程序中所有可能的错误,并通过 Exception 类返回。简单地说,Exception 类可以表示程序执行期间发生的错误。其常用的属性可以帮助标记异常的代码位置、类型、帮助文件和原因。Exception 的常用属性如表 3.5 所示。

表 3.5　Exception 类的常用属性说明

属性	说明
Data	获取一个提供用户定义的其他异常信息的键/值对的集合
HelpLink	获取或设置指向此异常所关联帮助文件的链接
InnerException	获取导致当前异常的 Exception 实例
Message	获取描述当前异常的消息
Source	获取或设置导致错误的应用程序或对象的名称
StackTrace	获取当前异常发生时调用堆栈上的帧的字符串的表示形式
TargetSite	获取引发当前异常的方法

3.7.2　使用 try-catch 处理异常

Exception 类必须结合 try-catch-finally 代码块使用,当在 try{…}代码块中出现异常时,程序将自动转向 catch{…}代码块,并执行其中的内容。无论是否出现异常,程序都会执行 finally{…}中的代码。

语法格式为

```
try
{
    语句序列
}
catch(异常类型　标记符)
{
    异常处理
}
finally
{
    语句序列
}
```

看下例:

```
int i;
int[] ary = new int[10] { 23, 44, 12, 56, 43, 67, 4, 22, 56, 33 };
for (i = 0; i < 11; i++)
{
    Console.Write("{0}", ary[i]);
}
```

程序运行后将会出现程序崩溃提示界面和未处理异常信息提示界面,如图 3.6 和图3.7所示,这样用户体验非常不好。

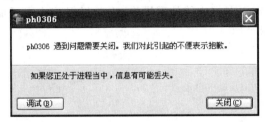

图 3.6 程序崩溃界面

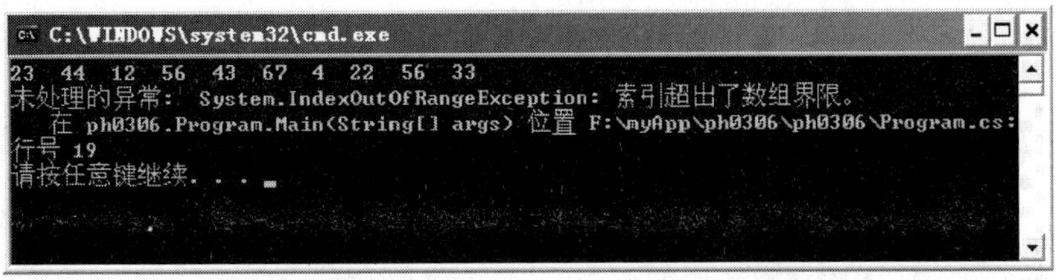

图 3.7 未处理异常的报错页面

而使用 try-catch 处理后就可以妥善地解决这个问题,如示例 ph0306 所示。

```
namespace ph0306
{
    class Program
    {
        static void Main(string[] args)
        {
            try
            {
                int i;
                int[] ary = new int[10] { 23, 44, 12, 56, 43, 67, 4, 22, 56, 33 };
                for (i = 0; i < 11; i++)
                {
                    Console.Write("{0}", ary[i]);
                }
            }
            catch (Exception e)
            {
                Console.WriteLine(e.Message);
            }
        }
    }
}
```

程序运行后,结果将如图 3.8 所示。

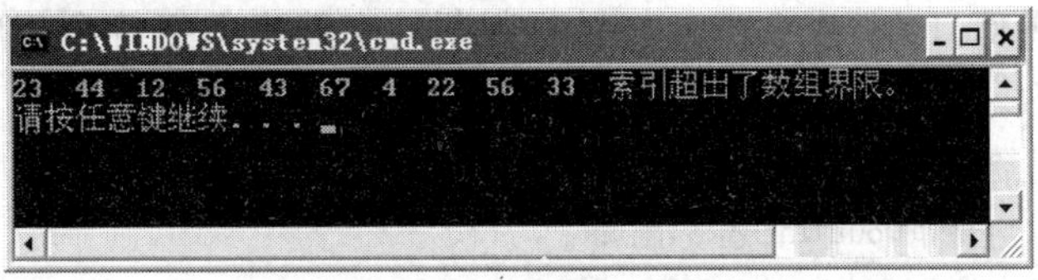

图 3.8 处理异常的报错页面

3.7.3　异常处理的原则

当捕捉异常之后，一定要有相应的处理操作，不要仅仅防止程序崩溃而使用 try-catch，也不能捕捉了异常却什么也不做。

（1）好的异常处理

```
try
{
    ...
}
catch (Exception ex)
{
    ...//输出错误信息，或者利用日志记录错误信息
}
finally
{
}
```

（2）不好的异常处理

```
try
{
    ...
}
catch (Exception ex)
{
    ...//什么也不做
}
```

另外，在程序的开发过程中，应当尽量暴露程序的问题，使开发都尽可能地解决这些可能的异常。而系统发布后，则尽可能隐藏程序的问题，在发生异常时，尽量不要直接显示给用户，而应给出友好的提示。

3.8　基础数据处理

ASP.NET 可以快速地开发动态网页，实现复杂的功能，这得益于.NET Framework 包含了一个巨大的基础类库，利用它，开发者可以通过编写少量的代码，快速实现各种应用。

3.8.1　数值

1. 判断是否为数值

在网页中用户输入的数据一般来说是一个字符串，若要检查用户输入的数据是哪一种数据，可调用值类型的 TryParse()方法检查数据内容是否为数值。语法如下：

```
bool 类型.TryParse(字符串, out 类型变量);
```

该方法返回逻辑值 True 或 False，如果要判断的字符串数据符合相应数据类型，则返回 True，否则 False。为 True 时其返回值传给类型变量，否则 0 返回给类型变量。具体来说，如果要判断字符串值是否符合整型数据，其格式为：

```
bool int.TryParse(字符串, out int 型变量);
```

如果要判断字符串是否符合日期型数据，其格式为：

boll DateTime.TryParse(字符串,out DateTime型变量);

其他数据类型处理依此类推。

不同的值类型在判断其是否为数值时,依照不同的值类型可判断是否是整数或包含小数的数值,还是正数或负数,判断结果如果符合,则传回 True,但只要出现了数字以外的字符就会传回 False。

示例"ph0307"演示了变量类型判断过程,运行结果如图 3.9 所示。

图 3.9 使用 int 值类型判断字符串结果

```
namespace ph0307
{
    class Program
    {
        static void Main(string[] args)
        {
            string s1 = "中国",s2 = "1234",s3 = "1.234",s4 = " - 1234",s5 = "1234元";
            int c = - 1;
            Console.WriteLine(int.TryParse(s1, out c) + " " + c );    //返回值 false,C = 0
            Console.WriteLine(int.TryParse(s2, out c) + " " + c );    //返回值 true,C = 1234
            Console.WriteLine(int.TryParse(s3, out c) + " " + c );    //返回值 false,C = 0
            Console.WriteLine(int.TryParse(s4, out c) + " " + c );    //返回值 true,C = - 1234
            Console.WriteLine(int.TryParse(s5, out c) + " " + c );    //返回值 false,C = 0
        }
    }
}
```

Response 为向网页中输出内容,其用法可参考后续相应章节。

2. 数值的格式化

几乎每一个对象都提供 ToString 方法,用来将对象的内容转成以字符串表示。数值类型如 int、float、double、decimal 等,ToString()的结果没有什么变化,只是类型从数值型转成了字符串而已。如下代码:

```
decimal d = 1234.5M;            //如果是 decimal 类型,要在数据后加 m 或 M,否则视为 double
float pi = 3.14F;
Console.WriteLine(d.ToString());    //输出字符串 1234.5
Console.WriteLine(pi.ToString());    //输出字符串 3.14
```

ToString()可以带有格式化参数,控制转换成字符串时的格式,其格式参数如表 3.6 所示。

表 3.6 预先定义数值格式参数

数值格式	范例 i=123456.789m=0.24125n=123
G 或 g	i.ToString(g) 结果 123456.789
C 或 c	i.ToString(c) 结果 123,46.78
F 或 f	i.ToString(f) 结果 123456.79
N 或 n	i.ToString(n) 结果 13,465.79
P 或 p	m.ToString(p) 结果 24.13%
E 或 e	i.ToString(e) 结果 1.2345678E+005
X	n.ToString(X) 结果 7B
x	n.ToString(x) 结果 7b

E 数值格式使用标准科学记号表示，最多只记录 6 个有效数字。X 或 x 是以十六进制表示，十进制的 123 转换为十六进制就变成 7B 或 7b，十六进制只适用于整数。

如果要更有弹性的展示数值，可以使用数值的格式字符安排数值的展示方式。表 3.7 列出了常用的数值格式字符。

表 3.7　数值格式字符格

格式字符	说明
0	显示数字或零
#	显示数字或不显示
%	显示百分数
,	千位分隔符

```
double d1 = 1234.567;
double d2 = 0.123;
Console.WriteLine(d1.ToString("0,000.00")   //1,234.57
Console.WriteLine(d1.ToString("#,###.##");  //1,234.57
Console.WriteLine(d2.ToString("0%");  //12%
```

3.8.2　日期时间

最常见的日期时间处理过程不过是读取目前的日期、时间或者取出日期时间中的部分数字，如年、月、日、时、分、秒。

1. 现在的日期、时间

取得目前的日期时间是最常见的需求，可通过 DateTime 对象的 Now 及 Today 属性取得。

```
Console.WriteLine(DateTime.Now);
Console.WriteLine(DateTime.Today);
```

Now 和 Today 最大的差别就是 Now 会传回现在的日期与时间，而 Today 只传回当前日期，时间永远是 12:00:00。

2. 年、月、日、时、分、秒

.NET 将所有的日期时间视为对象，因此运用日期对象的 Year、Month、Day、Hour、Minute、Second 属性即可得到相应的数值。

```
DateTime dt = DateTime.Now;       //取得当前日期与时间
Console.WriteLine(dt.Year);       //取得当前日期的年份
Console.WriteLine(dt.Month);      //取得当前日期的月份
Console.WriteLine(dt.Day);        //取得当前日期的天
Console.WriteLine(dt.Hour);       //取得当前时间的小时
Console.WriteLine(dt.Minute);     //取得当前时间的分钟
Console.WriteLine(dt.Second);     //取得当前时间的秒数
```

3. 星期几

如果我们需要判断今天是星期几，可以用日期时间对象的 DayOfWeek 属性：

```
Console.WriteLine(DateTime.Now.DayOfWeek);                //返回英语星期几,比如 Monday
Console.WriteLine(DateTime.Now.DayOfWeek.GetHashCode());  //返回数字星期几
```

GetHashCode()方法返回数字星期几，星期日是 0，星期一是 1，依此类推。

4. 日期、时间的加减

在 C# 中，日期、时间的相加减可以直接通过日期时间本身的 AddDays()、AddMonths()、AddHours()等方法实现。

```
Console.WriteLine(DateTime.Now.AddDays(2).ToString());          //当前日期加 2 天
Console.WriteLine(DateTime.Now.AddMonths(-2).ToString());       //当前月份减 2 月
```

5. 两个日期、时间的差距

如果要计算两个日期、时间的差距，可以用 DateTime 对象的 Subtract()方法实现。

```
DateTime dt = new DateTime(2009,5,4,1,10,00);      //2009 年 4 月 5 日,1;30:00
TimeSpan ts = dt.Subtract(DateTime.Now);
Console.WriteLine("两者日期差距:" + ts.Days.ToString());
Console.WriteLine("两者小时差距:" + ts.Hours.ToString());
Console.WriteLine("两者分钟差距:" + ts.Minutes.ToString());
Console.WriteLine("两者秒差距:" + ts.Seconds.ToString());
```

上例中，TimeSpan 对象就是两个日期、时间对象的时间差，通过其属性 Days、Hours、Minutes 与 Seconds 可得到相应差值。

3.8.3 字符串 String

字符串操作是 Web 应用最重要的操作之一。字符串是页面和用户交互的主要方式，用户在页面上的信息输入、页面对用户呈现的反馈信息主要是使用字符串来实现的。

System.String 是最常用的字符串操作类，用来表示文本，即一系列的 Unicode 字符，可以帮助开发者完成绝大部分的字符操作功能。

下面我们从应用的角度对 String 类里常用的方法进行介绍。需要注意的是 String 是 CLR 实现类型，基于.NET 的字符串类型最终会编译此类型，而 string 是 C♯支持的，可以看成 String 的别名，使用时不需引用 System 命名空间。

1. 大小写转换

若要将字符串中所有字符转换成大写，可用字符串本身方法 ToUpper()，若要小写则用 ToLower()。如下例：

```
string myname = "Tom";
myname = myname.ToUpper();     //myname = TOM
myname = myname.ToLower();     //myname = tom
```

2. 替换字符串

如果想要替换掉一个字符串中的某些特定字符或者某个子串，可以使用 Replace()方法实现。

```
string myname = "Tom";
myname = myname.Replace("om","ani")     //myname = Tani
```

3. 填充字符串

如果想要对一个字符串进行填充，可以使用 PadLeft()方法。

```
string myname = "Tom";
myname = myname.PadLeft(10,"*");
```

代码运行后 myname="*******Tom"，即用 * 号填充，填充后总长度是 10 个字符长度。

4. 插入字符串

如果要在字符串中任意位置插入一子串，可用 Insert()方法。

```
string city = "济南";
city = city.Insert(0,"山东");
```

代码运行后，city＝"山东济南"，0 是要插入的字串的第 1 个位置。

5. 删除字符串

可以用 Remove()方法在任意位置删除任意长度的字符串。

```
string city = "济南是山东省省会";
city = city.Remove(3,3);        //从第 4 个位置开始删除 3 个字符
```

代码运行后，city＝"济南是省会"。

6. 获取字符串长度

在.NET 里，所有的东西都是对象，字符串也是对象，所以有属性。要取得字符串长度可用其 Length 属性获得。

```
string city = "济南 jn";
int n;
n = city.Length;        //长度 4
```

7. 删除前后空格

若要去掉字符串里的前后空格，可调用 Trim()方法；若只去掉前面空格，用 TrimStart()方法；去掉后面空格用 TrimEnd()方法。

```
string s1 = "  欢迎大家学习 ASP.NET  ";        //前后各有两个空格，字符串长度 17
s1 = s1.Trim();                               //前后空格已经去掉，字符串长度 13
```

8. 取出字符串

若要获取字符串中的某一子串，可用 Substring()方法实现。

```
string s1 = "欢迎大家学习 ASP.NET";
s1 = s1.Substring(6,7);
```

代码执行后，s1＝"ASP.NET"，其中 6 是开始位置（即第 7 个字符），7 是取子串字符数。

9. 判断字符出现的位置

若要在字符串里找某个字符出现的位置，可用 IndexOf()方法。

```
string s1 = "欢迎大家学习 ASP.NET";
int i;
i = s1.IndexOf("A");
```

代码执行后，从头开始查找字母"A"在字符串中的位置，此时 i 的值是 6。注意，IndexOf()方法是区分大小写的。若要从指定位置开始查找字母可以用如下格式：

```
IndexOf(字母,n);
```

n 是指定要从哪个位置开始查找字母。

10. 判断是否包含子串

若要判断一个字符串中是否包含某个子串，可以用 Contains()方法实现，其返回值是 true 或 false。

```
string s1 = "欢迎大家学习 ASP.NET";
bool b1 = s1.Contains("ASP");        //b1 = true;
```

11. 比较字符串

比较字符串是指按照字典规则，判断两个字符串的相对大小。在 String 类中，常用的比较字符串方法包括 Compare()、CompareTo、CompareOrdinal 和 Equals。其中 Compare()、

CompareTo()与 CompareOrdinal()方法比较的字符串返回结果是当字符串 1 小于字符串 2 时,返回负整数;字符串 1 等于字符串 2 时,返回 0;字符串 1 大于字符串 2 时,返回正整数。Equals()与==返回 true 或 false。

```
string s1 = "abc";
string s2 = "abcd";
Console.WriteLine(string.Compare(s1, s2));          // -1
Console.WriteLine(string.CompareOrdinal(s1, s2));   // -100
Console.WriteLine(s1.CompareTo(s2) );               // -1
Console.WriteLine(s1.Equals(s2));                   //false
Console.WriteLine (s1 == s2);                       //false
```

3.8.4 动态串 StringBuilder

上一节介绍 String 类,除此以外,还有一个常用的字符串操作对象 StringBuilder,其常用的属性和方法的应用与 String 类相类似。但是要应用 StringBuilder 类的方法对象,首先要进行声明,并对其进行初始化,运用 StringBuilder 之前,还要引用 System.Text 命名空间。如下例:

```
StringBuiler mystr = new StringBuilder("你好");
```

与 String 类比较,两者主要的区别如下。

(1) String 为静态串,一旦定义了一个 String 对象,它是不可改变的。在使用其方法操作时,都要在内存中创建一个新的 String 对象,而不是在原对象的基础上进行修改,这就需要开辟新的内存空间。

(2) StringBuilder 类可以实现动态字符串。此处,动态的含义是指在修改字符串时,系统不需要创建新的对象,不会重复开辟新的内存空间,而是直接在原 StringBuilder 对象的基础上进行修改。

(3) 在操作性能和内存效率方面,StringBuilder 比 String 好得多,可以避免产生太多的临时字符串对象,特别是对于经常重复进行修改的情况更是如此。而另一方面,String 类提供了更多的方法,可以使开发者更快地实现应用。

在两者的选择上,如果应用对系统性能、内存要求比较严格,以及经常处理大规模的字符串,推荐使用 StringBuilder 对象;否则,可以选择使用 String。

1. 追加字符串 Append()

追加一个 StringBuilder 是指将新的字符串添加到当前 StringBuilder 字符串的结尾处。

```
StringBuilder s1 = new StringBuilder("济南");
s1.Append("是省会城市");        //s1 = "济南是省会城市"
```

2. 插入字符串 Insert()

StringBuilder 的插入操作是指将新的字符串插入到当前 StringBuilder 字符串的指定位置。

```
StringBuilder s1 = new StringBuilder("济南是省会城市");
s1.Insert(3,"山东的");          //s1 = "济南是山东的省会城市"
```

3. 删除字符串 Remove()

StringBuilder 删除操作可以从当前字符串的指定位置删除一定数量的字符。

```
StringBuilder s1 = new StringBuilder("济南是山东的省会城市");
s1.Remove(3,3);                //s1 = "济南是省会城市"
```

4. 替换字符串 Replace()

StringBuilder 使用 Replace()方法实现字符串的替换。

```
StringBuilder s1 = new StringBuilder("jn是省会城市");
s1.Replace("jn","济南");         //s1="济南是省会城市
```

3.8.5 数据类型转换

.NET 提供了 Convert 类，专门负责类型的转换，如表 3.8 所示。

表 3.8　数据转换

转换方法	说明	转换方法	说明
ToBoolean	转换为 bool 类型	ToDecimal	转换为 decimal 类型
ToByte	转换为 byte 类型	ToInt16	转换为 short 类型
ToChar	转换为 char 类型	ToInt32	转换为 int 类型
ToDateTime	转换为 DateTime 类型	ToInt64	转换为 long 类型
ToDouble	转换为 double 类型	ToString	转换为 String 类型

比如字符串 csrq="2009 年 5 月 4 日"是没有 Day 这个属性的，如果想取出 4 这个值，可以考虑将其转换为日期类型，然后运用 Day 属性即可。

```
string csrq = "2009 年 5 月 4 日";
int a = 1234,csday;
string b;
csday = Convert.ToDateTime(csrq).day;        //csday 的值是 4(整型)
b = Convert.ToString(a);                      //b 的值是字符串 1234
```

上例首先将字符串 csrq 转成日期型数据，然后运用其 Day 属性得到 int 型数据 4。

1. 隐式数据类型转换

变量的值在不同的变量之间传递时，需要从某种类型的表达式转换成另一种类型来处理，如下例：

```
int a = 246;
long b = a;  //隐式转换
```

当值从小的数据类型变量传递到比较大的数据类型变量，如从 int 类型转换成 long 类型时，程序执行环境会自动转换类型，我们称之为隐式转换。同类型的数据之间可以进行隐式数据类型转换，如表 3.9 所示。

表 3.9　数据隐式转换

类型	说明
sbyte	可以转换成 short、int、long、float、double、decimal
byte	可以转换成 short、usort、int、uint、long、ulong、float、double、decimal
short	可以转换成 int、long、float、double、decimal
ushort	可以转换成 int、uint、long、ulong、float、double、decimal
int	可以转换成 long、float、double、decimal
uint	可以转换成 long、ulong、float、double、decimal
long	可以转换成 float、double、decimal
ulong	可以转换成 float、double、decimal
float	可以转换成 double
char	可以转换成 ushort、int、uint、long、ulong、float、double、decimal

2．显式数据类型转换

数据要从数据类型较大的数据传递到类型较小的变量中使用，可能会造成数据的损失，当编译程序发现时，会报出编译错误的信息。

```
int a = 13；
byte c = a；  //编译错误
```

如果确定这一数据转换的操作不会造成数据的损失，而且一定要执行，就必须声明显式类型转换。显式类型转换只能发生在同类型的变量之间，语法如下：

```
(数据类型) 变量；
```

上例加显式数据转换声明之后，改成如下格式就不会发生编译错误了：

```
int a = 13；
byte b = (byte) a
```

为养成一个好的编程习惯，建议使用数据类型转换时，使用显式数据类型转换，程序执行的正确性会比较高。

3.9　小　　结

- 变量、常量是存储数据的内存单元。
- C♯的数据类型分为两大类：值类型和引用类型。
- 装箱是将值类型转换为引用类型，拆箱是将引用类型转换为值类型。
- C♯的分支语句有 if…else 和 switch…case。
- C♯的循环语句有 for、while、do…while 和 foreach。
- 数组用于存放相同类型的多个数据元素。
- 使用 try…catch…finally 进行异常处理。
- throw 用于抛出一个异常对象。

3.10　习　　题

一、填空题

（1）C♯中数据类型可以分为值类型和_____。

（2）装箱转换是指将一个值类型隐式或显式地转换成一个_____。

（3）装箱操作可以隐式进行，但拆箱操作必须是_____的。

（4）如果分支跳转方向较多，可以考虑使用_____语句。

（5）C♯中使用的先至少执行一遍的循环语句是_____。

（6）异常处理语句是_____。

二、选择题

（1）下列类型属于引用类型的有（　　）。

    A. 类类型　　　　　　B. 结构体　　　　　　C. 数组　　　　　　D. 枚举

（2）可以终止并跳出循环的语句是（　　　）。

    A. break 语句　　　　B. continue 语句　　　C. goto 语句　　　　D. return 语句

（3）关于 C# 语言的基本语法，下列哪些说法是正确的？（　　　）。

    A. C# 语言使用 using 关键字来引用 .NET 预定义的名字空间

    B. 用 C# 编写的程序中，Main 函数是唯一允许的全局函数

    C. C# 语言中使用的名称严格区分大小写

    D. C# 中一条语句必须写在一行内

（4）C# 中每个 int 类型的变量占用（　　　）个字节的内存空间。

    A. 1　　　　　　　　B. 2　　　　　　　　C. 4　　　　　　　　D. 8

（5）C# 中定义一个字符串的变量正确的语句是（　　　）。

    A. Cstring str；　　　　　　　　　　B. string str；

    C. Dim str as string；　　　　　　　　D. char * str；

（6）下面对数组类型定义描述正确的是（　　　）。

    A. 数组的长度可以改变

    B. 在 C# 中，声明数组时方括号可以放在数据名后面

    C. 数组的索引为整型，且从 0 开始

    D. 数组的索引从 1 开始

（7）数组定义时有 3 个要素：数组名、数组元素的类型和数组元素的（　　　）。

    A. 数量　　　　　　　　　　　　　　B. 下标运算符

    C. 下标　　　　　　　　　　　　　　D. 索引

三、简述

（1）简述装箱与拆箱。

（2）简述异常处理流程。

（3）试述 C# 中数组的定义及使用。

第4章

C#面向对象程序设计

4.1 类 与 对 象

在 C#中,类可以看成是一种数据结构,它自身封装了数据成员和函数成员等。其中数据成员包括字段、常量和事件等,而函数成员主要包括方法、属性、事件、索引器和操作等。

4.1.1 定义类

在 C♯中,用 class 关键字来定义类,基本语法结构如下所示:

```
类修饰符 class 类名
{
    类体
}
```

其中,"类修饰符"是可选的;关键字"class"和"类名"是必不可少的;"类体"部分用于定义类的代码块,包含在一对大括号之间。

在 C♯ 中,类的访问修饰符主要分为 public、private、protected、internal 和 protected internal。它们的具体用法如表 4.1 所示。

表 4.1 访问修饰符

访问修饰符	说明
public	它具有最高的访问级别,对访问公共成员没有限制
private	它的访问级别最低,仅限于它的包含类
protected	能在它的包含类或包含类的派生类中访问
internal	只能在同一程序集的文件中
protected internal	仅限于从包含类派生的当前程序集或类型

4.1.2 字段

字段实际上相当于类的变量,它在类中的应用十分广泛,看一个简单的例子,如下面代码所示。

```
public class Car
{
    public string Name;
```

```
    public string Color;
    public double Price;
}
Car car = new Car();
Car.Name = "大众";
Car.Color = "银色";
Car.Price = "128000.00";
```

在上例中，定义了一个 Car 类，它包含了 3 个字段，分别为 Name、Color 和 Price。通过在类的外部对该类进行实际化，对类的字段进行赋值。这里需要注意的是，类中的字段也必须要定义成 public 类型才能在类的外部被访问。

在字段前面除了可以加访问修饰符外，还可以加另外两个修饰符：static 和 readonly。

static：静态字段是类的状态，而不是类实例的状态。应该使用"类名.静态字段名"方式来直接访问静态字段，而无须创建类的实例。

readonly：只读字段只能在声明语句或构造函数中赋值。其效果实际上是字段变成了一个常量，如果以后通过代码改变字段的值，就会导致错误。

参考下例理解 static 和 readonly 修饰符的使用。

```
class MyClass
{
    public static int age;
    public readonly int city = "北京";
}
```

静态字段可以通过定义它们的类来访问，而不通过这个类的对象实例来访问，如本例：

```
MyClass.age = 23;
```

另外，可以使用关键字 const 来创建一个常量。按照定义，const 成员也是静态的，所以不需要用 static 修饰符。

4.1.3　属性

类的属性提供比较灵活的机制来读取、编写或计算私有字段的值，可以像使用公有数据成员一样使用属性，属性可以为字段提供保护，避免字段在其所属对象不知情的情况下被更改。属性包括一个 get 访问器和一个 set 访问器，get 访问器用于读取属性值，set 访问器用于设置属性值。这样，为类中成员的访问提供了安全性保障。当一个字段的权限为私有时，不能通过对象的"."操作来访问，但是可以通过属性"访问器"来访问。

示例"ph0401"演示了属性的使用，运行结果如图 4.1 所示。

```
//示例 ph0401
    class Fruit
    {
        private string name;
        public string Name
        {
            get
            {
                return name;
            }
```

图 4.1　属性应用

```
            set
            {
                name = value;
            }
        }
    }
    class Program
    {
        static void Main(string[] args)
        {
            Fruit fr = new Fruit();
            fr.Name = "苹果";
            Console.WriteLine("水果是:" + fr.Name);
        }
    }
```

注意：本例中的 name 与 Name 表示是两种类型数据，name 表示的是私有字段，Name 表示的是公有属性。

4.1.4　构造函数和析构函数

构造函数和析构函数是面向对象中比较特别的方法，构造函数一般在对象初始化时执行，而析构函数则在对象被销毁时执行。

1. 构造函数

构造函数用于执行类的实例的初始化。每个类都有构造函数，如果开发人员没有显式地声明类的构造函数，那么编译器会自动为类提供一个默认的构造函数。通常构造函数用来实例化变量，是创建类的对象时调用的方法。

在 C♯ 中的构造函数一般具有以下几个特征。

（1）构造函数必须与类同名。

（2）构造函数不能有返回类型。

（3）当访问一个类时，它的构造函数最先被执行。

（4）一个类可以有多个构造函数，如果没有定义构造函数，系统会自动生成一个默认的构造函数。

一个类可以有多个具有不同参数的构造函数。下面通过示例来讲解带参数的构造定义和使用方法。带参数的构造函数可以通过传递不同的数据来对类的实例进行不同的初始化。如例"ph0402"所示，执行结果如图 4.2 所示。

```
namespace ph0402
{
    class Student
    {
        public static int x;
        public int y;
        public int z;
        public int m;
        public int n;
```

```csharp
public Student()        //构造函数一,无参数的构造函数
{
    y = 2;
    z = 2;
}
public Student(int m, int n)        //构造函数二,有参数的构造函数
{
    this.m = m;
    this.n = n;
}
static Student()        //构造函数三,静态的构造函数
{
    x = 5;
}
static void Main(string[] args)
{
    Console.WriteLine("x = " + Student.x); ;
    Student stu1 = new Student();
    Console.WriteLine("y = {0},z = {1}", stu1.y, stu1.z);
    Student stu2 = new Student(3,3);
    Console.WriteLine("m = {0},n = {1}", stu2.m, stu2.n);
    Console.ReadKey();        //使程序暂停一下
}
}
}
```

图 4.2　运行结果

2. 析构函数

析构函数用于实现销毁类的实例所需的操作,并释放实例所占的内存。析构函数的名称由类名前面加“~”字符构成。它一般在将当前对象从内存中移除时被调用,从而对对象资源进行合理的利用。

析构函数具有以下几个特点。

（1）只能对类定义析构函数,结构不支持析构函数。

（2）一个类只能有一个析构函数。

（3）无法继承或重载析构函数。

（4）无法调用析构函数,在对象注销时,系统会自动调用。

（5）析构函数既没有修饰符也不能为它传递参数。

析构函数的运用如以下代码所示:

```csharp
public class Animal
{
    public string AnimalName;
    public Animal()
    {
        AnimalName = "动物";
    }
    ~Animal()
    {
```

```
        AnimalName = String.Empty;
    }
}
```

上述代码定义了一个名为 Animal 的类，并定义了一个名为～Animal()的析构函数，用来在类使用完毕后对对象占用资源进行清理，但是一般来说只有一些非常特殊的情况下才需要使用析构函数。

4.1.5　方法

方法展现类的行为，可用来执行类的操作。方法是由"{}"组合在一起的代码块，用来接收输入数据，在方法体内进行运算处理，并返回处理结果。在 C♯ 中，方法的定义与其他语言一样，包括 3 个部分，分别为访问修饰符、输入参数和返回类型。方法的访问修饰符的类型和类的差不多，如表 4.2 所示。

表 4.2　方法修饰符

修饰符	说明
public	该方法可以在类的任何地方，包括外部访问
private	该方法仅能在类的内部访问
protected	该方法可以在类的内部或类的派生类的内部访问
internal	该方法可以在同一程序集中被访问
abstract	表示该方法为抽象方法，没有执行方式
sealed	该方法重用了继承的虚拟方法，但不能被它的派生类重用
virtual	该方法能被包含类的派生类重用
override	该方法重写继承的方法或抽象的方法
extern	该方法能够被另一种语言执行
new	该方法隐藏了同名的继承方法

在使用类的方法时，经常会根据实际情况定义不同性质的方法。最常用的是静态方法和实例方法。使用 static 关键字定义的方法为静态方法，否则就是实例方法(需要在代码过程中实例化才能使用)。静态方法是一种特殊的成员方法，它不属于类的某一个具体的实例。实例方法可以访问类中的任何成员，而静态方法只能访问类中的静态成员。

下述代码定义了一个静态方法，并在其内访问了一个静态数据成员。

```
class  cTest
{
    int x;
    static int y;
    static int F()
    {
        y = 3;       //静态方法内访问静态成员
    }
}
```

上述代码中定义了一个类 cTest，其内部定义了 int 型的变量 x 和 y，其中变量 y 为静态变量，在静态方法 F()中对类中定义的变量进行赋值，但是只能对静态成员赋值。

方法在使用时,通常会对现有的变量进行初始化,或者对指定的变量进行运算,这时就需要使用方法的参数来进行传值操作。参数的传递通常有以下几种,即值传递、引用参数、输出参数和参数数组,这里主要讲解值参数和引用参数的使用方法。

1. 值参数

值参数传递是方法参数传递的最基本形式,也是最常用的形式。默认情况下,方法参数是按值传递(传值)。这意味着会把参数数据的副本(而非实际数据)传递给目标方法。由于传递的不是实际数据,因此目标方法对这些数据副本的修改不会影响调用例程的原参数。示例"ph0403"代码中的方法参数使用的是值传递方式。

```csharp
//示例 ph0403
public   class ValueTransfer
{
    public void Test( int n)
    {
        Console.WriteLine("子过程参数 n1 = {0}", n);
        n = 2;
        Console.WriteLine("子过程参数 n2 = {0}", n);
    }
    static void Main( string[] args)
    {
        ValueTransfer vt = new ValueTransfer();
        int n = 1;
        Console.WriteLine("主过程 n1 = {0}", n);
        vt.Test(n);
        Console.WriteLine("主过程 n2 = {0}", n);
    }
}
```

注意观察参数 n 在方法 Test()内已经改变,而在调用完成后,值没有改变。运行结果如图 4.3 所示。

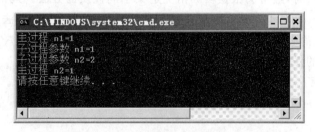

图 4.3　值传递示例

2. 引用参数

在 C♯中还可以按引用传递参数,这种方式下会把参数的引用传入方法,所以在方法内操作的实际上就是原始数据。C♯中使用"ref"关键字表示参数按照引用传递,在方法声明时和调用时都必须加上"ref"。示例"ph0404"代码演示了参数的引用传递过程,运行结果如图 4.4 所示,读者请注意参数关键字 ref 和输出数据的变化。

//示例 ph0404

```
class ReferenceTransferREF
{
    public void Test(ref int n)
    {
        Console.WriteLine("子过程参数 n1 = {0}", n);
        n = 2;
        Console.WriteLine("子过程参数 n2 = {0}", n);
    }
    static void Main(string[] args)
    {
        ReferenceTransferREF rt = new ReferenceTransferREF();
        int n = 1;
        Console.WriteLine("主过程 n1 = {0}", n);
        rt.Test(ref n);
        Console.WriteLine("主过程 n2 = {0}", n);
    }
}
```

图 4.4　引用参数传递示例

3. 输出参数

C#还提供了一种传递引用的方式,即使用"out"关键字声明输出参数。out 类型的参数与 ref 类型的参数非常相似,它们传递的都是参数的引用,但是有几点关键区别。

- 未赋值的变量不可用于 ref 参数,但可用于 out 参数。
- 方法内给 out 参数赋值之前不能使用此参数。
- 方法内必须给 out 参数赋值

示例"ph0405"演示了 out 参数的应用过程,运行结果如图 4.5 所示。从运行结果看,参数变为 out 类型后,在 Test()方法内修改了参数的引用,方法调用完毕后,原数据也相应地改变了。

```
//示例 ph0405
class ReferenceTransferOut
{
    public void Test(out  int n)
    {
        //Console.WriteLine("子过程参数 n1 = {0}", n);  //out 参数未赋值前不可用
        n = 2;
        Console.WriteLine("子过程参数 n2 = {0}", n);
    }
    static void Main(string[] args)
```

```
    {
        ReferenceTransferOut rt = new ReferenceTransferOut();
        int n ; //n 未赋值
        //Console.WriteLine("主过程 n1 = {0}", n);       //n 未赋值,不可输出
        rt.Test(out n);
        Console.WriteLine("主过程 n2 = {0}", n);
    }
}
```

图 4.5　out 类型参数传递示例

4.1.6　this 关键字

在 C#语言中,this 关键字表示当前的对象,可以用来访问类成员,当参数名和类成员中字段名称相同时,可以使用 this 关键字来进行区分。示例"ph0406"演示了在一个方法体内,处理重名的方式。

```
//示例 ph0406
class thisDemo
{
    public string name;       //建立共有字段
    public void getName(string name)      //传递参数与字段重名
    {
        this.name = name;     //因有重名,这里 this.name 表类字段,name 表传递过来的参数
    }
    public string OutName()
    {
        return name;         //此方法体内无重名,name 指类字段
    }
    static void Main(string[] args)
    {
        thisDemo pro = new thisDemo();
        pro.getName("你好!");
        Console.WriteLine(pro.OutName());
    }
}
```

4.2　封　　装

封装是指将对象的信息进行隐藏,只是提供一个访问接口,使它的使用者无法看到对象的具体信息(比如属性的 get 和 set 方法就可以实现对数据的保护控制)。在类中,通过不同的修饰符能让类的成员实现公开或隐藏。通过这些修饰符,类实现了很好的封装。封装的主要用途是防止数据受到意外的破坏,代码如下所示。

```csharp
class Test
{
    private int a;
    public int wr()
    {
        return a;
    }
    public void rd(int value)
    {
        a = value;
    }
}
class Program
{
    static void Main(strig[] args)
    {
        Test ts = new Test();
        ts.rd(3);
        ts.wr();
    }
}
```

上面的代码中,使 Test 类中的私有字段被访问,但又很好地保护了它的数据不被破坏。封装的内容远不止这些,但基本思想是一致的。读者应该注意对封装思想的学习,这样才能很好地应用封装的操作。

4.3　继　　承

面向对象主要具有 3 大特征,即继承、多态和封装。正因为这些机制的存在,才使得应用程序变得更为简单和丰富多彩。

4.3.1　继承的实现

继承是指一个类 A 能利用另一个类 B 的资源(包括属性和方法等),其中 B 类被称为基类(或父类),而 A 类被称为派生类(或子类)。继承的使用语法如下所示。

```
class 基类名
{
    基类成员
}
class 子类名:基类
{
    子类成员
}
```

继承类时，必须在子类和基类之间使用冒号":"。C♯中的继承遵循如下规则。

• 继承是可传递的。如果 C 派生自 B，B 又派生自 A，则 C 不仅继承了 B 中的成员，同样也继承了 A 中的成员。System.Object 类是所有类的基类。

• 基类中只有两种成员能被派生类访问，包括 public 和 protected 类型的成员。其中，protected 类型是专为派生类设计的，该类型的成员只能在派生类中进行访问。

• 派生类应当是对基类的扩展，派生类能添加新的成员，但不能除去继承自基类的成员。

• 构造函数和析构函数不能被继承。除此以外的其他成员，都能被继承。基类中成员的访问方式决定了派生类能否访问它们。

• 派生类如果定义的新成员与继承而来的成员同名，则继承的成员将被新定义的成员覆盖。

• 派生类只能继承一个类，不支持多重继承，但可以实现多个接口。

示例"ph0407"演示了类的继承应用。本代码中定义了两个类，ChildClass 继承了 ParentClass，在 Main 函数中创建子类 ChildClass 的对象，并调用其"print()"方法。运行结果如图 4.6 所示。

```
//示例 ph0407
public class ParentClass
{
    public ParentClass(){
        Console.WriteLine("这是父类的构造函数!");
    }
    public void print(){
        Console.WriteLine("父类的输出!");
    }
}
class ChildClass:ParentClass
{
    public ChildClass(){
        Console.WriteLine("这是子类的构造函数!");
    }
    static void Main(string[] args)
    {
        ChildClass ch = new ChildClass();
        ch.print();
    }
}
```

图 4.6 继承示例

4.3.2　base 关键字

在子类中,可以通过 base 关键字访问父类的成员。base 常用于子类对象初始化时和父类进行通信。base 可以访问基类的公有成员和受保护成员,但私有成员是不可访问的。示例"ph0408"演示了 base 关键字来访问基类成员。

```
//示例 ph0408
public class Parent
{
    string strParent;
    public Parent(){
        Console.WriteLine("父类构造函数!");
    }
    public Parent(string str){
        this.strParent = str;
        Console.WriteLine(strParent);
    }
    public void Print(){
        Console.WriteLine("父类的 Print 方法");
    }
}

class baseDemo:Parent
{
    public baseDemo():base("继承")    //调用父类带参数的构造函数
    {
        Console.WriteLine("子类的构造函数");
    }
    public void print(){
        base.print();    //子类中调用父类的 print 方法
        Console.WriteLine("子类的 print 方法");
    }
    static void Main(string[] args)
    {
        baseDemo ch = new baseDemo();
        ch.print(); //调用子类的 print 方法
        ((Parent)ch).print();    //调用父类的 print 方法
    }
}
```

上述代码演示了在子类的构造函数定义中是如何实现同基类通信的。冒号":"和关键字 base 用来调用带有相应参数的基类的构造函数。运行结果如图 4.7 所示。输出结果中,第一行表明基类的构造函数最先被调用,其参数是字符串"继承";第三行是"base.print()"

图 4.7　base 使用

的输出结果；而第五行是"((Parent)ch).print()"的输出结果。

4.3.3 密封类和密封方法

密封类和密封方法都是使用 sealed 关键字进行定义的。

1. 密封类

在 C# 中，如果不希望一个类能够被继承，则可以将该类定义为密封类。密封类是指在类声明时使用 sealed 修饰的类，这样就可以防止该类被其他类继承。密封类不能作为基类和抽象类使用。当一个密封类进行继承的时候，C# 会提示错误，如下示例代码：

```
//声明一个修饰的类
public sealed class SealedClass{
}
//声明一个名为 SealedDemo 类去继承 SealedClass
public class SealedDemo:SealedClass{
}
```

在上述代码中，SealedClass 是一个密封类，当用 SealedDemo 类去继承时，C# 会提示"无法从密封类派生"的错误。

2. 密封方法

密封类可以防止类被继承，对方法进行密封可以防止该方法在派生类中被重写。其修饰符也为 sealed。

子类中的密封方法必须对基类的虚方法进行重载，并提供具体的实现。示例"ph0409"演示了密封类应用。

```
//示例 ph0409
//基类，可继承
public class BaseClassA
{
    //此方法可被任何继承它的类重写
    public virtual void Methodf()
    {
        Console.WriteLine("BaseClassA.Methodf");
    }
    //此方法可以被任何继承它的类重写
    public virtual void Methodg()
    {
        Console.WriteLine("BaseClassA.Methodg");
    }
}
//子类，该类中定义了密封方法
public class ChildClassB:BaseClassA
{
    //定义密封方法，在其子类中不可重载此方法
    sealed override public void Methodf()
    {
```

```
        Console.WriteLine("ChildClassB.Methodf");
    }
    //此方法可被任何子类重写
    override public void Methodg()
    {
        Console.WriteLine("ChildClassB.Methodg");
    }
}
//子类的子类
public class ChildClassC:ChildClassB
{
    //重写父类中的方法
    override public void Methodg()
    {
        Console.WriteLine("ChildClassC.Methodg");
    }
}
```

　　类 ChildClassB 对基类 BaseClassA 中的两个虚方法均进行了重载,其中 Methodf()方法使用了 sealed 修饰符,使其成为一个密封方法;而 Methodg()方法不是密封方法,所以在 ChildClassC 中,能重载方法 Methodg(),但不能重载方法 Methodf()。

4.4 多　　态

　　从字面上理解,多态就是"多种形式",它意味着可以利用动态绑定技术,用相同名称的方法来调用方法的不同具体实现。支持多态是面向对象编程语言的重要特征,类的多态性提高了程序的灵活性和实用性。多态的表现形式有多种,这里我们重点学习重载与重写。

1. 重载

　　重载是指同一个类中存在的名称相同但参数列表不同的多个方法。重载的实现过程是:编译器根据方法的不同参数表,为相同名称的方法做标识,然后这些同名函数就成了不同的函数(至少对编译器来说是这样的)。我们这里讨论的重载指的是方法重载,还有一种重载是"运算符重载",主要是为了在类中扩展运算符的功能,这里我们不再进行讨论学习,感兴趣的读者可以参考其他资料。

　　例如在同一个类中有两个同名函数:public int Method(int p)和 public int Method(string p)。经过编译器修饰后,方法的名称可能会变成 int_Method1 和 int_Method2。对于这两个方法的调用,在编译的时候就已经确定了,因此是静态的。也就是说,它们的地址在编译期就绑定了。示例"ph0410"演示了重载的应用。

```
//示例 ph0410
class Area
{
    //计算矩形面积
```

```
public int Count(int x, int y)
{
    return x * y;
}
//计算圆面积
public double Count(double r)
{
    return Math.PI * r * r;
}
//计算椭圆面积
public double Count(double a, double b)
{
    return Math.PI * a * b;
}
static void Main(string[] args)
{
Area area = new Area();
Console.WriteLine("矩形面积为:" + area.Count(4,5));
Console.WriteLine("圆的面积为:" + area.Count(3.4));
    Console.WriteLine("椭圆的面积为:" + area.Count(2.5,3.6));
}
}
```

在 Area 类中分别定义了计算 3 种图形面积的方法，3 种方法具有相同的名称，不同的参数和返回类型，实现了方法的重载。运行结果如图 4.8 所示。

图 4.8　重载运行结果

2. 重写

真正和多态相关的是重写。方法重写在继承时发生，是指在派生类中重新定义基类中的方法，派生类中方法与基类中方法的名称、返回值类型、参数列表和访问权限都是相同的。当派生类重新定义了基类的虚拟方法后，基类根据赋给它的不同的派生类引用，动态地调用属于派生类的对应方法，这样的方法调用其方法地址是在运行期动态绑定的。

子类可以重写父类的方法。父类中需要被重写的方法用 virtual 修饰符声明，子类中重写的方法用 override 修饰符声明。

（1）virtual 用在父类中，指定一个虚拟方法（属性），表示该方法（属性）可以重写。

（2）override 用在子类中，指定一个实现重写的方法（属性），表示对父类虚方法（属性）的重写。

不能重写非虚方法或静态方法。重写的父类方法必须是用 virtual、abstract 或 override 修饰的。

（1）override 声明不能更改 virtual 方法的可访问性。override 方法和 virtual 方法必须具有相同的访问级别修饰符。不能从表和修饰符 new、static、virtual 或 abstract 来修改 override 方法。

（2）重写属性声明必须指定与继承属性完全相同的访问修饰符、类型和名称，并且被重写的属性必须是 virtual、abstract 或 override。

示例"ph0411"演示了继承的使用及方法的重写。

```
//示例 ph0411
public class CountClass
{
    public int count;    //定义变量 count
    public CountClass(int startValue){
        this.count = startValue;    //初始化 count
    }
    public virtual int StepUp(){
        return ++ count;
    }
}
class Count100Class:CountClass
{
    public Count100Class(int x)
        :base(x){
    }
    //重写基类方法
    public override int StepUp(){
        return (base.count + 100);
    }
    static void Main(string[] args)
    {
        CountClass count = new CountClass(10);
        CountClass bighCount = new Count100Class(10);
        Console.WriteLine("基类中 count 的值 = {0}", count.StepUp());
        Console.WriteLine("派生类中 count 的值 = {0}", bighCount.StepUp());
    }
}
```

上述代码中，在定义子类的构造函数时调用父类构造函数进行初始化，并且子类重写父类的 StepUp()方法。执行结果如图 4.9 所示。

图 4.9　方法重写

4.5 小 结

- 类是一种模板，它封装字段、属性和方法。
- 构造函数用于创建和初始化类的实例对象。如果一个类没有默认构造函数，将自动生成一个构造函数使用默认值进行初始化对象字段。
- 析构函数用于析构类的实例。
- base 关键字用于从派生类中访问基类成员。
- 重写是子类对父类中的同名方法进行重新实现，必须使用 override 关键字。
- 重载是在一个类中有多个同名方法，这些同名方法的参数不完全相同。

4.6 习 题

一、填空题

（1）C#语言是一种面向对象的程序设计语言，拥有面向对象语言的三大特点：_____、_____和_____。

（2）类定义的关键字是_____。

（3）类的访问限定字符包括_____。

（4）构造函数的任务是_____。类中可以有_____个构造函数，它们由_____区分。

（5）析构函数在对象_____时被自动调用。

二、选择题

（1）类的实例化是指（　　）。

    A. 定义类　　　　　　　　　　　　B. 创建类的对象

    C. 指明具体类　　　　　　　　　　D. 调用类的成员

（2）下列说法中正确的是（　　）。

    A. 类定义中只能说明函数成员的函数头，不能定义函数体

    B. 类中函数成员可以在类体中定义，也可以在类体之外定义

    C. 类中的函数成员在类体之外定义时必须要与类声明在同一文件中

    D. 在类体之外定义的函数成员不能操作该类的私有数据成员

（3）类的成员默认的访问修饰符是（　　）。

    A. public　　　　　B. private　　　　　C. protected　　　　D. internal

（4）以下修饰符中，（　　）必须由派生类实现。

    A. private　　　　　B. sealed　　　　　C. abstract　　　　D. final

三、简述题

（1）什么是默认的构造函数？默认的构造函数可以有多少个？

（2）试述 C#中的访问修饰符及其使用范围。

（3）描述继承的相关概念。

第5章
Web窗体基础

5.1　Web 窗体的基本结构

ASP. NET 的 Web 窗体就是我们常见的 . aspx 文件,也是网站里最主要的成员。基本上,Web 窗体与一般的 HTML 网页十分类似,都是由 HTML 标签组成的,不过 Web 窗体多了程序代码及一些 ASP. NET 才认识的标签。我们参考一个 ASP. NET 程序来认识一下页面结构,如图 5.1 所示。

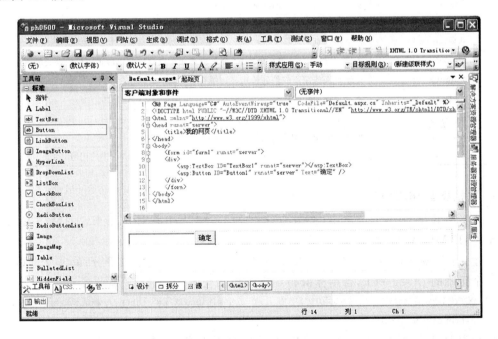

图 5.1　Web 窗体的基本内容

这是一个简单的 ASP. NET 程序,观察这个页面程序,我们会发现其结构如下。

1. 页面编译指令 Page

本例第 1 行,即<%@ Page Language="C#" AutoEventWireup= "true" CodeFile="Default. aspx. cs" Inherits="_Default"%>是所谓的页面编译指令。页面编译指令指当页编译器在处理 ASP. NET Web 窗体页(即 . aspx 文件)时所使用的设置,即指示 ASP. NET 如何处理该页面。当使用页面编译指令时,一般情况下将其包含在文件的开头,但理论上它们可以位于 . aspx 文件中的任何位置。对每个页面编译指令，均可包含一个或多个特定于该指令的属性。

Page 指令里的属性说明如下。

（1）Language=″C♯″：描述网页编写时所使用的程序语言。如设置为 VB，表示使用 "Visual Basic"；若为 Visual C♯，则可以使用"C♯"。

（2）AutoEventWireup=″true″：指示控件的事件是否自动匹配（Autowire）。如果启用事件自动匹配，则为 true；否则为 false。

（3）CodeFile=″Default. aspx. cs″：描述"程序代码分离（Code-Separation）"文件的文件名 Default. aspx. cs。

（4）Inherits=″_Default″：定义供页继承的代码隐藏类。可以是从 Page 类派生的任何类。

ASP. NET 指令在每个 ASP. NET 页面中都有，使用这些指令可以控制 ASP. NET 页面的行为。ASP. NET 页面有 11 个指令，无论页面是使用代码后置模型还是代码内置模型，都可以在应用程序中使用这些指令。表 5.1 描述了 ASP. NET 中的指令。

表 5.1　ASP. NET 中的指令

指令	说明
@Assembly	把程序集链接到与它相关的页面或用户控件
@Control	用户控件（.ascx)使用的指令，其含义与 Page 指令相当
@Implements	实现指定的 .NET Framework 接口
@Import	在页面或用户控件中导入指定的命名空间
@Master	指定母版页
@MasterType	指定页面 Master 属性的类名，使得该页面可以获取对母版页成员的强类型引用
@OutputCache	控制页面或用户控件的输出高速缓存策略
@Page	指定页面的特定属性和值，该指令只能包含在 .aspx 文件中
@PreviousPageType	获取上一页的强类型，可通过 PreviousPage 属性访问上一页
@Reference	把页面或用户控件链接到当前的页面或用户控件上
@Register	给命名空间和类名关联上别名，作为定制服务器控件语法中的记号

2. 文档类型 DOCTYPE

DOCTYPE 是 document type（文档类型）的简写，在 Web 设计中用来说明使用的 XHT-ML 或者 HTML 是什么版本。

要建立符合标准的网页，DOCTYPE 声明是必不可少的关键组成部分；除非 XHTML 确定了一个正确的 DOCTYPE，否则标识和 CSS 都不会生效。

```
<!DOCTYPE html PUBLIC "-//W3C//DTD XHTML 1.0 Transitional//EN" "http://www.w3.org/tr/xhtml1/DTD/xhtml1-transitional.dtd">
```

这行声明可帮助检查网页中的 HTML 标签是否正确，即是否都是 W3C 定义的 HTML 标签，符合 XHTML1.0 标准，是否都有头有尾（如<html>…</html>）。

3. 网页头<head>及<title>

<head>…</head>里最重要的就是<title>…</title>标签了，它决定此网页的标题。

```
<head runat = "server">
    <title>我的网页</title>
</head>
```

此功能描述了当前浏览器的标题栏显示"我的网页"。

4. 网页主体<body>及<form>

<body>…</body>里的标签决定网页的内容。至于要让用户输入的文字字段或单击的按钮则需要放在<form runat="server">…</form>里面,否则数据不会传回 Web 服务器。ASP. NET 规定一个网页里只能有一组<form runat="server">…</form>,而且runat 属性值一定要设定为"server"。

5. 页面注释

ASP. NET 代码注释分为服务器端注释和客户端注释。

(1)服务器端注释<%-- %>

服务器端注释的开始标记和结束标记之间的任何内容不管是 ASP. NET 代码还是文本,都不会在服务器上进行处理或呈现在结果上。

(2)客户端注释<! -- -|

客户端注释其实就是 HTML 注释。客户端注释只是让注释的内容不在页面上显示,但不能阻止代码的执行。

5.2 ASP.NET 中的代码组织

当开始向 Web 站点添加很多页面时,几乎肯定会有可以在多个页面中重复的代码。例如,可能有一些从 Web. config 文件中读取设置的代码,或者从不同的页面中发送给用户详细信息的电子邮件。因此,需要找到一种使用代码集中的方式。为方便文件的组织管理,ASP. NET 预置了几个Web 文件。如果当前网站文件夹下没有相应的子文件夹,那么在"解决方案资源管理器"单击鼠标右键,选择添加 ASP. NET 文件夹会出现允许添加的子文件夹,如图 5.2 所示。

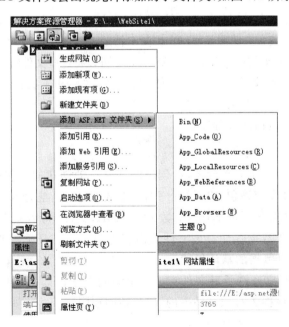

图 5.2 添加 ASP. NET 文件夹

1. Bin 文件夹

Bin 文件夹包含应用程序所需的用于控件、组件或者需要引用的任何其他代码的可部署程序集，并且 Web 应用程序任意处的其他代码（如页代码）会自动引用该文件夹。典型的示例是为自定义类编译好的代码。可以将编译后的程序集复制到 Web 应用程序的 Bin 文件夹中，这样所有页都可以使用这个类。

Bin 文件夹中的程序集无须注册。只要 .dll 文件存在于 Bin 文件夹中，ASP.NET 就可以识别它。如果更改了 .dll 文件，并将它的新版本写入到了 Bin 文件夹中，则 ASP.NET 会检测到更新，并对随后的新页面请求使用新版本的 .dll 文件。

2. App_Browser 文件夹

该可选的文件夹包含 browser 文件。browser 文件描述浏览器（不管是移动设备浏览器，还是台式机浏览器）的特征和功能。ASP.NET 在安装路径下的 Config\Browser 文件夹中安装了大量 browser 文件，这些文件供所有应用程序共享。我们只是把当前应用程序特有的浏览器文件放在 App_Browser 文件夹下。browser 文件的内容即时动态地进行编译，以便向 ASP.NET 运行库提供最新的浏览器信息。

3. App_Code 文件夹

App_Code 文件夹正好在 Web 应用程序根目录下，其存储所有应当作为应用程序的一部分动态编译的类文件。App_Code 文件夹的工作方式与 Bin 文件夹很类似，不同之处是可以在其中存储源代码而非已编译的代码。这些类文件自动链接到应用程序，而不需要在页面中添加任何显式指令或声明来创建依赖性。App_Code 文件夹中放置的类文件可以包含任何可识别的 ASP.NET 组件——自定义控件、辅助类、build 提供程序、业务类、自定义提供程序、HTTP 处理程序等。

App_Code 文件夹可以包含以传统类文件（即带有 .vb、.cs 等扩展名的文件）的形式编写的源代码文件。但是，它也可以包含并非明确显示出由某一特定编程语言编写的文件，例如 .wsdl（Web 服务发现语言）文件和 XML 架构（.xsd）文件。ASP.NET 可以将这些文件编译成程序集。

根据需要，App_Code 文件夹可以包含任意数量的文件和子文件夹。可以采用任何认为方便的方式组织源代码，ASP.NET 仍会将所有代码编译成单个程序集，并且 Web 应用程序任意处的其他代码都可以访问该程序集。

4. App_Data 文件夹

App_Data 文件夹是 .NET 平台下，在创建网站时自动创建的。它位于 Web 应用程序根目录下，App_Data 文件夹应该包含应用程序的本地数据存储。它通常以文件（诸如 Microsoft Access 或 Microsoft SQL Server Express 数据库、XML 文件、文本文件以及应用程序支持的任何其他文件）形式包含数据存储。该文件夹内容不由 ASP.NET 处理。该文件夹是 ASP.NET 提供程序存储自身数据的默认位置。

默认 ASP.NET 账户被授予对文件夹的完全访问权限。如果碰巧要改变 ASP.NET 账户，一定要确保新账户被授予对该文件夹的读/写访问权限。

5. App_GlobalResources 文件夹

正如其他应用程序一样，ASP.NET 应用程序也可以使用资源，而且通常应该使用资源。资源是隔离应用程序用户界面的可局部化部分的一种有效方法。一般而言，资源是与程序相关的不可执行的文本。典型的资源有图像、图标、文本和附属文件,但是任何可序列化的对象也可以被看做资源。应用程序资源存储在应用程序的外部,这样就能在不影响和重新编译应用程序本身的情况下重新编译和替换它们。

6. App_LocalResources 文件夹

App_LocalResources 文件夹位于包含一些 ASP.NET 页面的文件夹下的一个子目录。该文件夹可以使用位于目录结构中高一级目录中页面命名的.resx 文件进行填充。假定父文件夹包含 test.aspx,则可以在 App_LocalResources 文件夹中找到一些可用的资源文件如下: test.aspx.resx、test.aspx.it.resx 和 test.aspx.fr.resx。显然,上述文件中存储的资源仅对 test.aspx 页面有影响,因而只能在链接的页面中使用它们。

7. App_Themes 主题文件夹

主题文件夹为 ASP.NET 控件定义主题。主题包含在 App_Themes 文件夹下的一个文件夹。根据定义,一个主题是一组带有样式信息的文件。主题文件夹中的文件内容被编译,以生成一个类,而该类被页面调用以编程的方式设置主题化控件的样式。App_Themes 文件夹列出应用程序的本地主题。

5.3 Web 页面的生命周期

网页执行和一般的窗体程序不一样。当用户请求一个服务器的网页时,浏览器和服务器便建立连接,Web 服务器执行完毕,产生标签送到浏览器之后,连接就终结了。若浏览器再次对服务器发出相同的请求,即使是相同的网页,服务器也将把它当做全新的请求。在这个过程中,最重要的概念是"事件"。

5.3.1 页面事件的发生顺序

一般来说,一个 Web 页面的生命周期如图 5.3 所示。

(1) 请求页面:页请求发生在页生命周期开始之前。

(2) 开始:在开始阶段,将设置页属性,如 Request 和 Response。在此阶段,页面还将确定请求是回发请求还是新请求,并设置 IsPostBack 属性。

(3) 初始化页面:页面初始化周期,可以使用页中的控件,并将设置每个控件的 UniqueID 属性。如果当前请求是回发请求,则回发数据尚未加载,并且控件属性值尚未还原为视图状态的值。

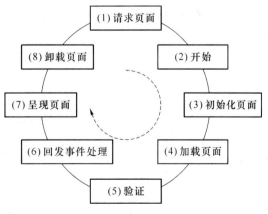

图 5.3 Web 页面的生命周期

(4) 加载页面:加载期间,如果当前请求是回发请求,则将使用从视图状态和控件状态恢复的信息加载控件属性。

(5) 验证:在验证期间,将调用所有验证程序控件的 Validate 方法,此方法将设置各个验证程序控件和页的 IsValid 属性。

（6）回发事件处理：如果请求是回发请求，则将调用所有事件处理程序。

（7）呈现页面：在页面呈现期间，视图状态将被保存到页面，然后页面将调用每个控件，以将其呈现的输出提供给页的 Response 属性的 OutputStream。

（8）卸载页面：完全呈现页、将页发送至客户端并准备丢弃时，将调用卸载。此时，将卸载页属性并执行清理。

以上页面的生命周期一般来说都会有相应的生命周期事件与其对应，如表 5.2 所示。

表 5.2 Page 类的生命周期事件

事件	说明
PreInit	在页初始化开始时发生
Init	当服务器控件初始化时发生；初始化是控件生存期的第一步
InitComplete	在页初始化完成时发生
PreLoad	在页 Load 事件之前发生
Load	当服务器控件加载到 Page 对象中时发生
LoadComplete	在页生命周期的加载阶段结束时发生
PreRender	在页面加载控件对象之后、呈现之前发生
PreRenderComplete	在呈现页面内容之前发生
UnLoad	当服务器控件从内存中卸载时发生
Disposed	当从内存释放服务器控件时发生，这是服务器控件生存期的最后阶段

5.3.2 事件与事件处理程序

事件与事件处理程序是独立的两回事。

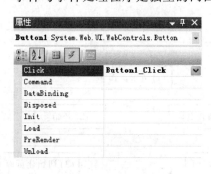

图 5.4 按钮事件

事件可能或一定会发生，但是不见得要处理每一个事件。例如网页上有一个 Button 按钮，我们在其属性窗口中可以看到许多事件，包括最常用的 Click 事件，如图 5.4 所示。

这些事件可能随着用户的操作或浏览而触发，无论是否发生，完全不为 Button 编写任何事件处理程序，网页仍然可以浏览。

但是，如果希望网页在用户单击 Button 时有所响应，就必须为 Button 的 Click 事件编写事件处理程序——Button1_Click，这样当在网页上单击 Button时网页便会给予一定响应。

5.3.3 回传 PostBack

ASP.NET 网页在 Web 服务器上执行。当用户单击了浏览器上的对象（如按钮）时，默认将提交网页要求（使用 HTTP POST 方法）至服务器。默认每次要求都会在服务器上执行程序代码，然后动态生成标签回到自己这个网页，这个行为被称为 PostBack。

一个 ASP. NET 网页的处理流程如下。

• 用户提出网页要求(利用 HTTP GET)。

• 服务器执行程序,动态产生标签传送到浏览器。

• 用户在浏览器上的控件输入数据,然后单击按钮。

• 再次向 Web 服务器提出网页要求(使用 HTTP POST 方法,即 PostBack)。

• 服务器再次执行网页中军事情报程序代码。用户在网页上输入的数据都还会保留在网页上。

• 网页产生标签,将标签送回浏览器。

因此,每次用户单击按钮,网页就会通过 POST 回到服务器,进行一次往返操作。即页面的 Load 事件每次都会发生,因此如何在 Page_Load 事件处理程序中判断这是第一次浏览,还是在同一个网页中单击按钮而导致的回传(PostBack)是程序员首先要考虑的。

程序中可用 Page. IsPostBack 进行判断,若是首次浏览本页,Page. IsPostBack 的值为 False,若是在同一页单击按钮,浏览器会将引页的内容回传(PostBack),此时程序读取 Page. IsPostBack 的结果就是 True。

示例"ph0501"演示了一个用户登录的例子。当用户第一次登录时,将页面的 TextBox1 控件的 Text 属性设初值为长度为 0 的空字符串,否则将在页面上显示登录的名字。效果如图 5.5 所示。

图 5.5 PostBack 应用例子

(1)建立一个"ASP. NET 网站"。添加一个 Label 控件,其 Text 属性为"姓名";添加一个 TextBox 控件;添加一个 Button 控件,其 Text 属性为"提交"。

(2)在 Button 上双击,在 Button1_Click 的事件中添加如下代码:

```
protected void Button1_Click(object sender, EventArgs e)
{
    Response.Write("你登录的姓名是:" + TextBox1.Text);
}
```

在 Page_Load 事件中输入如下代码:

```
protected void Page_Load(object sender, EventArgs e)
{
    if(Page.IsPostBack == false)
        TextBox1.Text = "";
}
```

(3)在空白处单击鼠标右键,选择"在浏览器中查看"或者按"Ctrl+F5"组合键。

(4)在浏览器中单击 Button 按钮,查验结果。

试试把 if(Page. IsPostBack==false)语句删除掉,再运行程序看看有什么不同。

5.3.4 自动回传 AutoPostBack

基本上,只有单击按钮才会导致浏览器回传(PostBack),除此之外,某些服务器控件提供了"AutoPostBack"属性,当此属性设定为 True 时,一旦服务器控件的内容有所变化,便会自动回传,不需要单击按钮,如 TextBox 或 CheckBox 控件等。

图 5.6　AutoPostBack 应用例子

示例"ph0502"演示了一个 CheckBox 控件的自动回传功能。这个例题只是为了演示 AutoPostBack 功能，不讨论程序代码的合理性，如有兴趣，大家可以对代码逻辑进行修改。程序运行效果如图 5.6 所示。

（1）建立一个"ASP. NET 网站"。添加一个 Label 控件，其 Text 属性为"请选择爱好"；添加 6 个 CheckBox 控件，其 Text 属性分别为体育、音乐、旅游、看书、交友和其他，所有的 AutoPost-Back 属性设置为 True；添加一个 Button 控件，其 Text 属性为"提交"。

（2）在 Default.aspx 页面的设计视图上双击，在 Default. aspx. cs 编辑区的 Page_Load 事件中输入如下代码：

```
protected void Page_Load(object sender, EventArgs e)
{
    Response.Write("你的爱好有:" + "<br>");
    if (CheckBox1.Checked == true)
        Response.Write(CheckBox1.Text.ToString() + "<br>");
    if (CheckBox2.Checked == true)
        Response.Write(CheckBox2.Text.ToString() + "<br>");
    if (CheckBox3.Checked == true)
        Response.Write(CheckBox3.Text.ToString() + "<br>");
    if (CheckBox4.Checked == true)
        Response.Write(CheckBox4.Text.ToString() + "<br>");
    if (CheckBox5.Checked == true)
        Response.Write(CheckBox5.Text.ToString() + "<br>");
    if (CheckBox6.Checked == true)
        Response.Write(CheckBox6.Text.ToString() + "<br>");
    Response.Write("<hr>");
}
```

（3）在空白处单击鼠标右键，选择"在浏览器中查看"或者按"Ctrl＋F5"组合键。
试设置 CheckBox 控件的 AutoPostBack 属性为 False，看看有什么不同。

5.4　ASP. NET 常用组件对象

在 ASP 中包含 6 个无须创建即可直接调用和访问的内置对象，即 Response、Request、Session、Application、Server 和 Cookie。当 Web 应用程序运行时，这些对象可以用来维护有关当前应用程序、HTTP 请求、Web 服务器的活动状态等基本信息，并为用户的 HTTP 请求与 Web 服务器的处理交互提供桥梁作用。而在 ASP. NET 中，这些对象仍然存在。不同的是，在. NET 框架中，这些内部对象是由封装好的类来定义的，且已成为 Http Context 类（封闭了特定 HTTP 请求的所有信息）的属性。由于 ASP. NET 在初始化页面请求时已经自动地创建了这些内部对象,因此可以直接使用它们而无须再对类进行实例化。

在学习这 6 个对象组件之前,我们有必要先了解一下 Page 类。

5.4.1 Page 类

在用 ASP. NET 创建的 Web 系统中,每一个 ASPX 页面都继承自 System. Web. UI. Page 类,Page 类实现了所有页面最基本的功能。

要理解 Page 类,首先需要了解 Web 服务器(IIS)是如何请求 ASP. NET 页面,并显示在浏览器上的。在浏览器显示 ASPX 页面的整个过程中,IIS 负责处理与. NET Framework 交互的大量工作。图 5.7 显示的是用户在浏览器上请求调用 ASP. NET 页面的响应过程。

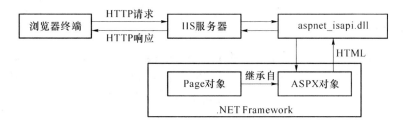

图 5.7 浏览器显示 ASPX 页面的响应过程

(1) IIS 将接收这个请求,并识别出将要请求的文件类型为 ASPX 文件,然后让 ASP. NET 模块(aspnet_isapi. dll)来处理它。

(2) aspnet_isapi. dll 接收请求,将所请求的页面实例化为一个 ASPX 对象,并调用该对象的显示方法。该方法动态生成 HTML,并返回给 IIS。

(3) IIS 将 HTML 发送给浏览器。

这个过程中最重要的对象是 ASPX 对象,它继承自. NET Framework 类库的 Page 类。也可以简单把 Page 对象理解为. aspx 文件,在页面上,可以使用 Page 类的属性和方法完成一定的功能。表 5.3 列出了 Page 类的一些常用成员。

表 5.3 Page 类常用成员

类别	成员名称	功能
属性	Application	为当前 Web 请求获取 Application 对象
	Controls	获取页面中的 ControlCollection 对象
	EnableViewState	获取或设置一个值,该值指示当前页请求结束时该页是否保持其视图状态及它包含的任何服务器控件的视图状态
	ID	获取或设置 Page 类对象的标识符
	IsPostBack	获取一个值,指示该页是否为响应客户端而加载,或是首次加载
	Master	获取确定页的整体观的母版页
	Request	获取请求页的 HttpRequest 对象
	Response	获取与 Page 关联的 HttpRequest 对象
	Server	获取与 Page 关联的 Server 对象
	Session	获取 ASP. NET 提供的当前 Session 对象
	User	获取有关发出页请求的用户信息
	SmartNavigation	获取或设置指示是否启用智能导航的值

类别	成员名称	功能
方法	DataBind	将数据源绑定到被调用的服务器控件及其所有子控件
	Dispose	使服务器控件得以在从内存中释放之前执行最后清理操作
	FindControl	搜索指定的服务器控件
	LoadControl	从用户控件文件获取 UserControl 对象
	MapPath	检索虚拟路径映射到的物理路径
	Validate	指示该页上包含的所有验证控件验证指派给它们的信息

5.4.2　Response 对象

　　Response 对象对应于 ASP.NET 中的 HttpResponse 类。当客户发出请求时，CLR 会根据用户的请求信息建立一个 Response 对象。Response 将用于回应客户浏览器，指示浏览器回应内容的报头、服务器端的状态信息，以及输出指定的内容等。Response 对象的相关属性和方法如表 5.4 所示。

表 5.4　Response 对象常用成员介绍

类别	成员名称	功能
属性	Buffer	表示是否对页面进行缓冲输出（true/false），兼容 ASP
	BufferOutPut	表示是否对页面进行缓冲输出，仅适用于 ASP.NET
	Output	启用到输出 HTTP 响应流文本输出
	OutputStream	启用到输出 HTTP 内容主体的二进制输出
	Expires	设置页面在浏览器 Cache 中失效的时间长度，单位为分
	ExpiresAbsolute	设置页面在浏览器 Cache 中失效的具体时间
	RedirectLocation	获取或设置 HTTP"位置"标头的值
	Status	设置返回到客户端的 Status 栏
方法	Clear	清除缓冲区所有 HTML 内容
	End	用于立即停止当前程序的处理并返回结果
	Flush	立即将缓冲区中的页面输出
	Redirect	设置页面重定向
	Write	为当前页输出指定文本
	WriteFile	将输出内容写入指定的文件中

　　Response 对象的 Write 方法可以说是我们用得最多的语句，它主要用来在页面上输出文本，例如：

```
Response.Write("Hellow World");
```

　　需要注意的是，在 ASP 中，Response 对象的 Write 方法可以直接写输出的文本，不需要括号，如 Response.Write "Hellow World!"；而在 ASP.NET 中，括号是必须要写的，这也是 ASP 开发人员在学习 ASP.NET 时最容易犯错的地方。

　　在程序设置时，通常要在不同的页面之间跳转，从而满足不同业务的流程需要。此时，我们可以使用 Response.Redirect()方法来实现页面的跳转功能，例如：

```
Response.Redirect("index.aspx");
Response.Redirect("http://www.sina.com");
```

值得注意的是,使用 Redirect 方法将会消耗大量的服务器 CPU 时间。因此如果不是特别需要的话中,最好不要不加限制地使用它。

ASP. NET 提供了缓冲机制,允许将数据首先保存在服务器的缓存区域。这样就不用每次访问时都重新执行文件,而只需从缓存中取出即可,从而加快页面处理的速度和服务器的响应时间。Response 对象可以通过 Buffer 和 BufferOutPut 属性来设置是否缓冲要输出到客户端的数据,例如:

```
Response.BufferOutPut = true;
```

上面的语句设置了缓冲输出为真,这意味着完成对整个页面的处理之后才向客户端输出。Buffer 和 BufferOutPut 属性实现的功能是一样的,提供 Buffer 属性仅仅是为了与 ASP 兼容,而通常在 ASP. NET 中所使用的是 BufferOutPut 属性。

此外,ASP. NET 还提供了两个方法,即 Clear 和 Flush 来处理有关缓冲的内容,使用这两个方法的前提条件是 BufferOutPut 属性或 Buffer 属性已经设置为 true。其中 Clear 方法用于清除缓冲区中的所有 HTML 输出,Flush 方法用于将当前缓冲区里的内容强制输出到客户端。

Response 对象包含一个 Cookies 集合,该集合包含一些 Cookie 对象,该对象是在服务器上创建的,并以 Set-Cookie 标头的形式传送到客户端。详细用法参见 5.4.7 节。

5.4.3　Request 对象

动态网页的最主要特征就是用户可以在网页上进行操作,向系统提交各种数据,对于 ASPX 页面来说,它利用其 Request 对象来接收和管理用户对页面的请求信息。

Request 对象对应 ASP. NET 中的 HttpRequest 类,当客户发出请求执行 ASP. NET 程序时,CLR 会将客户端的请求信息包含在 Request 对象中,其中包括报头(head)、客户端浏览器的信息、编码方式、请求方法(包括 POST 及 GET),以及所带参数信息等。通过使用 Request 对象,我们还可以访问 HTML 基于表单的数据和通过 URL 发送的参数列表信息,同时还可以接收来自客户端的 Cookie 信息。

Request 对象的调用方法如下:

```
Request.Collection("参数");
```

Collection 是一个属性集合,如表 5.5 所示。

表 5.5　Request 对象常用成员介绍

类别	成员名称	功能
属性	ApplicationPath	获取服务器上 ASP. NET 应用程序的虚拟应用程序根路径
	Browser	获取有关正在请求的客户端的浏览器功能的信息
	Cookies	获取客户端发送的 cookie 的集合
	FilePath	获取当前请求的虚拟路径
	Files	获取客户端下载的文件集合
	Form	获取窗体变量集合
	QueryString	获取 HTTP 查询字符串变量集合
	RequestString	获取或设置客户端使用的 HTTP 数据传输方法(GET 或 POST)
	ServerVariables	包含了客户机与服务器的相关环境变量
	Url	获取有关当前请求的 URL 的信息
	UserHostAddress	获取远程客户端的 IP 主机地址
	UserLanguages	获取客户端语言首选项的排序字符串数组

续 表

类别	成员名称	功能
方法	Mapath	为当前请求将请求的 URL 中的虚拟路径映射到服务器上的物理路径
	SaveAs	将 HTTP 请示保存到磁盘
	ValidateInput	验证由客户端浏览器提交的数据,如果存在具有潜在危险的数据,则引发异常

Collection 是可以省略的,如果省略,那么 Request 对象会依照 QueryString、Form、Cookies 及 ServerVariables 的顺序查找,直至发现"参数"所对应的关键字为止,并返回结果值;如果没有发现 Variable 对应的关键字,则返回空值。

Request 对应的功能是从客户端得到数据。常用的两种取得数据的方法是 Request.Form 和 Request.QueryString,对应于 Form 提交时 Post 和 Get 方法。当客户端用 Post 提交方式时,窗体中的表单数据会作为 Form 集合的元素被发送到服务器端;当使用 Get 方式提交时,窗体中的表单数据会作为查询字符串的形式通过 URL 传递。此时,如果要得到其值,可使用 Request.QueryStinrg。

示例"ph0503"是运用 Get 方式进行数据提交的示例。在本例题中将会看到 Request 与 Reponse 是如何配合运用的。效果如图 5.8 所示。

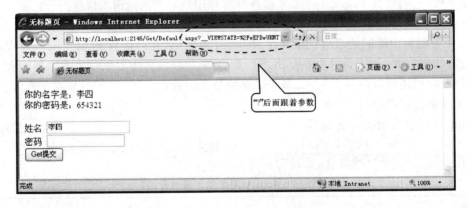

图 5.8 运用 Get 方式进行数据提交

（1）新建一个网站。向其添加两个 Label 控件,更改其 Text 属性分别为"姓名"与"密码";添加两个 TextBox 控件,更改其 ID 属性分别为"txtname"与"txtpass",其中 txtpass 的 TextMode 属性设置为"Password";添加一个 Button 控件,更改其 Text 属性为"Get 提交"。

（2）在"源"视图状态,给<form>标记添加 method 属性为"get",如图 5.9 所示。

（3）在"设计"视图状态,双击网页空白处,即进入代码编辑状态（Default.aspx.cs）。在页面的 Page_Load 事件中输入如下代码。

```csharp
protected void Page_Load(object sender, EventArgs e)
{
    string strname,strpass;
    strname = Request.QueryString["txtname"];        //获取参数 txtname 的值
                                                     //注意参数名即是 ID 的值

    strpass = Request.QueryString["txtpass"];        //获取参数 txtpass 的值
```

```
Response.Write("你的名字是:" + strname + "<br>");    //向网页输出字符串和一个 HTML 标签
Response.Write("你的密码是:" + strpass);              //向网页输出字符串
}
```

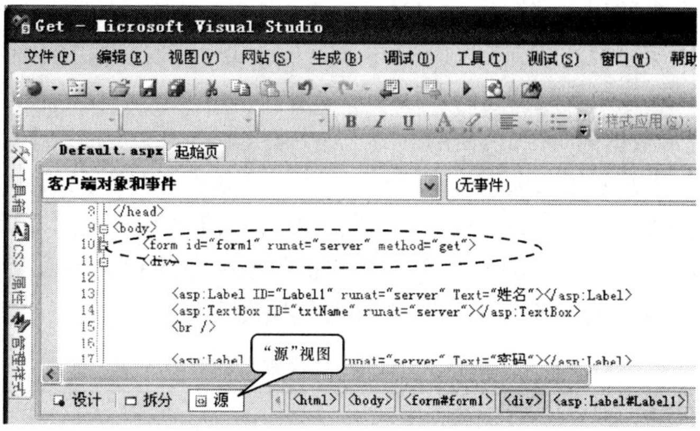

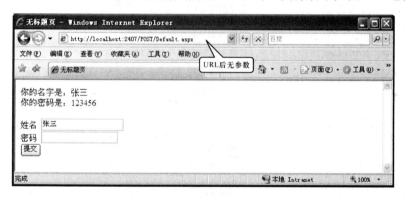

图 5.9 "源"视图

（4）按"Ctrl+F5"组合键运行网页程序。

示例"ph0504"是运用 Post 方式进行数据提交的示例。执行效果如图 5.10 所示。

图 5.10 运用 Post 方式进行数据提交

（1）设计过程如例"ph0503"，在此不作赘述。

（2）在"源"视图状态，给<form>标记添加 method 属性为"post"（也可以不添加，在 ASP.NET 中，form 默认的提交方式是 post）。

（3）在"设计"视图状态，双击网页空白处，即进入代码编辑状态（Default.aspx.cs）。在页面的 Page_Load 事件中输入如下代码。

```
protected void Page_Load(object sender, EventArgs e)
{
    string strname, strpass;
    strname = Request.Form["txtname"];
    strpass = Request.Form["txtpass"];
    Response.Write("你的名字是:" + strname + "<br>");
    Response.Write("你的密码是:" + strpass);
}
```

（4）按"Ctrl＋F5"组合键运行网页程序。

实际上，我们也可以直接用 Response.Redirect 方式进行带参数的页面重定位。如下代码：

Reponse.Redirect("f1.aspx? id1234&userid = 5678");

如果要传递多个参数用 & 符进行连接。

由前面的例题，大家已经注意到 QueryString 与 Form 属性获取数据的区别在于，前者是一种显式传递，用户可以在地址栏中看到传递的参数及参数值；而后者是一种隐式传递，在传递过程中，用户是无法看到所传递数据的。因此，使用 Form 属性来获取数据会更加安全。此外，由于 URL 的地址长度是有限制的，因此使用 QueryString 属性来接收的数据也是有限的。一般来说，该方式仅能传递 256 个字节的数据，而通过 Form 属性来接收的数据的最大值可达到 2 MB。

Request 的 ServerVariables 集合包含了客户机与服务器的相关环境变量，如用户的 IP 地址及浏览器版本信息等。表 5.6 列出了一些常用的环境变量。

表 5.6 ServerVariables 集合常用的环境变量

环境变量名	功能描述
HTTP_USER_AGENT	获取用户浏览器的类型和版本号
REMOTE_ADDR	获取用户的 IP 地址
REQUEST_METHOD	获取用户的请求数据的方法，GET 或 POST
SERVER_NAME	获取服务器的主机名
LOCAL_ADDR	获取服务器的 IP 地址
PATH_INFO	获取当前执行程序的虚拟路径
PATH_TRANSLATED	获取当前执行程序的绝对路径
CONTENT_LENGTH	获取请求程序所发送内容的字符总数
CONTENT_TYPE	获取请求的信息类型
GATEWAY_INTERFACE	获取网关接口
QUERY_STRING	获取 URL 的附加信息
SCRIPT_NAME	获取当前程序的文件名
SERVER_PORT	获取服务器接受请求的接口
SERVER_PROTOCOL	获取服务器的协议及版本号
HTTP_ACCECPT_LANGUAGE	获取用户所使用的语言

比如要获得用户的 IP 地址可以写成 Request.ServerVariables["remote_addr"]。

5.4.4 Server 对象

在开发 ASP.NET 应用时，需要对服务器进行必要的设置，如服务器编码方式等，或者获取服务器的某些信息，如服务器计算机名、页面超时时间等，这可以通过 Server 对象来实现。Server 对象对应 ASP.NET 中的 HttpServerUtility 类，其常用属性和方法如表 5.7 所示。

表 5.7 Server 对象相关属性和方法

类别	成员名称	功能
属性	MachineName	用于获取服务器的计算机名称
	ScriptTimeout	设置和获取请示服务器的超时时间，单位为秒
	CreateObject	用于创建 COM 对象的一个服务器实例

续　表

类别	成员名称	功能
方法	Execute	使用另一个页面来执行当前请求
	Transfer	终止当前页的执行,并开始执行当前请求页
	HtmlDecode	对要显示的在浏览器的字符串执行解码操作
	HtmlEncode	对要显示的在浏览器的字符串执行编码操作
	UrlDecode	对字符串进行解码,该字符串为了 HTTP 传输而编码并在 URL 中发送到服务器
	UrlEncode	对字符串进行编码,以便通过 URL 从 Web 服务器到客户端执行可靠的 HTTP 传输
	UrlPathEncode	对 URL 字符串的路径执行 URL 编码,返回该编码字符串
	MapPath	返回与 Web 服务器上的虚拟目录对应的物理路径
	ToString	以字符串形式返回对象的信息

HtmlEncode 是 Server 对象中用得较多的一个方法,它用于对显示在浏览器中的字符串进行编码。首先看下面这条语句:

```
Response.Write("<b>标记的作用是将文字加粗></b>");
```

其本意是想在浏览器中输出字符串"标记的作用是将文字加粗>",结果实际作用是在浏览器中显示的是加粗的字符串"标记的作用是将文字加粗",""与""字符没有了,这是因为 Response 对象将其解析成了 HTML 标签。如果要显示该字符该怎么办呢? 可以通过 HtmlEncode 方法实现,代码如下:

```
Response.Write(Server.HtmlEncode("<b>标记的作用是将文字加粗</b>"));
```

HtmlDecode 方法的作用与 HtmlEncode 方法的作用相反,它将 HTML 编码的代码进行解码,恢复代码的本来面目。

Server 对象的 Execute()和 Transfer()用于页面控制权转移,但 Execute()执行完指定的页面后,控制权会再返回给原来的页面;而 Transfer()执行完指定的页面后,控制权将转移到新的页面,不会返回给原来的页面。

5.4.5　Application 对象

Application 对象对应于 ASP.NET 中的 HttpApplicationState 类,它主要用来在整个应用中共享信息。Application 对象可以直接在应用程序状态中存储变量和对象,这些变量和对象在整个应用程序内执行的所有 ASP.NET 页面都是可用的,其值也相同。例如,需要设置一个计数器来统计访问系统的所有人数,或者在程序开始和结束时记录时间,以计算系统的运行时间,这些都可以使用 Application 对象来实现。

Application 对象的相关属性和方法如表 5.8 所示。

表 5.8　Application 对象的相关属性和方法

类别	成员名称	功能
属性	AllKeys	获取应用程序状态集合中的对象键
	Contents	获取对应程序状态的对象引用
	Count	获取所含对象的总数
	Items	获取 Application 集合中的对象数
	StaticObjects	获取以<object>标记的且其范围设置为 Application 的所有对象

类别	成员名称	功能
方法	Add	添加一个对象到应用程序状态集合中
	Lock	锁定应用程序状态对象以保证并发访问
	Unlock	取消锁定
	Clear	从应用程序状态集合中移除所有对象
	Remove	从应用程序状态集合中移除指定对象
	RemoveAll	从应用程序状态集合中移除所有对象，同 Clear
事件	OnStart	当 Application 对象的生命周期开始时，Application_Start 事件会被启动
	OnEnd	当 Application 对象的生命周期结束时，Application_End 事件会被启动

例如，下面的语句在应用程序状态内创建一个新的变量。其名称为"strName"，值为"张三"。

Application. Add("strName","张三");

在一个 ASP. NET 页面执行这个语句之后，在同一个应用程序的其他页面都可以直接获取 strName 的值。要读取应用程序状态变量的值，可以使用如下语句：

Response. Write(Application. Contents["strName"]);

在示例"ph0505"中，将创建两个页面，在第一个页面 default. aspx 中向 Application 对象中添加一个数据，然后在第二个页面 default2. aspx 中将能够访问到这个数据，效果如图 5.11 所示。

图 5.11　Application 对象应用示例

（1）新建一个 ASP. NET 网站，在默认页 default. aspx. cs 的自动生成的页面加载事件中输入如下代码：

```
protected void Page_Load(object sender, EventArgs e)
{
    Application. Add("strName","张三");
    Response. Redirect("default2. aspx");
}
```

（2）从"解决方案资源管理器"窗口添加一个新的 Web 窗体，名称为 default2. aspx。在自动生成的页面加载事件中输入代码：

```
protected void Page_Load(object sender, EventArgs e)
{
    Response. Write(Application. Contents["strName"]);
}
```

（3）按"Ctrl＋F5"组合键运行网页程序。

如果要清除应用程序状态中所有的变量，可使用 Clear 方法，如 Response. Clear();。

5.4.6　Session 对象

Session 对象对应于 HttpSessionState 类,它主要用于保存与当前用户会话相关的信息。与 Application 对象不同的是,Session 对象与用户相关联。对于同一个用户,在应用程序内不同页面访问同一个 Session 变量,其值相同;对于不同的用户,访问同一个 Session 变量,其内容不同。对于每个 Session 对象,都有一个 SessionID 来唯一标识它。

Session 意为"会话",指从用户进入系统到关闭浏览器离开系统的这段交往时间。对于该用户来说,在 Session 中注册的变量可以保留其值,并可在各个页面中使用。由于这个特点,Session 常用于用户在页面之间参数传递、用户身份认证、记录程序状态等。

Session 对象的相关属性和方法如表 5.9 所示。

表 5.9　Session 对象的相关属性和方法

类别	成员名称	功能
属性	SessionID	获取用于标识会话的唯一会话 ID
	Keys	获取 Session 中的键的集合
	Count	获取 Session 集合中的对象数
	Mode	获取当前会话的模式
	TimeOut	会话状态的过期时间,以分为单位
	Item	获取对 Session 集合中的对象的访问
方法	Abandon	取消当前会话
	Clear	清除当前会话中的所有值
	RemoveAll	消除当前会话中的所有值,同 Clear
	Remove	删除会话中特定项
	Add	将新的对象添加到 Session 集合中
事件	OnStart	当 Session 对象的生命周期开始时,Session_Start 事件会被启动
	OnEnd	当 Session 对象的生命周期结束时,Session_End 事件会被启动

示例"ph0506"与 Application 的示例类似,它包含两个方面,在第一个页面的 default.aspx 中向 Session 对象添加一个数据项,然后在第二个页面 default2.aspx 能够将其访问。运行效果如图 5.12 所示。

(1) 新建一个 ASP.NET 网站,在默认页 default.aspx.cs 的自动生成的页面加载事件中输入如下代码:

```
protected void Page_Load(object sender, EventArgs e)
{
    Session.Add("userName", "李 四");
    Response.Redirect("default2.aspx");
}
```

(2) 从"解决方案资源管理器"窗口添加一个新的 Web 窗体,名称为 default2.aspx。在自动生成的页面加载事件中输入代码:

```
protected void Page_Load(object sender, EventArgs e)
{
    Response.Write(Session.Contents["userName"]);
}
```

图 5.12　Session 对象应用示例

（3）按"Ctrl＋F5"组合键运行网页程序。

与 Application 不同的是，如果另外一个客户端的浏览器中输入 Default2. aspx 地址，则不会显示"李四"，这是因为系统认为另一个客户端为其他用户，而 Session 只支持用户内部的数据共享。

5.4.7 Cookie 对象

Cookie 是一小段字符信息，当用户请求页面时，它就伴随着用户请求在 Web 服务器和浏览器之间来回传递。Cookie 与网站相关联，而不是与特定的页面相关联，不同的网站的 Cookie 分别进行保存而不会混淆。

Cookie 的值由于存储在客户端，因此它不受服务器 IIS 重启的影响。它通过 HTTP 头进行服务器和浏览器之间的传递，因此它的值必须是字符串类型的，而不能是对象类型的。Cookie 的大小也受浏览器的限制，大多数浏览器支持最大的为 4096 字节的 Cookie，每个站点可以在用户计算机上存储的 Cookie 的数量为 20 个，如果试图存储更多 Cookie，则最旧的 Cookie 会被丢弃。有些浏览器所能接受所有站点的 Cookie 总数为 300 个。Cookie 除了主要用来在用户的浏览器上存储小块的信息，同时也可用来处理与当前用户会话相关的信息。Cookie 对象对应于 HttpCookie 类，Cookie 对象的相关属性和方法如表 5.10 所示。

表 5.10 Cookie 对象的相关属性

成员名称	功能
Name	获取 Cookie 的名字
Value	设置或获取 Cookie 的值
Domain	获取或设置与 Cookie 相关联的域，默认为接收到该 Cookie 的主机
Expires	获取或设置 Cookie 的过期日期时间
Values	获取字典 Cookie 的键值
HasKeys	用于判断是否包含键，即是否为字典 Cookie
Path	获取或设置与当前 Cookie 一起传输的虚拟路径，通常保留其默认值
Secure	表示 Cookie 是否通过保密传输，默认为 false

1. 创建 Cookie

要创建 Cookie，可以使用 HttpResponse 对象的 Cookies 集合发送到浏览器，也可以将 HttpResponse 对象作为 Page 类的 Response 属性来访问，要发送给浏览器的所有 Cookie 都必须添加到此集合中。为了能够在以后的代码中读取 Cookie，在创建 Cookie 时，需要指明 Cookie 的名字，并添加一个值。每个 Cookie 的名字必须是唯一的，如果有重复名字的Cookie，则最后一次创建的 Cookie 将覆盖以前的所有同名的 Cookie。例如：

```
Response.Cookies["userData"].Value="欢迎访问新浪站 http://www.sina.com";
```
或者
```
HttpCookie userData = new HttpCookie("mycookie");
userData.Value="欢迎访问新浪站 http://www.sina.com";
Response.Cookies.Add(userData);
```

Cookie 对象可以分为两种类型，即会话 Cookie 和持久性 Cookie。前者是临时的 Cookie，一旦会话状态结束便会自动消失；后者则具有确定的过期日期。一般来说，持久性 Cookie 在用户的计算机上都是以文本文件的形式存储的。对于设置有到期时间的 Cookie，需要清楚的一点是：用户可随时清除其计算机上的 Cookie，即便存储的 Cookie 还没有到期时间。

```
Response.Cookies["userData"].Expires = DateTime.Now.AddHours(1);//1小时间后过期
```

2. 读取 Cookie

Cookie 的读取通过 Request 对象的 Cookie 属性来进行。在读取前可以先判断 Cookie 是否存在。代码如下：

```
if (Request.Cookies[userData] ! = null)
    Response.Write(Request.Cookies[userData].Value);
```

3. 删除 Cookie

由于 Cookie 是存储在客户端硬盘上，由客户端浏览器进行管理，因此无法从服务器端直接删除，但可以重新设置 Cookie 的到期时间，代码如下：

```
Response.Cookies[userData].Expires = DateTime.Now.AddHours(-1);
```

4. Cookie 示例

示例"ph0507"演示了 Cookie 的一个应用过程，效果如图 5.13 所示。

（1）新建一个 ASP.NET 网站，在默认页 default.aspx.cs 的自动生成的页面加载事件中输入如下代码：

图 5.13　Cookie 对象应用示例

```
protected void Page_Load(object sender, EventArgs e)
{
    string mystr;
    //传统普通方式
    Response.Write("传统方式<br>");
    Response.Cookies["userData"].Value = "欢迎访问新浪站 http://www.sina.com";
    Response.Cookies["userData"].Expires = DateTime.Now.AddHours(1);
    mystr = Request.Cookies["userData"].Value;
    Response.Write("你的 Cookie 值是：" + mystr);
    //运用 Cookie 存储多个名称/值的对,称为多值 Cookie
    string mystr1;
    Response.Write("<p>多值方式");
    Response.Cookies["user"]["name"] = "李四";
    Response.Cookies["user"]["rank"] = "3";
    Response.Cookies["user"].Expires = DateTime.Now.AddHours(1);
    Response.Write("<br>姓名:" + Request.Cookies["user"]["name"]);
    Response.Write("<br>级别:" + Request.Cookies["user"]["rank"]);
    //删除多值 Cookie 中的某个值
    HttpCookie hc2 = Request.Cookies["user"];
    hc2.Values.Remove("name");
    Response.Cookies.Add(hc2);
}
```

（2）按"Ctrl＋F5"组合键运行网页程序。

5.5　Global.asax 文件

在学习 Application 对象时，我们已经知道它是在系统级别共享数据。Global.asax 文件与 Application 对象具有紧密的联系，它的主要功能是：设置一些在程序级别使用的变量及实现 Application 对象的 OnStart 和 OnEnd 事件。

向工程中添加 Global.asax 文件的步骤为：右击"解决方案资源管理器"中的工程，在弹出的快捷菜单中选择"添加新项"命令，在弹出的对话框中选择"全局应用程序类"图标，然后单击"添加"按钮即可，如图 5.14 所示。

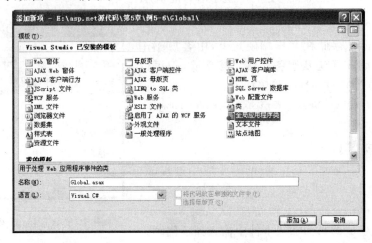

图 5.14　添加 Global.asax 文件

在 Global.asax 文件中，可以实现 Application 的 OnStart 和 OnEnd 事件。下面的示例"ph0508"中，在 Application_Start 和 Application_End 事件中对其赋值。

```
void Application_Start(object sender, EventArgs e)
{
    //在应用程序启动时运行的代码
    Application.Add("startTime", System.DateTime.Now.ToString());
}


void Application_End(object sender, EventArgs e)
{
    //在应用程序关闭时运行的代码
    Application.Add("endTime", System.DateTime.Now.ToString());
}
```

这样，不管在任何页面中，都可以使用 Application 中的 startTime 值，通过在 Default.aspx 的加载事件中添加如下代码，可以输出系统开始运行的时间。

```
Response.Write(Application.Contents["startTime"]);
```

用这种方法就可以将系统级的数据共享。通常可以把数据库连接字符串、系统配置参数等信息放在 Application 对象中。

5.6　小　　结

- ASP.NET 页面的基本结构是，开头是页面指令部分，随后是 DOCTYPE 文档类型，然后才开始是页面设计部分。
- ASP.NET 的代码分离模型是系统默认的选项，页的标记和服务器端元素位于 .aspx

文件中,而代码则位于单独的.cs文件中。

- ASP.NET有7个系统文件夹进行代码组织管理。
- ASP.NET页面运行时,将经历一个生命周期,在生命周期中将执行一系列处理步骤。
- 页面生命周期的每个阶段将引发相应的事件处理。
- ASP.NET的7个常用组件对象及其相应功能。
- Global.asax是一个系统级文件,用来设置一些在程序级别使用的变量及对象。

5.7　习　　题

一、填空题

(1) ASP.NET页面开发模式有两种:_____和_____。

(2) ASP.NET内置对象包括_____、_____、_____、_____等。

(3) Application的原理是在服务器端建立一个_____来存储所需的信息。

(4) 在ASP.NET中Session对象是HttpSessionState的一个实例,该类为_____提供信息。

二、选择题

(1) 以下不是ASP.NET页面指令的是(　　　)。

　　A. Assembly　　　　B. Control　　　　C. Page　　　　D. Response

(2) 以下不是ASP.NET页面事件的是(　　　)。

　　A. Page_Load　　　B. Page_Init　　　C. Page_Unload　　D. Page_Input

(3) 获取服务器的名称,可以利用(　　　)对象。

　　A. Response　　　　B. Session　　　　C. Server　　　　D. Cookie

(4) Session对象有可能会丢失的情况包括(　　　)。

　　A. 用户关闭浏览器或重启浏览器

　　B. 如果用户通过另一个浏览器窗口进入同样的页面

　　C. Session过期

　　D. 程序员利用代码结束当前Session

(5) ASP.NET包含的两个内部Cookie集合是(　　　)。

　　A. Response　　　　B. Session　　　　C. Server　　　　D. Request

三、简述题

(1) 简述ASP.NET页面的生命周期。

(2) 实现两个页面之间数据传递功能。A.aspx页面在TextBox控件中输入值,单击"提交"按钮后,跳转到B.aspx页,并在B.aspx页面上显示输入的值。分别运用URL传值方式和Session存储方式传递。

第6章

ASP.NET服务器控件

6.1 Web 服务器控件概述

6.1.1 什么是服务器控件

在第 1 章我们已经介绍了 ASP.NET 服务器控件分为 HTML 服务器控件、标准服务器控件和自定义服务器控件 3 类,在这一章我们主要学习标准服务器控件的用法。

在以前的 Web 开发中,页面上使用的元素都是静态的,如<div>你好</div>等,这些元素在页面回发到服务器时,服务器端的代码无法得到这些元素,也不能动态地为这些元素添加或者修改属性。

进入 ASP.NET 时代,所有这一切都发生了改变,ASP.NET 引入了服务器控件的概念,允许 Web 开发人员在服务器端识别这些元素,并对它们进行控制。那么什么是服务器控件呢?

服务器控件是指在服务器上执行程序逻辑的控件,常常具有一定的用户界面,但也可能不包括用户界面。服务器控件包含在 ASP.NET 页面中,当运行页面时,用户可与控件发生交互行为,当页面被用户提交时,控件可在服务器端引发事件,在服务器端,则会根据相关事件处理程序来进行事件处理。所有的服务器控件都有一个 ID 属性和 runat="server"的标记,ID 属性是服务器端代码访问和操作该控件的唯一标识。我们可以通过"属性"窗口里的 ID 为控件设置名称,如图 6.1 所示,将网页上的"用户名"Label 控件的名称设置为"lblName"。

由于网页上可能会有一个以上的控件,要设置某一个控件的属性之前,必须先单击那个控件,"属性"窗口才会切换、显示那个控件的属性。为控件设置控件名称时最好根据它在网页的作用取个有意义的名称,如用 Label 控件显示姓名可取 lblName,用 TextBox 输入姓名可取 txtName 等。

如同控件的控件名称,控件的许多功能、外观都可通过"属性"窗口修改,如字体、颜色等。"属性"窗口默认会出现在开发工具的右下角。若看不到它,可单击最上方主菜单中的"视图"|"属性"命令或者直接按"F4"快捷键。属性窗口最上方的下拉列表会列出网页上所有的控件,如图 6.2 所示。

每一个控件都可通过属性窗口修改其属性,但"属性"窗口一次只能显示一个控件的属性,若要切换,可单击上方的下拉列表,或者直接单击网页上的控件,此时属性窗口便会自动显示被选取的控件属性。

ASP.NET 服务器控件都是页面上的对象,采用事件驱动的编程模型,客户端触发的事件可以在服务器端来处理。比如,单击一个按钮,可以执行服务器端的一些代码,由于这个特性,通常事件的处理需要进行客户端与服务器的往返,因此在某些情况下会影响性能。事件的回发会导致页面的 Init 事件和 OnLoad 事件等，在页面的 OnLoad 事件方法里编写代码时还需要根据情况判断是否需要检测是否是回发事件，常用的检测方法就是判断 Page.IsPostBack、Page.IsCallback、Page.IsCrossPagePostBack 等属性来判断页面事件的状态。

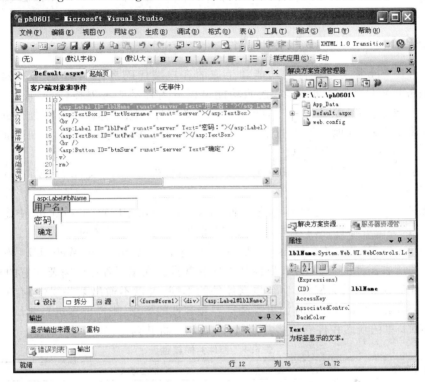

图 6.1 设置 Label 控件的 ID 属性

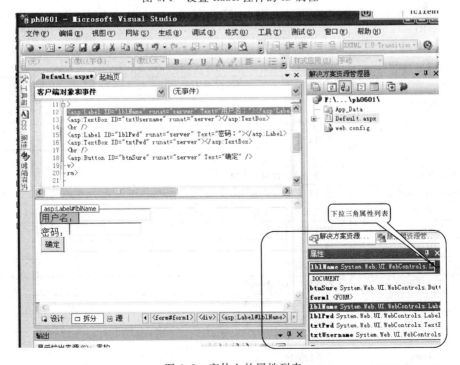

图 6.2 窗体上的属性列表

　　为了在服务器端得到控件的信息，服务器控件事件遵循事件处理程序方法的标准. NET Framework 模式，即所有事件都传递两个参数，如 Button1_Click（object sender，EventArgs e），第一个参数 sender 表示引发事件的对象的对象，以及包含任何事件特定信息的事件对象；第二个参数通常是 EventArgs 类型，对于某些控件来说是特定于该控件的类型。

6.1.2　ASP. NET 3.5 Web 服务器控件

　　ASP. NET Web 服务器控件的功能和生成的客户端代码都比 HTML 服务器控件多得多。Web 服务器控件的种类也很多，按照功能可以分为标准服务器控件、验证控件、数据控件、导航控件、登录控件、Web 部件、AJAX 和自定义控件。除了标准服务器控件的功能和呈现结果比较简单之外，其他的几种相对来说，要复杂得多。虽然这些服务器控件功能和呈现结果复杂，但使用起来却是十分简单。

　　除了自定义服务器控件之外，所有的 Web 服务器控件在. aspx 文件中都以"asp:"开头，并有 ID 属性和 runat="server"标记。

　　ASP. NET 标准服务器控件在命名空间 System. Web. UI. WebControls 中定义。所谓"标准"，是指这类服务器控件内置于 ASP. NET 框架中，是预先定义的。

　　System. Web. UI. WebControls. WebControl 类是定义 System. Web. UI. WebControls 命名空间中的所有控件的公共方法、属性和事件的基类。在编写程序时需要注意的是：虽然这些属性是服务器控件的公共属性，但会根据控件的不同，可以不输出某些属性，有的甚至不会输出任何标记，因此在编写程序时如果有浏览器兼容性的要求，则需要多进行测试。

　　ASP. NET 里的众多控件有许多共同属性，表 6.1 将其列出。

表 6.1　控件共同属性

属性名称	描述意义
AccessKey	该控件使用的键盘快捷键，用户可按住"Alt"键同时按下单个字母或数字
Attributes	只在编程时来指定未被控件直接支持的 HTML 属性，如伪属性
ID	控件的名字
BackColor	控件的背景颜色，可用颜色名称或十六进制格式表示
BorderColor	控件的边框颜色
BorderWidth	控件的边框宽度，默认单位是像素
BorderStyle	控件边框样式
CssClass	将定义的 CSS 样式单指定到该控件上
Style	控件的 CSS 样式定义的集合
Enabled	控件的启用状态
EnableTheming	是否对该控件应用主题
EnableViewState	是否启用视图状态
Font	控件里的文本字体
FontColor	控件里的文本颜色
Height	控件的高度
SkinID	控件的外观
TabIndex	控件的"Tab"键顺序
Text	控件里要显示的文本
ToolTip	鼠标指针放在控件上显示的工具提示
Visible	控件是否可见
Width	控件的宽度

6.2 标签控件 Label

一般来说,如果要在网页上显示一段文字用 Response. Write 就可以了,但缺点是我们无法控制这段文字出现的位置。若希望在网页里某个特定的位置出现,可以用 Label 控件。Label 控件又称为标签控件,用于显示静态文本。

1. 创建标签对象

在页面设计视图中,从工具箱中"标准"选项卡中,将 **A Label** 拖放到页面中(或者直接双击),便可在页面上添加一个 Label 对象。在源视图中其构造代码一般如下所示:

<asp:Label ID = "Label1" runat = "server" Text = "Label"></asp:Label>

2. 属性和事件

Label 控件一般不使用事件,只用它的 Text 属性显示文本信息,可直接通过"属性"窗口设置,如图 6.3 所示。

图 6.3 属性设置

另外,Label 控件也可以用来显示其他控件或变量的内容。如示例"ph0601"所示,显示效果如图 6.4 所示。

(1)新建一个 ASP. NET 网站,分别添加 3 个 Label 控件,Label1 的 Text 属性为"姓名",Label2 的 Text 属性为"你的姓名是:",Label3 的 ID 属性为"lblMyName";添加一个 TextBox 控件;添加一个 Button 控件,其 Text 属性为"显示",ID 属性为"butShow"。

(2)双击 Button 控件,在 Default. aspx. cs 文件中,该控件的 Click 事件中输入如下代码:

```
protected void butShow_Click(object sender, EventArgs e)
```

```
    {
        lblMyName.Text = TextBox1.Text;
    }
```

（3）按"Ctrl＋F5"组合键运行网页程序，查验结果。

以上网页若没有用 Label3，而是像下面这样用 Response.Write 写出字符串，字符会显示在网页的最上方，无法控制让其出现在特定的位置。

```
protected void butShow_Click(object sender, EventArgs e)
{
    Response.Write(TextBox1.Text);
}
```

结果如图 6.5 所示。

图 6.4　用 Label 显示 TextBox 控件内容

图 6.5　用 Response.Write 输出字符串

6.3　按钮控件 Button、LinkButton 与 ImageButton

按钮是页面上最常用的控件之一，用户常常通过单击按钮来完成提交、确认等功能。通过对按钮的单击事件编程，可以完成特定的功能。ASP.NET 提供了 3 种不同的按钮控件，它们都会产生 PostBack 动作，但是外观不太一样。

Button：最标准的按钮控件。

LinkButton：在网页上看起来就像一个超链接，鼠标指针移到上面时光标会变成手的图标，单击超链接后会 PostBack，回到同一页。

ImageButton：这种按钮可以自己选择图片作为按钮。

6.3.1　按钮 Button

通过对按钮的单击事件编程，可以完成特定的功能。

1. 创建按钮对象

在页面设计视图中，从工具箱的"标准"选项卡中，将 **ab Button** 拖放到页面中（或者直接双击），便可在页面上添加一个 Button 对象。在源视图中其构造代码一般如下所示：

　　＜asp:Button ID＝"Button1" runat＝"server" onclick＝"Button1_Click" Text＝"Button" /＞

注意：Web 服务器控件标签的开头都有"asp:"前缀。另外，Web 服务器控件同样需要放在表单内部，才能完成提交数据的功能。

2. 属性和事件

Button 控件的常用属性和事件如表 6.2 所示。

表 6.2 Button 控件常用属性和事件

类别	名称	功能
属性	Attributes	获取控件的属性集合
	CommandArgument	获取或设置可选参数,该参数与 CommandName 一起传递到 Command 事件
	CommandName	获取或设置命令,该命令名与传递给 Command 事件的 Button 控件相关联
	CausesValidation	是否导致激发验证
	EnableViewState	获取或设置一个值,指示服务器控件是否保持自己及所包含子控件的状态
	PostBackUrl	获取或设置单击 Button 时从当前页发送到的网页的 URL。默认为空,即本页
	Text	获取或设置在 Button 控件中显示的文本标题
事件	Click	在单击 Button 控件时发生
	Command	在单击 Button 控件时发生
	OnClientClick	在客户端 OnClick 中执行客户端脚本

Click 和 Command 事件虽然都能够响应单击事件,但并不相同。

(1) Click 事件:在单击 Button 控件时发生。在开发时,双击 Button 按钮,便可以自动产生其事件触发函数,代码如下:

```
protected void Button1_Click(object sender, EventArgs e)
    {
    //代码
    }
```

然后直接在这个函数内编写所要执行的代码就可以了。

(2) Command 事件:相对于 Click 事件,Command 事件具有更为强大的功能。它通过关联按钮的 CommandName 属性,使按钮可以自动寻找并调用特定的方法,还可通过 CommandArgument 属性向该方法传递参数。

这样做的好处是,当页面上需要放置多个 Button 按钮,分别完成多个任务,而这些任务非常相似,容易用统一的方法来实现时,就不必为每一个 Button 按钮单独实现 Click 事件,而可以通过一个公共的处理方法结合各个按钮的 Command 事件来完成。

3. 示例"ph0602"

使用 Click 事件非常简单,如在其 Click 事件的方法内加入如下代码:

```
protected void Button1_Click(object sender, EventArgs e)
{
    Response.Write("欢迎你,我的朋友");
}
```

那么,当用户单击 Button 按钮时,页面上将显示响应信息,如图 6.6 所示。

下面重点通过一个示例介绍 Command 事件的使用。示例要实现的功能如图 6.7 所示。

图 6.6　Button 按钮的单击事件　　　　　图 6.7　Button 按钮的 Command 事件

（1）新建 ASP. NET 网站，在页面上添加两个按钮 Button 对象，分别更改其属性如下：Button1 的 Text ="显示递增数字"，CommandArgument ="Asc"，CommandName ="ShowNumAsc"；Button2 的 Text ="显示递减数字"，CommandArgument ="Desc"，CommandName ="ShowNumDesc"。

（2）转向代码页 Default. aspx. cs，实现按钮 Command 事件所触发的方法，代码如下：

```csharp
protected void But_Command(object sender, CommandEventArgs e)
{
    switch (e.CommandName)
    {
        case "ShowNumAsc":
            Response.Write("单击递增按钮<br>");
            ShowNum(e.CommandArgument);
            break;
        case "ShowNumDesc":
            Response.Write("单击递减按钮<br>");
            ShowNum(e.CommandArgument);
            break;
    }
}
protected void ShowNum(object cArg)
{
    if (cArg.ToString() == "Asc")
    {
        Response.Write("1  2  3  4  5  6  7  8  9  10<br>");
    }
    else if (cArg.ToString() == "Desc")
    {
        Response.Write("10  9  8  7  6  5  4  3  2  1<br>");
    }
    Response.Write("输出完毕!");
}
```

（3）关联两个按钮的 Commad 事件。在 Default. aspx 的视图窗口，右击 Button1 按钮，在属性窗口里选择 Command 事件，通过下拉列表选择"But_Command"事件，如图 6.8 所示。使用同样方法设置 Button2 按钮。

用同样方法，将 Button2 的 Command 事件关联到 But_Command()方法。

（4）按"Ctrl＋F5"组合键运行网页程序，查验结果。

4. OnClientClick 事件

ASP.NET 的服务器控件也可与 JavaScript 程序结合在一起。3 种 Button 控件都提供了 OnClientClick 属性，顾名思义，这个属性与用户在浏览器单击按钮有关系。

普通 Button 的 Click 事件处理程序是在用户单击按钮，数据被回传给服务器后才执行的。若希望在用户对浏览器单击按钮时"马上"就有所反应，可预先以 JavaScript

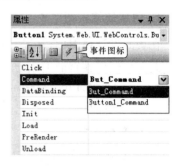

图 6.8 关联按钮的 Command 方法

编写一个函数，然后在按钮的 OnClientClick 填入指定的 JavaScript 函数名字。这样一来，当用户单击按钮时便会马上执行指定的 JavaScript 函数，不用等到数据传回服务器。

5. 示例"ph0603"

在网页上放置一个 Button 按钮，它的 OnClientClick 属性设为"Navigate();"，表示当用户在浏览器中单击这个按钮时马上执行 Navigate()这个 JavaScript 函数。

```
＜％＠ Page Language＝"C♯" ％＞
＜script language＝"javascript" type＝"text/javascript"＞
    function Navigate()
    {
      if（confirm("打开另一个网页?"）){
          window.open("http://www.163.com");
      }
    }
＜/script＞


＜html xmlns＝"http://www.w3.org/1999/xhtml"＞
＜head runat＝"server"＞
＜meta http-equiv＝"Content-Type" content＝"text/html; charset＝utf-8"/＞
    ＜title＞测试＜/title＞
＜/head＞
＜body＞
    ＜form id＝"form1" runat＝"server"＞
    ＜div＞
        ＜asp:Button ID＝"ButtonOpen" runat＝"server" Text＝"开新窗口"
            onclientclick＝"Navigate();" /＞
    ＜/div＞
    ＜/form＞
＜/body＞
＜/html＞
```

6.3.2 链接按钮 LinkButton

LinkButton 控件是 Button 控件的一个变体，是 Button 和 HyperLink 控件的结合，实现

具有超链接样式的按钮。如果 Web 窗体上有非常多的超链接，这就是一个理想控件；如果希望在单击控件时，链接到另一个 Web 页，而不用执行某些操作，使用 HyperLink 控件即可。

1. 创建链接按钮对象

在页面设计视图中，从工具箱的"标准"选项卡中，将 [🔤 LinkButton] 拖放到页面中（或者直接双击），便可在页面上添加一个 LinkButton 对象。在源视图中其构造代码一般如下所示：

```
<asp:LinkButton ID="LinkButton1" runat="server" onclick="LinkButton1_Click"> LinkButton
</asp:LinkButton>
```

2. 属性和事件

LinkButton 对象的成员与 Button 对象非常相似，请参考 Button 内容，在此不作赘述。

6.3.3　图片按钮 ImageButton

ImageButton 控件也是 Button 控件的一个变体，它几乎与 Button 控件完全相同，但它可以使用定制图像作为窗体的按钮，而不是使用大多数窗体上的常见按钮。也就是说，可以把自己的按钮创建为图像，终端用户可以单击该图像，来提交窗体数据。

1. 创建图片按钮对象

在页面设计视图中，从工具箱的"标准"选项卡中，将 [🖼 ImageButton] 拖放到页面中（或者直接双击），便可在页面上添加一个 ImageButton 对象。如果该按钮外观显示的图片为子文件夹 image 里的 button_46.bmp，则在源视图中其构造代码一般如下所示：

```
<asp:ImageButton ID="ImageButton1" runat="server"
    ImageUrl="~/image/Button_46.bmp" onclick="ImageButton1_Click" />
```

2. 属性和事件

在功能上，ImageButton 对象的成员与 Button 对象非常相似，请参考 6.3.1 节内容，在样式上，ImageButton 对象成员与 Image 对象非常相似，请参考 6.6 节，在此不作赘述。

ImageButton 与 Button、LinkButton 控件最大的区别是，ImageButton 的 OnClick 事件有不同的构造，如下所示：

```
protected void ImageButton1_Click(object sender, ImageClickEventArgs e)
{
    //代码
}
```

该构造代码使用 ImageClickEventArgs 对象，而不是 Button 和 LinkButton 控件通常使用的 System.EventArgs 对象。可以使用这个对象的 e.X 和 e.Y 坐标确定终端用户单击了图像的什么位置。

6.4　超链接 HyperLink

HyperLink 控件在 Web 页上创建链接，跳转到其他页面，相当于 HTML 中的<a href>元素。使用 HyperLink 控件的主要优点是可以通过代码动态设置链接目标。HyperLink 控件可用于文本与图像。Text 属性设置超链接的文本，ImageUrl 属性设置图像信息。

1. 创建 HyperLink 对象

在页面设计视图中,从工具箱的"标准"选项卡中,将 **A HyperLink** 拖放到页面中(或者直接双击),便可在页面上添加一个 HyperLink 对象。在源视图中其构造代码一般如下所示:

＜asp:HyperLink ID＝"HyperLink1" runat＝"server" NavigateUrl＝"http://www.新浪.com"＞Go 新浪＜/asp:HyperLink＞

2. 属性和事件

HyperLink 控件的常用属性和事件如表 6.3 所示。

表 6.3 HyperLink 控件部分常用属性

类别	名称	功能
属性	ImageUrl	图像的路径及文件名
	NavigateUrl	HyperLink 控件链接的 URL
	Target	单击 HyperLink 时显示新页面出现的位置
	Text	HyperLink 控件的文本标题

3. 示例"ph0604"

下面是实现如图 6.9 所示效果的一个网页程序。

图 6.9 使用 HyperLink 效果图

(1) 新建一个 ASP.NET 网站,在其上添加一个 HyperLink 控件。

(2) 更改属性 Text＝"GO 新浪＞＞",NavigateUrl＝"http://www.sina.com"。

(3) 按"Ctrl＋F5"组合键查验运行结果。

本例是链接外网新浪,如果要链接网页在同一个目录下,直接输入文件名即可,如"Default.aspx",最好不要输入完整的网址,以避免网站移到另一个地方时要更改所有超链接网址。若超链接网页在另一个 mem 目录下,用"～"代表网站的根目录,可写为"～/mem/ss.aspx"。

6.5 文本框 TextBox

Web 页面的一个主要功能是提供窗体,让终端用户使用它们提交信息。TextBox 服务器控件就是用于这种场合的最常用的控件之一。顾名思义,该控件在窗体上提供一个文本框,让终端用户输入文本。根据 TextMode 属性的不同设置,将会生成普通文本输入框(SingeLine)、密码输入框(Password)和多行输入框(MultiLine)。

1．创建文本框

在页面设计视图中，从工具箱的"标准"选项卡中，将 abl **TextBox** 拖放到页面中（或者直接双击），便可在页面上添加一个 TextBox 对象。在源视图中其构造代码一般如下所示：

　　＜asp：TextBox ID＝"TextBox1" runat＝"server"＞＜/asp：TextBox＞

2．属性和事件

TextBox 控件的常用属性和事件如表 6.4 所示。

表 6.4　TextBox 控件部分常用属性

类别	名称	功能
属性	AutoPostBack	提示在输入信息时，数据是否实时自动回发到服务器
	AutoCompleteType	记忆客户端输入的内容类型
	MaxLength	文本框中最多允许的字符数
	ReadOnly	批示能否更改 TextBox 控件的内容
	Rows	多行文本框中显示的行数
	Text	TextBox 控件的文本内容
	TextMode	TextBox 控件的行为模式（单行、多行或密码）
	Wrap	批示多行文本框内容是否换行
事件	TextChanged	当文本框内容在向服务器的各次发送过程间更改时发生

（1）AutoPostBack

ASP.NET 页面以事件驱动的方式工作。当 Web 页面上的一个动作触发了事件时，就执行服务器端的代码。一个较常用的事件是终端用户单击了窗体上的一个按钮触发 OnClick 事件，那么如果用户双击 TextBox 控件会构造出 OnTextChanged 事件，该事件在终端用户把光标移出文本框时触发，可以在文本框中输入一些内容后，单击页面上的另一个元素，也可以用"Tab"键退出文本框，其构造如下：

```
protected void TextBox1_TextChanged(object sender, EventArgs e)
{
    //代码
}
```

因失去文本框焦点（Focus），就会触发 OnTextChanged 事件，并运行 TextBox1_TextChanged 事件包含的代码。为此，必须给 TextBox 控件添加 AutoPostBack 属性，并把它设置为 True。这样 Web 页面才会在回送之前查找已改变的文本。为了使 AutoPostBack 属性能工作，用于查看页面的浏览器必须支持 ECMAScript。

（2）AutoCompleteType

我们希望为 Web 应用程序建立的窗体使用起来尽可能简单，使用这些窗体的终端用户能很容易、很快捷地填充信息。如果窗体的构建非常费时间，访问站点的用户就会很快退出。

Web 窗体的一个主要功能是智能、自动地完成窗体。在第一次访问站点时就会看到这个功能。在开始给窗体填充信息时，在文本框的下面会显示一个下拉列表，其中显示了前一个窗体中输入的值。当前处理的纯文本框就变成了一个智能文本框，如图 6.10 所示。

TextBox 控件一个新增元素是 AutoCompleteType 属性，它允许对窗体应用自动完成功能。但用户必须帮助窗体上的文本框识别出它们需要的信息类型，其取值如表6.5所示。

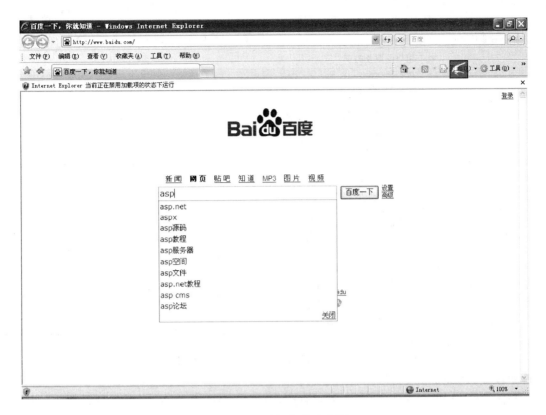

图 6.10 "百度"智能文本框

表 6.5 AutoCompleteType 的枚举值

枚举值	功能
None	无任何类别与 TextBox 控件相关联。具有相同 ID 的所有 TextBox 控件都共享同一值列表
Cellular	移动电话号码类别
Company	企业名称类别
Department	企业内的部门类别
DisplayName	为该用户显示的名称类别
Email	用户的电子邮件地址类别
FirstName	用户名类别
Gender	用户性别类别
HomeCity	家庭地址所在城市类别
HomeCountryRegion	家庭地址所在国家/地区类别
HomeFax	家庭地址的传真号码类别
HomePhone	家庭地址的电话号码类别
HomeState	家庭地址所在州类别
HomeStreetAddress	家庭地址所在街道类别
HomeZipCode	家庭地址的邮政编码类别
Homepage	网站的 URL 类别

续 表

枚举值	功能
Jobtitle	用户的职务类别
LastName	用户的姓氏类别
MiddleName	用户的中名类别
Notes	要包含在窗体类别中的任何补充信息
Office	业务办公室所在位置类别
Pager	寻呼机号码类别
BusinessCity	办公地址所在城市类别
BusinessCountryRegion	办公地址所在国家/地区类别
BusinessFax	办公地址的传真号码类别
BusinessPhone	办公地址的电话号码类别
BusinessState	办公地址所在州类别
BusinessStreetAddress	办公地址所在街道类别
BusinessUrl	业务网站的 URL 类别
BusinessZipCode	办公地址的邮政编码类别
Search	用于搜索网页或网站的关键字类别

从表 6.5 可以看出，如果文本框请求终端用户输入家庭地址的街道部分，就要在 TextBox 控件中设置 AutoCompleteType 属性如下：

```
<asp:TextBox ID = "TextBox1" runat = "server" AutoCompleteType = "HomeStreetAddress"
    ontextchanged = "TextBox1_TextChanged"></asp:TextBox>
```

（3）TextMode

TextMode 设置文本框的应用类型，其取值和对应的模式如下。

• MultiLine：多行输入模式。

• Password：密码输入模式。

• SingleLine：单行输入模式。

（4）Focus()方法

TextBox 服务器控件派生于 WebControl 基类，所以可以使用该基类的一个方法 Focus()。Focus()方法可以把终端用户的光标动态地放置在某个指定的窗体元素上（不仅仅是 TextBox 控件）。所以它是 TextBox 控件最常用的一个方法。TextBox1.Focus()表示光标已经处于文本框内，准备接受用户的输入。此时不需要移动鼠标以把光标放在正确的位置上，就可以开始在窗体上输入信息了，这是用键盘控件窗体的理想方式。

3. 示例"ph0605"

实现图 6.11 所示功能，当输入用户名为"张三"，密码为"123"时，单击"提交"按钮将会出现"合法用户！"提示，否则出现"非法用户！！！"提示，并且用户名文本框置焦点，等待用户重新输入。

（1）新建一个 ASP.NET 网站，页面分别放置两个 Label 控件，其 Text 属性分别置为"用户名"与"密码"；放置两个 TextBox 控件，其 TextBox1 的 Name 属性为"txtName"，TextBox2 的 Name 属性为"txt-

图 6.11　TextBox 控件的应用

Pass"，TextMode 属性为"Password"；放置一个按钮，其 Text 属性为"提交"。

（2）双击"提交"按钮，进入代码页，输入如下代码：

```
protected void Button1_Click(object sender, EventArgs e)
{
    if (txtName.Text == "张三" && txtPass.Text == "123")
    {
        Page.Response.Write("合法用户!");
    }
    else
    {
        Page.Response.Write("非法用户!!!");
        txtName.Focus();
    }
}
```

（3）使用"Ctrl＋F5"组合键验证程序。

6.6　图像 Image

Image 服务器控件可以在服务器端代码中操作显示在 Web 页面上的图像。这虽是一个简单的服务器控件，但可以确定图像如何显示在浏览器屏幕上。

1. 创建图像对象

在页面设计视图中，从工具箱的"标准"选项卡中，将 🖼 Image 拖放到页面中（或者直接双击），便可在页面上添加一个 Image 对象。在源视图中其构造代码一般如下所示：

```
<asp:Image ID = "Image1" runat = "server" ImageUrl = "~/cicle.gif" />
```

2. 属性和事件

Image 控件的常用属性如表 6.6 所示。

表 6.6　Image 控件的常用属性

类别	名称	功能
属性	AlternateText	当图像不可用时，Image 控件中显示的替换文本
	ImageAlign	Image 控件相对于 Web 页上其他元素的对齐方式
	ImageUrl	图像的位置
	ToolTip	当鼠标指针悬停在图像上时显示的文字
	DescriptionUrl	图像详细说明的 URL

其中，ImageAlign 属性是 System.Web.UI.Controls.ImageAlign 枚举值之一，如表 6.7 所示。

表 6.7　ImageAlign 的枚举值

枚举成员	功能
Left	图像沿网页的左边缘对齐,文字在图像右边换行
Right	图像沿网页的右边缘对齐,文字在图像左边换行
Baseline	图像的下边缘与第一行文字的下边缘对齐
Top	图像的上边缘与同一行上最高元素的上边缘对齐
Middle	图像的中间与第一行文本的下边缘对齐
Bottom	图像的下边缘与第一行文本的下边缘对齐
AbsBottom	图像的下边缘与同一行中最大元素的下边缘对齐
AbsMiddle	图像的中间与同一行最大元素的中间对齐
TextTop	图像的上边缘与同一行上最高文本的上边缘对齐

3. 示例"ph0606"

实现图 6.12 所示功能,单击"换图"按钮,显示另一张图像。

图 6.12　Image 控件的应用

（1）新建一个 ASP.NET 网站,页面放置一个 Image 控件和一个 Button 控件。设置 Image控件的 ImageUrl 属性值为"～/cicle.gif";Button1 控件的 Text 属性值为"换图"。

（2）双击 Button1 控件,进入代码页,输入如下代码:

```
protected void Button1_Click(object sender, EventArgs e)
{
    if (Image1.ImageUrl == "~/cicle.gif")
        Image1.ImageUrl = "~/horn.gif";
    else
        Image1.ImageUrl = "~/cicle.gif";
}
```

（3）使用"Ctrl＋F5"组合键验证程序。

6.7　图像热区 ImageMap

ImageMap 服务器控件可以把图像转变为民航菜单。过去许多开发人员会把图像分解为多个部分,再通过表格或 div 标签把它们放在一起,将这些部分重新组合为一个图像。在终端用户单击图像的某个部分时,应用程序就会选择该部分图像,并根据该选择进行相应的操作。

使用新的 ImageMap 控件,就可以使用一个图像,通过坐标指定图像上的特定热区(HotSpot),通过单击这些热区,用户可以向服务器提交信息,或者链接到某个 URL 网址。在外观上,ImageMap 控件与 Image 控件相同,但功能上与 Button 控件相同。

1. 创建图像热区对象

在页面设计视图中,从工具箱的"标准"选项卡中,将 🔲 **ImageMap** 拖放到页面中(或者直接双击),便可在页面上添加一个 ImageMap 对象。在源视图中其构造代码一般如下所示:

```
<asp:ImageMap ID="ImageMap1" runat="server" ImageUrl="~/china.jpg">
    </asp:ImageMap>
```

2. 属性和事件

ImageMap 控件常用属性和事件如表 6.8 所示。

表 6.8　ImageMap 控件常用属性和事件

类别	名称	功能
属性	AlternateText	图像不可用时,ImageMap 控件中显示的替换文本
	GenerateEmptyAlternateText	控件是否生成空字符串值的替换文字属性
	HotSpotMode	单击 HotSpot 对象时 ImageMap 控件的 HotSpot 对象的默认行为
	HotSpots	指定 HotSpot 对象的集合,这些对象表示 ImageMap 控件中定义的作用区域
	ImageUrl	显示图像的 URL
事件	Click	对象热点区域的单击操作

HotSpotMode 属性值是 System.Web.UI.WebControls.HotSpotMode 枚举值之一,如表 6.9 所示。

表 6.9　HotSpotMode 枚举值

枚举成员	功能
Inactive	不具有任何行为
Navigate	定位到的 URL
PostBack	生成到服务器的回发
NotSet	HotSpot 对象使用由 ImageMap 控件的 HotSpotMode 属性设置的行为。如果 ImageMap 控件未定义行为,HotSpot 对象将导航到 URL

热区的形状由从 HotSpot 类派生出的 CircleHotSpot(圆形热区)、PolygonHotSpot(多边形热区)、RectangleHotSpot(方形热区)3 个子类进行控制。

CircleHotSpot 类定义 ImageMap 控件中圆形热区,常用属性如表 6.10 所示。

表 6.10　CircleHotSpot 类常用属性

属性名称	功能
X	获取或设置圆形区域中心的 x 坐标位置
Y	获取或设置圆形区域中心的 y 坐标位置
Radius	获取或设置圆形区域的半径大小

PolygonHotSpot 类定义 ImageMap 控件中多边形区域,常用属性如表 6.11 所示。

表 6.11 PolygonHotSpot 常用属性

属性名称	功能
Coordinates	获取或设置多边形区域的坐标字符串,如"20,23,67,222,567,432,24,100"

RectangleHotSpot 类定义 ImageMap 控件中的矩形区域,常用属性如表 6.12 所示。

表 6.12 RectangleHotSpot 常用属性

属性名称	功能
Top	获取或设置矩形区域的左上角的 x 坐标
Left	获取或设置矩形区域的左上角的 y 坐标
Bottom	获取或设置矩形区域的右下角的 x 坐标
Right	获取或设置矩形区域的右下角的 y 坐标

3. 示例"ph0607"

本示例实现了如图 6.13 所示的功能,当用户单击图像中的苹果时,网页显示"你单击了苹果",单击葡萄,显示"单击葡萄"等信息。

图 6.13 ImageMap 控件的应用

（1）新建一个网站,添加一张 ImageMap 图像,设置 ImageUrl="~/fruit.jpg",将以下代码输入 default.aspx 网页中。

```
＜asp:ImageMap ID="ImageMap1" runat="server" HotSpotMode="Navigate"
    ImageUrl="~/fruit.jpg" onclick="ImageMap1_Click"＞
    ＜asp:PolygonHotSpot Coordinates="147,162,209,144,243,180,238,206,213,218,163,224,
137,203" HotSpotMode="PostBack" PostBackValue="A" /＞
        ＜asp:CircleHotSpot HotSpotMode="PostBack" PostBackValue="B" Radius="50" X="113" Y="269" /＞
        ＜asp:RectangleHotSpot Bottom="288" HotSpotMode="PostBack" Left="310"
```

```
                PostBackValue = ″C″ Right = ″499″ Top = ″207″ />
    </asp:ImageMap>
```

当然这段代码也可以通过属性窗口完成。只是要注意,在运用 HotSpot 属性时,要注意添加热区对象的选择,如图 6.14 所示。

图 6.14　添加热区对象

(2)双击图片,在其 Button_Click 事件中添加如下代码。

```
protected void ImageMap1_Click(object sender, ImageMapEventArgs e)
{
    if (e.PostBackValue == ″A″)
        Page.Response.Write(″你单击了甜瓜″);
    else if (e.PostBackValue == ″B″)
        Page.Response.Write(″你单击了葡萄″);
    else if (e.PostBackValue == ″C″)
        Page.Response.Write(″你单击了苹果″);
    else
        Page.Response.Write(″什么也没有选中!!″);
}
```

(3)使用“Ctrl+F5”组合键验证程序。

6.8　复选框 CheckBox 与 CheckBoxList

Web 窗体上的复选框允许用户选择条目集合中的条目,或者把一个条目的值指定为 yes/no、on/off 或 true/false。使用 CheckBox 控件或 CheckBoxList 控件可以在 Web 窗体上包含复选框。

CheckBox 控件允许把一个复选框放在窗体上;CheckBoxList 控件可以把一组复选框放在窗体上。在 ASP.NET 页面上可以使用多个 CheckBox 控件,但要把每个复选框看做其相关事件的单一元素。而 CheckBoxList 控件允许把多个复选框作为一组,为整个组创建特定的事件。

6.8.1　复选框 CheckBox

1. 创建复选框对象

在页面设计视图中,从工具箱的“标准”选项卡中,将 ☑ CheckBox 拖放到页面中(或者直接双击），便可在页面上添加一个 CheckBox 对象。在源视图中其构造代码一般如下所示：

```
<asp:CheckBox ID = "CheckBox1" runat = "server" />
```

2. 属性和事件

CheckBox 控件常用属性和事件如表 6.13 所示。

表 6.13 CheckBox 控件常用属性和事件

类别	名称	功能
属性	AutoPostBack	指示在单击时 CheckBox 状态是否自动回发到服务器
	Checked	指示是否已选中 CheckBox 控件
	TextAlign	重新排列文本，使它显示在复选框的其他位置（Left 和 Right）
事件	CheckedChanged	当 Checked 属性值更改时触发

3. 示例"ph0608"

本示例实现功能如图 6.15 所示，用户可以在多个爱好中进行选择，每次选择时，页面都将随时显示用户选择的内容。

（1）新建一个网站，添加 6 个 CheckBox 控件，分别设置其 Text 属性值为旅游、读书、体育、游戏、交友和购物，将所有的 CheckBox 控件的 AutoPostBack 属性值置为 true，这样用户在选择后，服务器将立即做出响应动作。

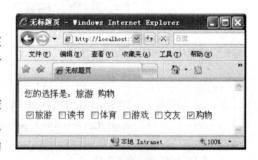

图 6.15 CheckBox 示例效果

（2）在 Default.aspx.cs 中实现一个显示用户选择内容的方法 show()，代码如下。

```
private void show()
{
    string r = "您的选择是:";
    if (CheckBox1.Checked == true) r = r + "旅游 ";
    if (CheckBox2.Checked == true) r = r + "读书 ";
    if (CheckBox3.Checked == true) r = r + "体育 ";
    if (CheckBox4.Checked == true) r = r + "游戏 ";
    if (CheckBox5.Checked == true) r = r + "交友 ";
    if (CheckBox6.Checked == true) r = r + "购物 ";
    Page.Response.Write(r);
}
```

（3）双击每一个复选框，在自动生成的 CheckChanged 事件中，调用 show()方法，以 CheckBox1 为例，代码如下。

```
protected void CheckBox1_CheckedChanged(object sender, EventArgs e)
{
    show();
}
```

其余复选框与此相同，不再给出。

（4）使用"Ctrl＋F5"组合键验证程序。

6.8.2 复选框列表 CheckBoxList

在很多应用中,常常需要把一组 CheckBox 放在一起使用,使用户在一组选项中进行选择,这样我们可以考虑使用 CheckBoxList 控件。另外,还可以把数据库中的数据直接绑定到 CheckBoxList 控件上。

1．创建复选框列表对象

在页面设计视图中,从工具箱的"标准"选项卡中,将 ▦ CheckBoxList 拖放到页面中(或者直接双击),便可在页面上添加一个 CheckBoxList 对象。在源视图中其构造代码一般如下所示:

＜asp:CheckBoxList ID＝"CheckBoxList1" runat＝"server"＞ ＜/asp:CheckBoxList＞

2．属性和事件

CheckBoxList 控件常用属性和事件如表 6.14 所示。

表 6.14 CheckBoxList 控件常用属性和事件

类别	名称	功能
属性	AutoPostBack	在操作时,DropDownList 是否自动将信息回发到服务器
	Items	获取列表控件项的集合
	SelectedIndex	获取或设置 DropDownList 控件中的选择项的索引
	SelectItem	获取列表控件中的选择项
	SelectValue	获取列表控件中的选择项的值,或选择列表控件中包含指定值的项
	RepeatColumns	获取或设置要在 CheckBoxList 控件中显示的列数
	RepeatDirection	指示控件是垂直显示还是水平显示
事件	SelectedIndexChanged	当列表控件的选择项发生变化时触发

3．示例"ph0609"

本示例实现的功能如图 6.16 所示,用户可以在多个爱好中进行选择,每次选择完毕,页面都将随时显示用户所选择的内容,如果选择"所有"项将选择全部爱好。

(1) 新建一个网站,添加一个 CheckBoxList 控件,通过 Items 属性分别添加项目"所有"、"旅游"、"读书"、"体育"、"游戏"、"交友"和"购物",并置 AutoPostBack 属性为"ture",Repeat-Columns 属性为 2。

(2) 双击 CheckBoxList 控件,在 default.aspx.cs 文件的 SelectedIndexChanged 事件中输入如下代码。

```
protected void CheckBoxList1_SelectedIndexChanged(object sender, EventArgs e)
{
    Page.Response.Write("你选择的是:");
    foreach (ListItem item in CheckBoxList1.Items)
    {
        if (item.Selected)
        {
            //如果用户选择了"所有"
            if (item.Value=="所有")
            {
                //除去"所有"项
                for (int i=1; i < CheckBoxList1.Items.Count; i++)
```

```
                {
                    CheckBoxList1.Items[i].Selected = true;
                    Page.Response.Write(CheckBoxList1.Items[i].Text + " ");
                }
                break;
            }
            //如果用户没有选择"所有"，则逐项输出
            else
            {
                Response.Write(item.Text + " ");
            }
        }
    }
}
```

（3）使用"Ctrl＋F5"组合键验证程序。

图6.16　CheckBoxList示例效果

6.9　单选按钮 RadioButton 与 RadioButtonList

RadioButton 服务器控件非常类似于 CheckBox 服务器控件，它在 Web 页面上放置一个单选按钮。但与复选框不同，窗体上的一个单选按钮没有什么意义。单选按钮一般至少需要两个选项，用户只能选择其一。

6.9.1　单选按钮 RadioButton

1. 创建单选按钮对象

在页面设计视图中，从工具箱的"标准"选项卡中，将 ⊙ RadioButton 拖放到页面中（或者直接双击），便可在页面上添加一个 RadioButton 对象。在源视图中其构造代码一般如下所示：

`<asp:RadioButton ID = "RadioButton1" runat = "server" />`

2. 属性和事件

RadioButton 控件的常用属性和事件与 CheckBox 基本类似，不再给出。

这里较重要的属性是 GroupName，具有同一个 GroupName 的多个单选按钮只能选择一个，如果某个单选按钮的 Checked 属性被设置为 true，则组中所有其他单选按钮自动变为 false。

3. 示例"ph0610"

本示例实现的功能如图 6.17 所示，用户根据题目作出选择后，页面即时显示选择结果。

（1）新建一个网站，并添加一个 Label 控件，其 Text 属性值为"2008 北京奥运会中国代团共夺得金牌多少枚？"，添加 4 个 RadioButton 控件，其 Text 属性值分别为"50"、"51"、"60"、"61"，所有的 AutoPostBack 属性值为 true，GroupName 属性值为"Ans"。

（2）双击 RadioButton1 控件，进入 Default.aspx.cs 代码编辑，在其 CheckedChanged 事件方法中，输入 answer()，如下所示：

```
protected void RadioButton1_CheckedChanged(object sender, EventArgs e)
{
```

```
        answer();
    }
```

（3）在 Default.aspx.cs 编辑区，创建方法
answer()，代码如下。

```
private void answer()
{
    if (RadioButton2.Checked == true)
        Page.Response.Write("恭喜你,答对了!!!");
    else
        Page.Response.Write("对不起,答错了!!!");
}
```

图 6.17 RadioButton 示例效果

（4）使用"Ctrl＋F5"组合键验证程序。

6.9.2 单选按钮列表 RadioButtonList

RadioButtonList 服务器控件允许在 Web 页面上显示一组单选按钮集合。RadioButton-
List 控件非常类似于 CheckBoxList 和其他列表控件，它允许遍历用户所选择的条目，以进行
计数或执行其他操作。

1. 创建单选框列表对象

在页面设计视图中，从工具箱的"标准"选项卡中，将 ▒▒ RadioButtonList 拖放到页面中（或者
直接双击），便可在页面上添加一个 RadioButtonList 对象。在源视图中其构造代码一般如下所示：

```
＜asp:RadioButtonList ID = "RadioButtonList1" runat = "server"＞
＜/asp:RadioButtonList＞
```

2. 属性和事件

RadioButtonList 控件的常用属性和事件与 RadioButton 基本类似，不再给出。

3. 示例"ph0611"

将例 ph0610 用 RadioButtonList 控件实现。

（1）新建一个网站，添加一个 Label 控件，其 Text 属性值为"2008 北京奥运会中国代表团共夺
得金牌多少枚?"；添加一个 RadioButtonList 控件，运用 Items 属性分别添加值"50"、"51"、"60"、"61"，
并设置 RadioButtonList 的 AutoPostBack 属性值为 true，RepeatColumns 属性值为"4"。

（2）双击 RadioButtonList 控件，在其 SelectedIndexChanged 事件中输入如下代码。

```
protected void RadioButtonList1_SelectedIndexChanged(object sender, EventArgs e)
{
    if (RadioButtonList1.SelectedValue == "51")
        Page.Response.Write("恭喜你,答对了!!!");
    else
        Page.Response.Write("对不起,答错了!!!");
}
```

（3）使用"Ctrl＋F5"组合键验证程序。

6.10　项列表 BulletedList

一个常用的 HTML Web 页面元素是带项目符号的列表中的一组项。BulletedList 服务器控件是以有序（使用 HTML<ol>元素）或无序（使用 HTML<ul>元素）方式显示带项目符号的列表。另外,该控件可以确定用于显示列表的样式。

1. 创建项列表对象

在页面设计视图中,从工具箱的"标准"选项卡中,将 ┇ BulletedList 拖放到页面中（或者直接双击）,便可在页面上添加一个 BulleteList 对象。在源视图中其构造代码一般如下所示:

<asp:BulletedList ID = "BulletedList1" runat = "server">
　　　　</asp:BulletedList>

2. 属性和事件

BulletedList 控件常用属性和事件如表 6.15 所示。

表 6.15　BulletedList 控件常用属性和事件

类别	名称	功能
属性	BulletedStyle	项目符号编号样式值
	DisplayMode	显示模式
	Items	对应着 ListItem 对象集合
事件	Click	在 BulletedList 控件的 DisplayMode 处 LinkButton 模式下,并且 BulletedList 控件中的某项被单击时触发

（1）BulletedStyle

BulletedStyle 对应着 System. Web. UI. WebControls. BulletStyle 枚举类型值,其共有 10 种选择项,如表 6.16 所示。

表 6.16　BulleteStyle 枚举值列表

枚举值	功能
Circle	表示项目符号编号样式设置为"○"空圆
CustomImage	编号样式设置为自定义图片,图片由 BulletImageUrl 属性指定
Disc	编号样式设置为"●"实心圆
LowerAlpha	编号样式设置为小写字母格式,如 a、b、c 等
LowerRoman	编号样式设置为小写罗马数字格式,如 i、ii、iii、iv 等
NotSet	表示不设置项目符号编号样式
Numbered	编号样式为数字格式,如 1、2、3、4 等
Square	编号样式为"■"实体黑方块
UpperAlpha	编号样式设置为大写字母格式,如 A、B、C 等
UpperRoman	编号样式设置为大写罗马数字格式,如 Ⅰ、Ⅱ、Ⅲ、Ⅳ 等

（2）DisplayMode

DisplayMode 对应着 System. Web. UI. WebControls. BulletedList. DisplayMode 枚举类型值,具体包含如下。

Text:以纯文本形式来表现项目列表。

HyperLink:以超链接形式来表现项目列表。链接文字为某个具体项 ListItem 的 Text 属性,链接目标为 ListItem 的 Value 属性。

LinkButton:以服务器控件 LinkButton 形式来表现项目列表。此时每个 ListItem 项都将表现为 LinkButton,同时以 Click 事件回发到服务器端进行相应操作。

(3) Items

Items 对应着 System. Web. UI. WebControls. ListItem 对象集合。项目符号编号列表中的每一个项均对应一个 ListItme 对象。ListItem 对象主要属性包括如下。

Enabled:该项是否处于激活状态,默认 True。

Selected:该项是否处于选定状态,默认 True。

Text:该项的显示文本。

Value:与该项关联的值。一般来说,Text 属性可能为较长的文字(如"山东省"),而Value 则可设置较短的编码(如"sd"),便于在程序中引用该项。

3. 示例"ph0612"

本示例中 BulletedList 控件 BulletStyle 属性使用了 Disc 取值,DisplayMode 采用了 LinkButton 模式,显示信息是固定信息,代码如下,运行效果图 6.18 所示。

图 6.18 BulletedList 示例效果

```
<asp:BulletedList ID = "BulletedList1" runat = "server" BulletStyle = "Disc"
        DisplayMode = "HyperLink">
        <asp:ListItem>第一章 青衫磊落险峰行</asp:ListItem>
        <asp:ListItem>第二章 玉壁月华明</asp:ListItem>
        <asp:ListItem>第三章 马疾香幽</asp:ListItem>
        <asp:ListItem>第四章 崖高人远</asp:ListItem>
        <asp:ListItem>第五章 微步毂纹生</asp:ListItem>
</asp:BulletedList>
```

6.11 下拉框 DropDownList

DropDownList 服务器控件可以把 HTML 选择框放在 Web 页面上,并对它编程操作。如果集合中有许多项,希望终端用户从中选择一项时,使用 DropDownList 控件是很理想的。该控件通常用于中大型集合。如果集合比较小,应考虑使用 RadioButtonList 服务器控件。

1. 创建下拉框对象

在页面设计视图中,从工具箱的"标准"选项卡中,将 ▤ DropDownList 拖放到页面中(或者直接双击),便可在页面上添加一个 DropDownList 对象。在源视图中其构造代码一般如下所示:

```
R<asp:DropDownList ID = "DropDownList1" runat = "server">
</asp:DropDownList>
```

2. 属性和事件

DropDownList 控件常用属性和事件如表 6.17 所示。

表 6.17　DropDownList 控件常用属性和事件

类别	名称	功能
属性	AutoPostBack	在操作时，DropDownList 是否自动将信息回发到服务器
	AppendDataBoundItems	指定是否在绑定数据之前清除列表项
	DataMember	当数据源包含多个不同的数据项列表时，获取或设置数据绑定控件绑定到的数据列表的名称
	DataSource	绑定数据时要检索的数据源对象
	DataSourceID	绑定数据时要检索的数据源对象 ID
	DataTextField	各列表项提供文本内容的数据源字段
	DataValueField	各列表项提供值的数据源字段
	DataTextFormatString	控制显示绑定到列表控件的数据的格式化字符串
	Items	获取列表控件项的集合
	SelectedIndex	获取或设置 DropDownList 控件中的选择项的索引
	SelectItem	获取列表控件中的选择项
	SelectValue	获取列表控件中选择项的值，或选择列表控件中包含指定值的项
	Text	获取或设置控件的 SelectedValue 属性
	ValidationGroup	设置要进行验证的控件组
事件	SelectIndexChanged	当列表控件的选择项发生变化时触发

3. 示例"ph0613"

本示例实现的功能如图 6.19 所示，用户通过选择下拉框的信息，单击"提交"按钮将在页面上显示所选内容。这个例题同时体现了一个二级联动效果，即当"省"下拉框变化时，"市"下拉框内容同时跟着调整。

（1）新建一个网站，添加两个 Label 控件，Label1 的 Text 属性值为"省"，Label2 的 Text 属性值为"市"；添加两个 DropDownList 控件，其中 DropDownList1 控件的 Items 属性设置如图 6.20 所示，AutoPostBack 属性为 true；添加一个 Button 控件，其 Text 属性为"提交"。

图 6.19　DropDownList 示例效果　　　　图 6.20　Items 取值

（2）双击 DropDownList1 控件，在其 SelectedIndexChanged 事件中输入如下代码。

```
protected void DropDownList1_SelectedIndexChanged(object sender, EventArgs e)
```

```
    {
        DropDownList2.Items.Clear();
        DropDownList2.Items.Add(new ListItem("请选择城市",""));
        switch (DropDownList1.SelectedValue)
        {
            case "山东":
                DropDownList2.Items.Add(new ListItem("济南"));
                DropDownList2.Items.Add(new ListItem("青岛"));
                DropDownList2.Items.Add(new ListItem("潍坊"));
                break;
            case "河北":
                DropDownList2.Items.Add(new ListItem("石家庄"));
                DropDownList2.Items.Add(new ListItem("保定"));
                break;
            case "辽宁":
                DropDownList2.Items.Add(new ListItem("沈阳"));
                DropDownList2.Items.Add(new ListItem("大连"));
                DropDownList2.Items.Add(new ListItem("铁岭"));
                break;
            case "吉林":
                DropDownList2.Items.Add(new ListItem("长春"));
                DropDownList2.Items.Add(new ListItem("吉林"));
                DropDownList2.Items.Add(new ListItem("梅河口"));
                break;
            default:
                DropDownList2.Items.Clear();
                break;
        }
    }
```

（3）双击 Button1 控件，在其 Click 事件中输入如下代码。

```
protected void Button1_Click(object sender, EventArgs e)
{
    Response.Write("你的家乡是:" + DropDownList1.SelectedValue + "省 " + DropDownList2.Selected-
Value + "市");
}
```

（4）使用"Ctrl＋F5"组合键验证程序。

6.12　列表框 ListBox

ListBox 服务器控件的功能类似于 DropDownList 控件，它也显示一个数据项集合。但 ListBox 控件的操作不同于 DropDownList 控件，它可以为终端用户显示集合中的更多内容，并允许终端用户在集合中选择多项，而 DropDownList 控件不可能做到这一点。

1. 创建列表框对象

在页面设计视图中，从工具箱的"标准"选项卡中，将 ▤ ListBox 拖放到页面中（或者直接双击），便可在页面上添加一个 ListBox 对象。在源视图中其构造代码一般如下所示：

```
<asp:ListBox ID="ListBox1" runat="server"></asp:ListBox>
```

2. 属性和事件

ListBox 控件的常用属性和事件与 DropDownList 基本类似，不再给出。需要特别说明的是 Rows 属性，它获取或设置 ListBox 控件中所显示的行数。

SelectMode 属性用来控制是否支持多行选择，其取值为 ListSelectionMode 枚举值 Multiple 和 Single。用户在进行多选时，可以按"Ctrl"键或"Shift"键。按住"Ctrl"键可以从列表中选择一项，且原来的项仍然被选中。按住"Shift"键可以选择一个范围内的连续多个项。

图 6.21　ListBox 示例效果

3. 示例"ph0614"

本示例实现的功能如图 6.21 所示，用户可以通过 TextBox 控件向 ListBox 控件添加项目，同时可以在 List-Box 控件中进行多选，并且通过"提交"按钮显示在页面上。

（1）新建一个网站，先添加一个 TextBox 控件；再添加一个 Button 控件，其 Text 属性为"添加"，在 Default.aspx 页面的 Button1 控件后面加入 HTML 标签＜br＞，然后在设计页面继续添加一个 ListBox 控件，编辑其 Items 属性，过程如图 6.20 所示，设置其 SelectMode 属性值为"Multiple"，设置其 Rows 属性值为"5"；最后添加一个 Button 控件，其 Text 属性值为"提交"。

（2）双击 Button1（添加）按钮，在其 Click 事件中输入如下代码。

```csharp
protected void Button1_Click(object sender, EventArgs e)
{
    ListBox1.Items.Add(TextBox1.Text.ToString());
}
```

（3）双击 Button2（提交）按钮，在其 Click 事件中输入如下代码。

```csharp
protected void Button2_Click(object sender, EventArgs e)
{
    string s;
    s = "你的选择是：";
    foreach (ListItem li in ListBox1.Items)
    {
        if (li.Selected == true)
        {
            s = s + li.Text + " ";
        }
    }
    Page.Response.Write(s);
}
```

（4）使用"Ctrl＋F5"组合键验证程序。

6.13　数据验证控件

6.13.1　数据有效性验证

在 Web 应用程序中，经常需要用户输入一些内容，而且需要保证用户输入的数据应符合某些规则,如必须输入非空数据、必须满足一定的数据格式与范围要求等。错误的输入会延误用户,甚至可能中断 Web 应用程序。为了验证用户输入是否满足要求,必须对输入的值、范围和格式进行检查。

有效性验证有不同的严格程度。验证就是给所收集的数据应用的一系列规则。规则可多可少,或严格或宽松,这完全取决于开发人员。不存在十全十美的验证过程,因为无论建立什么样的规则,总有一些用户能找出某种绕过这些规则的捷径。难点在于使规则的数量和严格程度保持平衡,且不会牺牲应用程序的可用性。

6.13.2 ASP.NET 的验证方法

1. 客户端验证与服务器端验证

对输入内容的验证可以在服务器端执行,也可以在客户端执行。

终端用户填充了一些信息后,单击了窗体上的"提交"按钮。在 ASP.NET 中这个窗体会打包到一个请求中,并发送给应用程序所在的服务器。在请求/响应循环的这一刻,就可以对所提交的信息进行有效性验证。这就称为服务器端验证,因为该验证是在服务器上进行的。

另外,也可以在给终端用户的浏览器传送的页面上提供一个脚本(通常采用 JavaScript 形式),从而在窗体回送给服务器之前,对输入到该窗体上的数据进行验证,此时称为客户端验证。

这两种验证类型各有其优缺点。

客户端验证能很快响应终端用户,这正是终端用户希望的。如果窗体有错误,使用客户端验证能确保终端用户尽快知道出了错。但是,客户端验证不太安全。在终端用户的浏览器上生成一个页面时,这个终端用户很容易查看页面的代码(只需右击浏览器,选择"源代码"命令)。此时,该用户除了可以查看页面的 HTML 代码之外,还可以看到与该页面相关的所有JavaScript。在客户端验证窗体时,诡计多端的黑客也很容易把窗体(包含该黑客希望的值)作为有效窗体,重新发送给服务器。为此,客户机有时会简单地禁用浏览器上的客户机脚本编写功能,使验证无效。因此,客户端验证对于终端用户来说非常方便,但不能作为一种安全机制。

比较安全的验证形式是服务器端验证。这种验证在服务器上进行,而不是在客户机上进行。服务器端验证比较安全,因为这些验证不容易被绕过。窗体数据值在服务器上使用服务器代码(C♯ 或 VB)来检查。如果窗体无效,页面就回送到客户机上。尽管服务器端验证比较安全,但也较慢。这是因为页面必须传送到一个远程位置进行检查。如果终端用户等了 20 s 仍未收到传送来的窗体,而是被告知其电子邮件地址的格式不正确,就会不高兴。

那么选择哪个验证是正确的呢? 实际上,选择这两个验证都是正确的。比较好的方法是先进行客户端验证,在窗体传送给服务器后,再使用服务器端验证进行检查。这种方法可以综合这两种验证的优点。它很安全,因为黑客不能绕过验证,他们可以绕过客户端验证,但很快会发现其窗体数据在传送给服务器后,一定会被检查。这种验证技术的效率很高,具有客户端验证的快速特性。

2. 客户端验证与服务器端验证的比较

在网页数据验证过程中,客户端验证与服务器端验证都可以实现相同的目的。具体在编写程序时选择哪种方式,则要根据网络传输速度、用户体验等各个方面综合考虑,表 6.18 是客户端验证和服务器端验证的比较。

表 6.18　客户端验证和服务器端验证的比较

对比项目	客户端验证	服务器端验证
不需要提交到服务器端，立即验证，良好的用户体验	是	否
不支持脚本或者禁用脚本功能，受客户端浏览器设备的限制	是	否
防止利用黑客手段进行提交数据或者绕过数据验证	否	是
对源代码中的验证算法进行保护	否	是
需要熟悉 JavaScript 等客户端脚本和 DOM	是	否
验证功能强大	否	是

6.13.3　RequiredFieldValidator 控件

必填验证控件 RequiredFieldValidator 要求用户必须填写页面上的某个输入控件，否则显示错误信息。它是一个简单的验证控件，也是最常用的验证控件。

1. 创建 RequiredFieldValidator 对象

在页面设计视图中，从工具箱的"验证"选项卡中，将 `RequiredFieldValidator` 拖放到页面中（或者直接双击），便可在页面上添加一个 RequiredFieldValidator 对象，如果其要验证的控件是 TextBox1，则其在源视图中其构造代码一般如下所示：

```
<asp:RequiredFieldValidator ID="RequiredFieldValidator1" runat="server"
    ControlToValidate="TextBox1" ErrorMessage="RequiredFieldValidator">
</asp:RequiredFieldValidator>
```

2. 常用属性

验证控件一般不使用其事件和方法，最重要的是其静态属性。RequiredFieldValidator 控件的常用属性如表 6.19 所示。

表 6.19　RequiredFieldValidator 控件的常用属性

属性	功能
ControlToValidate	获取或设置要验证的输入控件的 ID
Display	获取或设置验证控件中错误信息的显示行为，是 ValidatorDisplay 枚举值，默认值为 Static，参见表 6.20
EnableClientScript	获取或设置一个布尔值，该值指示是否在支持 DHTML 的浏览器启用客户端验证
Enabled	获取或设置一个布尔值，该值指示是否启用验证控件
ErrorMessage	结合 ValidationSummary 控件使用，获取或设置验证失败时 ValidationSummary 控件中显示的错误信息的文本。默认值为空串。如果设置了 ErrorMessage 属性但没有设置 Text 属性，则验证控件中也将显示 ErrorMessage 属性的值
InitialValue	获取或设置关联的输入控件的初始值，默认为 Strign.Empty
IsValid	获取或设置一个布尔值，该值指示关联的输入控件是否通过验证，默认值 true
SetFocusOnError	获取或设置一个布尔值，该值指示在验证失败时是否将焦点设置到 ControlToValidate 属性指定的控件上
Text	获取或设置验证失败时验证控件中显示的文本，默认为空串。如果设置了 ErrorMessage 属性但没有设置 Text 属性，则验证控件中也将显示 ErrorMessge 属性的值
ValidationGroup	获取或设置此验证控件所属的验证组的名称，其值如表 6.20 所示

表 6.20 ValidatorDisply 枚举值

属性	功能
Static	作为页面布局的物理组成部分的验证程序内容,显示页面时将在页面上为错误信息分配空间,同一输入控件的多个验证控件程序必须在页面上占据不同的位置。这些位置是验证控件自动生成的,不需要人为控制,但可以人为控制其所在的位置
None	指定只想在 ValidationSummary 控件中显示错误信息。错误信息不会显示在验证控件中
Dynamic	验证失败时动态添加到页面中的验证程序内容。页面上没有为验证内容分配的空间,只是在需要显示内容时才动态添加,这使多个验证程序可以在页面上共享同一个物理位置,对页面的布局影响比较小

3. 示例"ph0615"

实现图 6.22 所示功能,单击"提交"按钮,如果姓名框(TextBox1)值为空,则出现警告提示。

图 6.22 RequiredFieldValidator 验证控件的使用

(1) 新建一个 ASP.NET 网站,页面放置一个 Label 控件,其 Text 属性值为"姓名";放置一个 TextBox 控件;放置一个 Button 控件,其 Text 属性值为"提交";放置一个 Required-FieldValidator 控件,其 Text 属性值为"警告!姓名禁止为空!",ControlToValidate 属性值为"TextBox1",SetFocusOnError 属性值为"true"。

(2) 双击 Button1 控件,进入代码页,输入如下代码:

```
protected void Button1_Click(object sender, EventArgs e)
{
    Page.Response.Write("欢迎你" + TextBox1.Text);
}
```

(3) 使用"Ctrl+F5"组合键验证程序。先在 TextBox1 输入数据,提交一次。再清空 TextBox1 的值,提交一次,查看两次有什么异同。

6.13.4 CompareValidator 控件

比较验证控件 CompareValidator 可以比较两个窗体元素,也可以比较窗体元素包含的值与指定的常量。例如可以指定窗体元素的值必须是一个整数,且大于指定的数字。也可以要求值必须是字符串、日期或其他数据类型。

1. 创建 CompareValidator 对象

在页面设计视图中,从工具箱的"验证"选项卡中,将 CompareValidator 拖放到页面中(或者直接双击),便可在页面上添加一个 CompareValidator 对象,其在源视图中的构造代码一般如下所示:

```
<asp:CompareValidator ID = "CompareValidator1" runat = "server"
ErrorMessage = "CompareValidator"></asp:CompareValidator>
```

2. 常用属性

CompareValidator 验证控件的属性与 RequiredFieldValidator 验证控件的属性很相似，在这里只讨论其不同的属性。CompareValidator 控件的常用属性如表 6.21 所示。

表 6.21　CompareValidator 控件的常用属性

属性	功能
ControlToCompare	获取或设置要与所验证的输入控件进行比较的输入控件的 ID
CultureInvariantValues	获取或设置一个布尔值，该值指示是否在比较之前将值转换为非特定区域性格式
Operator	获取或设置要执行的比较操作。它设置为 ValidationCompareOperator 的枚举值之一。枚举值参见表 6.22
Type	获取或设置在比较之前将所比较的值转换到的数据类型，它设置为 ValidationDatType 枚举值之一。枚举值参见表 6.23。如果验证控件要验证的输入控件的值无法转换为指定的数据类型，则验证失败
ValueToCompare	获取或设置一个常数值，该值要与由用户输入到所验证的输入控件中的值进行比较

表 6.22　ValidationCompareOperator 枚举值

属性	功能
DataTypeCheck	只对数据类型进行的比较
Equal	相等比较
GreaterThan	大于比较
GreaterThanEqual	大于或者等于比较
LessThan	小于比较
LessThanEqual	小于或者等于比较
NotEqual	不等于比较

表 6.23　ValidatinDataType 枚举值

属性	功能
Currency	货币数据类型。与区域设置有关
Date	日期数据类型。不包含时间部分，只能是数字日期
Double	双精度浮点数数据类型
Integer	32 位有符号整数数据类型
String	字符串数据类型

使用 CompareValidator 控件时要牢记以下几点。

（1）在对另一控件的验证完成后，将忽略其他控件中的无效值并通过验证。

（2）如果同时设置 ValueToCompare 和 ControlToCompare，则 ControlToCompare 优先，而 ValueToCompare 将不进行验证就通过验证。

（3）如果在起始控件的 ControlToValidate 属性中输入的目标控件没有值，则 IsValid 属性被视为 true 并且验证通过。

（4）如果 ControToValidate 属性中的目标控件值无法转换为适当的数据类型，则 IsValid 被视为 false。

（5）如果 ControlToCompare 属性中的目标控件值无法转换为适当的数据类型，则 IsValid 被视为 false。

（6）如果将 Operator 属性设置为 DataTypeCheck，则 CompareValidator 控件忽略 ControlToCompare 和 ValueToCompare 属性，并且仅指示输入到输入控件中的值是否可以转换为 Type 属性指定的数据类型。

（7）如果 ValueToCompare 属性指定的值无法转换为 Type 属性指定的数据类型，将会引发异常。在以编程方式将该值分配给 ValueToCompare 属性之前，一定要检查该值的数据类型。

3．示例"ph0616"

实现图 6.23 所示功能，单击"提交"按钮，如果两次密码输入不一致，则出现警告提示。

（1）新建一个 ASP. NET 网站，页面放置两个 Label 控件，Label1 的 Text 属性值为"密码"，Label2 的 Text 属性值为"确认密码"；放置两个 TextBox 控件，ID 分别改为 txtPass1 和 txt-Pass2，TextMode 属性都设置为"Password"；放置一个 Button 控件，其 Text 属性值为"提交"；放置一个 CompareValidator 控件，其 Text 属性值为"警告！两次输入密码不一致！"，Control-ToValidate 属性值为"txtPass11"，ControlTo-Compaare 属性值为"txtPass2"。

图 6.23 CompareValidator 验证控件的使用

（2）双击 Button1 控件，进入代码页，输入如下代码：

```
protected void Button1_Click(object sender, EventArgs e)
{
    Page.Response.Write("密码验证通过,欢迎你进入本系统");
}
```

（3）使用"Ctrl＋F5"组合键验证程序。先在 txtPass1 与 txtPass2 输入一样的数据，提交一次。再输入不一样的值，提交一次，查看两次有什么异同。

4．示例"ph0617"

除了根据其他控件中的值进行验证之外，还可以使用 CompareValidator 控件根据特定的数据类型的常量来验证。例如，假定注册窗体上有一个文本框，要求输入用户的年龄。在大多数情况下，应输入一个数字，而不是输入像 aa、bb 这样的值。效果如图 6.24 所示。

图 6.24 CompareValidator 验证常量

（1）新建一个 ASP. NET 网站，放置一个 Label 控件，其 Text 属性值为"年龄"；放置一个 TextBox 控件；放置一个 Button 控件，其 Text 属性值为"提交"；放置一个 CompareValidator 验证控件，其 Text 属性值为"年龄格式错"，ControlToValidate 属性值为"TextBox1"，Type 属性值为

"Interger"，Operator 属性值为"DataTypeCheck"；放置一个 RequiredFieldValidator 验证控件，其 Text 属性值为"年龄字段必须填写"，ControlToValidate 属性值为"TextBox1"。这个示例实现了两个验证控件同时对一个 Web 服务器控件进行验证的过程。

（2）双击 Button1 按钮，在其 Click 事件中输入如下代码。

```
protected void Button1_Click1(object sender, EventArgs e)
{
    Page.Response.Write("年龄验证通过！");
}
```

（3）使用"Ctrl＋F5"组合键验证程序。

6.13.5　RangeValidator 控件

范围验证控件 RangeValidator 类似于 CompareValidator 控件，但前者可确保终端用户提供的值或选项在指定的范围内，而不是大于或小于指定的常量。例如要求用户输入的年龄必须处于某一个数范围内，输入的日期处于某一个范围内或两个字符之间等。

1. 创建 RangeValidator 对象

在页面设计视图中，从工具箱的"验证"选项卡中，将 RangeValidator 拖放到页面中（或者直接双击），便可在页面上添加一个 RangeValidator 对象，其在源视图中的构造代码一般如下所示：

```
<asp:RangeValidator ID="RangeValidator1" runat="server"
    ErrorMessage="RangeValidator"></asp:RangeValidator>
```

2. 常用属性

RangeValidator 验证控件的属性大部分与 RequiredFieldValidator、CompareValidator 控件相似，不同的属性只有如下几个。RangeValidator 控件的常用属性如表 6.24 所示。

表 6.24　RangeValidator 控件的常用属性

属性	功能
MaximumValue	获取或设置所进行验证范围的最大值，包含此值。如果此属性指定的值未能转换为 Type 属性指定的数据类型，则会引发异常
MinimumValue	获取或设置所进行验证范围的最小值，包含此值。如果此属性指定的值未能转换为 Type 属性指定的数据类型，则会引发异常
SetFocusOnError	验证失败时是否将焦点设置到 ControlToValidate 属性指定的控件上

RangeValidator 控件的使用方法比较简单，但使用时要注意以下几点。

（1）如果不是在以编程的方式设置应用程序区域性的情况下指定 RangeValidator 控件中的 Type 属性为 Date，那么应当为 MaximumValue 和 MinimumValue 属性设置非特定区域性的格式（如 YYYY/MM/DD 或者 YYYY-MM-DD）。否则，可能无法正确解释日期和引发异常。

（2）验证控件的 Type 属性指定的日期格式的转换与 System.Convert.ToDateTime() 和 System.DateTime.Parse() 方法不同，DD/MM/YYYY 和 MM/DD/YYYY 等格式的日期将不符合要求，会引发异常。

（3）在设置验证控件的 Type 属性的数据类型时，还应当注意该数据类型所能表示的最大和最小范围。

（4）时刻要牢记的是，验证控件的 Type 属性的默认数据类型是 String。

3．示例"ph0618"

实现图 6.25 所示功能，单击"提交"按钮，如果年龄输入不在 1～100 范围内则给出提示信息，并重新输入。

（1）新建一个网站，添加一个 Label 控件，其 Text 属性值为"年龄"；放置一个 TextBox 控件；放置一个按钮，其 Text 属性值为"提交"；放置一个 RangeValidator 验证控件，其 Text 属性值为"年龄必须处于 1-100 之间！"，MaximumValue 属性值为 100，MinimumValue 属性值为 1，SetFocusOnError 属性值为 true，Type 属性值为"Integer"。

图 6.25　RangeValidator 控件示例

（2）双击 Button1 控件，在其 Click 事件中输入如下代码。

```
protected void Button1_Click(object sender, EventArgs e)
{
    Page.Response.Write("年龄验证通过");
}
```

（3）使用"Ctrl＋F5"组合键验证程序。

6.13.6　RegularExpressionValidator 控件

开发人员喜欢使用的一个控件是 RegularExpressionValidator。在把验证规则应用于 Web 页面时，这个控件提供了很大的灵活性。使用 RegularExpressionValidator 控件，可以根据正则表达式定义的模式检查用户的输入。

也就是说，可以定义应用于用户输入的结构，检查用户的输入结构是否匹配我们定义的结构。例如，可以定义用户输入的结构必须采用电子邮件地址或 Internet URL 的形式，如果不匹配这个定义，页面就是无效的。

1．创建 RegularExpressionValidator 对象

在页面设计视图中，从工具箱的"验证"选项卡中，将 ▦ **RegularExpressionValidator** 拖放到页面中（或者直接双击），便可在页面上添加一个 RegularExpressionValidator 对象，其在源视图中的构造代码一般如下所示：

```
<asp:RegularExpressionValidator ID="RegularExpressionValidator1" runat="server"
    ErrorMessage="RegularExpressionValidator"></asp:RegularExpressionValidator>
```

2．常用属性

与其他验证服务器控件一样，RegularExpressionValidator 控件也使用 ControlToValidate 属性，把它自己绑定到输入控件上，它也有 Text 属性，如果验证失败，该属性就在屏幕上显示错误消息。该验证控件的独特属性是 ValidationExpression，它带一个字符串值，即应用于输入值的正则表达式。

Visual Studio 2008 引入了正则表达式编辑器（Regular Expression Editor），所以很容易使用正则表达式。这个编辑器提供了几个能应用于 RegularExpressionValidator 的常用正则表达式。要打开这个编辑器，应在"设计"视图中操作页面。在 RegularExpressionValidator

控件的属性窗口，单击 ValidationExpression 属性旁边的按钮，启动正则表达式编辑器，该编辑器如图 6.26 所示。

在这个编辑器中，可以看到用于电子邮件地址、Internet URL、邮政编码、电话号码和社会安全号的正则表达式。除了使用正则表达式编辑器生成这些复杂的正则表达式字符串之外，还可以在 www.regexlib.com 上找到许多其他正则表达式。

由于正则表达式所能解决的问题太多，正则表达式编辑器也未能涵盖所有的表达式，所以读者在实际的工作中，如遇到问题，可参考正则表达式的相关资料。

3. 示例"ph0619"

实现图 6.27 所示功能，单击"提交"按钮，如果邮箱地址格式错误，则页面给出错误提示，并重新输入。

（1）新建一个网站。添加一个 Label 控件，其 Text 属性值为"请输入你的邮箱地址"；放置一个 TextBox 控件；放置一个 Button 控件，其 Text 属性值为"提交"；放置一个 RegularExpressionValidator 控件，其 Text 属性值为"邮箱地址非法，请重新输入"，ControlToValidate 属性值为"TextBox1"，SetFocusOnError 属性值为"true"，ValidationExpression 属性值为"\w+([-+.']\w+)*@\w+([-.]\w+)*\.\w+([-.]\w+)*"，或者通过正则表达式编辑器直接生成邮件地址验证表达式。

（2）双击 Button1 按钮，在其 Click 事件中输入如下代码。

```csharp
protected void Button1_Click(object sender, EventArgs e)
{
        Page.Response.Write("邮箱地址合法！通过验证");
}
```

（3）使用"Ctrl+F5"组合键验证程序。

图 6.26　正则表达式编辑器

图 6.27　RegularExpressionValidator 示例应用

4. 认识正则表达式

RegulareExpressionValidator 利用正则表达式定义格式，虽然开发工具定义好了许多常用的格式，但在一些情况下，仍需要了解如何使用正则表达式定义自定义的格式，如产品编号、规格等。

（1）正则表达式中的关键词

对初学者来说，正则表达式可能比"火星文字"还要难懂，不过没关系，认识其中特殊字符代表的意义后，应该就会慢慢了解它了，如表 6.25 所示。

表 6.25 正则表达式中的关键词

关键词	功能
\w	代表所有文字字符,如 a~z、A~Z、0~9 及_(下画线)
\W	代表所有非文字字符,即除 a~z、A~Z、0~9 及_(下画线)以外的字符
\d	代表所有 0~9 的字符
\D	代表所有非 0~9 的字符
?	出现一次或不出现
+	至少出现一次
*	可不出现,或者出现一次以上
{n}	一定要出现 n 次
{n,m}	一定要出现 n~m 次
[…]	用来指定一个范围,如[a~z]即表示只能输入 a~z 之间的字符,大写的 A~Z 是不接受的
(…)	可用小括号标示一个格式单位或嵌入一个固定字符,如(一)表示输入一个减号
\	脱逸字符。当欲嵌入的字符与正则表达式中的关键词重复时,可在前面加上\加以区别,如要嵌入一个+时可用\+表示
|	表示"或"的情况,如(A|B)限制用户只能输入 A 或 B 这两个字符

（2）身份证号

在认识了正则表达式中的关键词之后,现在以"身份证号"的正则表达式"\d{17}[\d\|X]\|\d{15}"为例。

分析后发现,该表达式分为两部分:\d{17}[\d\|X]和\d{15}。其中第一部分为 18 位身份证号码,\d{17}:\d 表示只能输入 0~9 之间的数字,而{17}表示一定要出现 17 次,即占用 17 位数。[\d\|X]表示第 18 位可以是一个数字或者是一个字母"X"。第二部分表示是 15 位身份证号码,全部由数字组成。

6.13.7 CustomValidator 控件

前面介绍的验证控件是 ASP.NET 提供的标准验证控件,如果前面的验证控件都不能满足网站开发人员的需求的话,还可以使用 CustomValidator 控件来自定义自己的验证逻辑,比如多个复选框至少必须选两个等。

由于 CustomValidator 控件的验证逻辑是网站开发人员自己定义的,因此必须自己实现客户端的验证函数或服务器端事件。客户端验证实现的前提是浏览器必须支持 DHTML 功能。客户端验证的脚本函数名称由 CustomValidator 控件的 ClientValidationFunction 属性指定,这个函数的格式如下:

```
JavaScript:function 函数名(source,arguments)
```

其中,source 参数代表客户端 CustomValidator 对象;arguments 参数是具有 Value 和 IsValid 两个属性的对象。Value 属性是要验证的控件的值,而 IsValid 属性是一个布尔值,用于设置验证的返回结果,即是否通过了验证。

CustomValidator 控件的服务端事件的名称是 ServerValidate,和客户端验证类似,它也有两个参数 source 和 args。

使用 CustomValidator 一定要编写服务器上的验证程序,至于浏览器中的 JavaScript 验证程序，则是选择性的，可提供也可不提供。

若对数据库中的内容进行比较，也只能在 Web 服务器端验证，否则把数据放在浏览器里的 JavaScript，用户只要在浏览器中选择"查看源代码"，机密数据就被一览无余了。

1. 创建 CustomValidator 对象

在页面设计视图中，从工具箱的"验证"选项卡中，将 ▣ CustomValidator 拖放到页面中（或者直接双击），便可在页面上添加一个 CustomValidator 对象，其在源视图中的构造代码一般如下所示：

```
<asp:CustomValidator ID = "CustomValidator1" runat = "server"
    ErrorMessage = "CustomValidator"></asp:CustomValidator>
```

2. 常用属性和事件

CustomValidator 验证控件的属性均同前面几个验证控件的功能相同。

CustomValidator 有一个 ServerValidator 事件，当用户向服务器提交信息时，应该触发这个事件，以实现特定的验证方法。

3. 示例"ph0620"

图 6.28　CustomValidator 服务器端验证示例

下面建立一个服务器端验证程序。通过事件处理程序提供的 args 参数，可取得用户输入的值——args. Value，将它存储在一个 int 变量里，检查除以 5 的余数是否为 0。若表示用户输入的是 5 的倍数，将 args. IsValid 设为 true，即验证成功；否则即验证失败，效果如图 6.28 所示。

（1）新建一个网站。添加一个 Label 控件，其 Text 属性值为"请输入 5 的倍数"；添加一个 TextBox 控件；添加一个 Button 控件，其 Text 属性值为"提交"；添加一个CustomValidator控件，其 Text 属性值为"非 5 的倍数"，ControlToValidate 属性值为"TextBox1"。

（2）双击 CustomValidator1 控件，在其 ServerValidate 事件中输入如下代码。

```
protected void CustomValidator1_ServerValidate(object source, ServerValidateEventArgs args)
{
    int n = int.Parse(args.Value);
    if (n % 5 == 0)
    {
        args.IsValid = true;
    }
    else
    {
        args.IsValid = false;
    }
}
```

（3）使用"Ctrl＋F5"组合键验证程序。

4. 示例"ph0621"

示例 ph0620 是服务器端验证，即页面必须提交到服务器后才进行验证，如果想在客户端验证,即页面未提交到服务器即检验,可用如下方法。

将例 ph0620 中 ServerValidate 事件里的代码清空。在 Default. aspx 代码窗口<head>
与</head>之间输入如下代码。

```
<script type = "text/javascript">
function validatoeN(src,args){
args.IsValid = (args.Value % 5 == 0);
return;
}
```

将 CustomValidator1 控件里的 ClientValidationFunction 属性值设置为"validatoeN",按
"Ctrl＋F5"组合键运行程序。在 TextBox 框中输入数据,将焦点移出,发现页面会立即进行验
证,而不是必须提交后才进行验证。效果如图 6.29 所示。

图 6.29　CustomValidator 客户端验证示例

5. 联合使用客户端和服务器验证

考虑窗体的安全性,确保从窗体中收集的数据是有效的。所以,在决定使用客户端验证
时,最好还应该采取措施重新把客户端函数构造为服务器端函数。之后,把 CustomValidator 控件
与客户端和服务器端函数关联起来。

6.13.8　ValidationSummary 控件

验证摘要控件 ValidationSummary 并不对 Web 窗体中输入控件的内容进行验证,它是一
个报告控件,由页面上的其他控件验证控件使用。它是用于为验证控件在网页、消息框或在这
两者中显示所有验证错误的信息的,它可在一个位置综合显示来自网页上所有验证程序的错
误信息。

结合前面介绍的验证控件的 ErrorMessage 属性,可以把这个功能用于有完整验证过程的
大窗体。以易于辨识的方式给终端用户报告所有的验证错误是非常友好的。这些错误消息可
以显示在列表、项目列表或段落中。

1. 创建 ValidationSummary 对象

在页面设计视图中,从工具箱的"验证"选项卡中,将 `ValidationSummary` 拖放到页面中

（或者直接双击），便可在页面上添加一个 ValidationSummary 对象，其在源视图中的构造代码一般如下所示：

```
＜asp:ValidationSummary ID＝"ValidationSummary1" runat＝"server" /＞
```

2. 常用属性和事件

ValidationSummary 控件的常用属性如表 6.26 所示。

表 6.26　VlidationSummary 常用属性

属性	功能
DisplayMode	获取或设置验证程序的验证错误信息的显示模式，如列表、段落等
EnableClientScript	获取或设置一个布尔值，指示 ValidationSummary 控件是否使用客户端脚本更新自身的显示内容。默认 true，在浏览器支持脚本的情况下，将在客户端上呈现客户端脚本，以更新 ValidationSummary 控件；若为 false，ValidationSummary 控件仅在每次从服务器往返更新自身，此时 ShowMessageBox 属性设置无效
HeaderText	获取或设置显示 ValidationSummary 控件上方的标题文本
ShowMessageBox	获取或设置一个布尔值，指示是否在 ValidationSummary 控件的消息框中显示验证错误信息
ShowSummary	获取或设置一个布尔值，指示是否在网页上显示验证错误信息
ValidationGroup	获取或设置 ValidationSummary 控件显示验证错误信息的控件组

DisplayMode 属性取值如下。

- BulletList：显示在项目符号列表中的验证摘要。
- List：显示在列表中的验证摘要。
- SingleParagraph：显示在单个段落内的验证摘要。

3. 示例"ph0622"

无论有几个验证控件，只要一个 ValidationSummary 便可集中所有的报错信息，但也会导致报错信息出现两次，如图 6.30 所示。

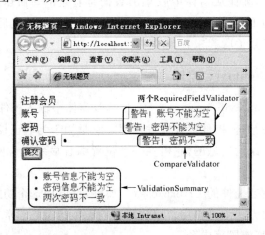

图 6.30　ValidationSummary 显示所有报错信息

这个问题可在将原验证控件的 Text 属性设为"＊"之后解决。换句话说，Text 出现在验证控件的位置，适合放置较简短的报错信息；而 ErrorMessage 会出现在 ValidationSummary

（如果网页上有），适合放完整的错误描述。

另一种显示错误的常见方式是，在网页上弹出一个窗口警告用户，这样的功能通过设置 ValidationSummary 的 ShowMessageBox 属性即可实现。只要将 ShowMessageBox 设为 True，就可使用弹出窗口显示报错信息。不过通常显示报错信息时，只会用一种显示报错信息方式，要么显示在网页上，要么弹出一个报错窗口，不要两种同时出现，这时可将 ValidationSummary控件的 ShowSummary 属性设为 false，则报错信息不使用 ValidationSummary，而是直接显示在画面上，如图 6.31 所示，代码见示例 ph0622。

图 6.31　ValidationSummary 利用弹出窗口显示报错信息

（1）新建一个网站。放置 4 个 Label 控件，其 Text 属性分别为"注册会员"、"账号"、"密码"、"确认密码"；放置 3 个 TextBox 控件，其 ID 分别为"txtName"、"txtPass1"、"txtPass2"，txtPass1 与 txtPass2 的 TextMode 属性值为 password；txtName 控件后面放置一个 RequiredFieldValidator 控件，其 ControlToValidate 属性为"txtName"，Text 属性为" * "，ErrorMessage 属性为"账号信息不能为空"；txtPass1 控件后面放置一个RequiredFieldValidator控件，其 ControlToValidate 属性为"txtPass1"，Text 属性为" * "，ErrorMessage 属性为"密码信息不能为空"；txtPass2 控件后面放一个 CompareValidator 控件，其controlToCompare属性为"txtPass1"，ControlToValidate 属性为"txtPass2"，Text 属性为" * "，ErrorMessage 属性为"两次密码不一致"；放置一个 Button 控件，其 Text 属性为"提交"；放置一个 ValidationSummary 控件，其 ShowMessageBox 属性为 true，ShowSummary 属性为 false。

（2）使用"Ctrl＋F5"组合键验证程序。

6.13.9　关闭客户端验证功能

验证服务器控件会自动为客户机提供客户端验证功能，但有时需要某种方式来控制这种行为。

可以关闭这些控件的客户端验证功能，使它们不再把客户端验证功能发送给请求者。例如，无论请求容器提供了什么功能，都把所有的验证放在服务器上。关闭这个功能可以采用两种方式。

一种方式是控件级别的。每个验证服务器控件都有一个 EnableClientScript 属性，它在默认时设置为 true，但把它设置为 false 将阻止控件发送在客户机上执行验证的JavaScript函数，使验证在服务器上进行。当然也可以通过代码实现，例如：

```
RequiredFieldValidator1.EnableClientScript = false;
```

另一种方式是在 Page_Load 事件中关闭页面上的所有验证控件的客户端脚本功能。如果要动态地确定不允许进行客户端验证,利用这种方式就比较好。

```
foreach(BaseValidator bv in Page.Validators)
    bv.EnalbedClientScript = false;
```

这个 foreach 循环先找到 ASP.NET 页面包含的验证器中的每个 BaseValidator 对象实例,再关闭每个验证控件的客户端验证功能。

用户输入是交互式 Web 站点的重要方面。为了防止用户向系统中输入无效的数据或者是危险的内容,在使用数据前验证所有输入的有效性是很重要的。

ASP.NET 支持的有效性验证控件使得容易验证来自表单控件的所有数据,比如 Text-Box、DropDownList 等。RequiredFieldValidator 有助于确保用户填写了必需字段。RangeValidator、CompareValidator 和 RegularExpressionValidator 用来针对在设计时定义的设置检查数据的内容。CustomValidator 允许写内置有效性验证控件没有覆盖到的有效性验证代码,从而提供了最大的灵活性。ValidationSummary 控件用来提供关于用户在输入数据时的错误的反馈。它能将这些错误显示为页面中的一个简单的无序列表,或者显示为一个 JavaScript 警报窗口。

有效性验证最大的好处是它们工作在客户机和服务器上,允许创建响应表单,用户可以立即得到它们产生的错误的反馈,而不需要进行完整的回送。同时,数据在服务器上验证,确保来自不支持 JavaScript 的客户机上的数据也是有效的。

6.14 小　结

• ASP.NET 里的服务器控件非常重要,而且每个 ASP.NET 应用程序中都会用到。因此,了解 ToolBox 中有哪些控件可用及它们各自的用途非常关键。很多服务器控件共享一个大功能集。只要理解了基本规则和行为,就容易理解新控件。这样,就能快速熟悉第三方控件。

• ASP.NET 的标准服务器控件是 ASP.NET 程序里用得最多的控件。这个类别中包括一些常见的控件,比如 Button、DropDownList、Label 和 HyperLink 等。

• Web 服务器控件都派生自 System.Web.UI.WebControls 命名空间。

• 页面中任何 HTML 元素都可以通过添加属性"runat="server""来转换为 HMTL 服务器控件。

• 验证控件可以更好地配合页面完成验证,保证用户输入数据的合法性。

6.15 习　题

一、填空题

(1) ASP.NET 服务器控件位于_____命名空间中。

(2) 如果一个控件要是服务器控件,其属性必须是 runat=_____。

(3) 对于性别信息的操作选择,我们最好用_____控件。

(4) 验证某个控件的内容是否被改变,需要使用_____控件。

(5) 对两个值进行比较验证,需要使用_____控件。

(6) 验证相关输入控件的值是否匹配正则表达式指定的模式,需要使用_____控件。

(7) ASP. NET 容器控件主要包括_____。

二、选择题

(1) Button 控件有 OnClick 和 OnCommand 两种方法,(　　)将激活 OnCommand 事件。

    A. 指定 CommandName 属性的按钮

    B. 指定 CommandArgument 属性的按钮

    C. 指定 CommandName 和 CommandArgument 属性的按钮

    D. 指定 ID 属性的按钮

(2) HyperLink 控件的 Target 属性的值为(　　)时,将内容呈现在上一个框架集父级中。

    A. _blank   B. _parent   C. _self   D. _top

(3) 如果用来输入密码,需要将 TextBox 控件的 TextMode 设置为(　　)。

    A. SingleLine   B. MultiLine   C. Password   D. 采用默认值

(4) 验证某个值是否在要土壤温度的范围内,需要使用(　　)控件。

    A. RequiredFieldValidator   B. CompareVallidator

    C. RangeValidator   D. CustomValidator

(5) 下面哪个选项不属于控件转移控件?(　　)。

    A. Button   B. ImageButton   C. Label   D. HyperLink

(6) 下面哪个选项不属于选择控件?(　　)。

    A. DropDownList   B. CheckBoxList

    C. RadioButton   D. HyperLink

三、简述题

(1) 简述服务器控件的类型及特点。

(2) 简述 Web 服务器控件的种类及包含的主要控件。

第7章

创建外观一致的Web站点

样式、外观和主题用于控件 ASP. NET 页面的外观效果,结合母版页、站点导航系统,共同打造网站的统一的整体效果。

在一般的网站开发中,都会为一个网站定义一种"风格",如页面的内容布局、文字颜色、大小、行间距、边框样式等。在 ASP. NET 之前,网站开发人员经常会使用级联样式表来实现。然而 ASP. NET 3.5 引入了功能强大的样式、外观和主题的特性,允许网站开发人员更加方便快捷地来定义自己网站的风格。样式、外观和主题都是用来定义整个网站的外在表现的。使用样式、外观和主题可以很方便地修改某个 Web 应用程序的所有页面的外在表现。

7.1 Web 窗体的布局方式

7.1.1 布局的基本概念

网页的整体布局非常重要,这是基于两方面的原因:一方面主页的整体布局将给人带来整体视觉上的感受;另一方面由于浏览器本身的定位能力差,常常出现在设计阶段似乎较好的界面,在程序运行时就乱了套,这就是由于没有用布局方法限制各控件位置的结果。

传统的布局方法是利用表格的定位、对齐等功能来对网页进行布局。首先将网页划分成几个部分,以决定表格的行数和列数,然后创建表格并在表格的各单元格中放置各种网页元素。虽然对表格的大小随时可以进行调整,行列之间也可拆分和归并,但是在布局设计中仍然会出现顾此失彼的现象。要想成为一个布局高手,非常不容易。后来,又出现了层和模板,使布局更为灵活。层的重点在局部上,而模板的重点则在整体规划上。巧妙地将三者结合才是网页布局的最佳方案。

7.1.2 流式布局

默认网页中的内容是依所在位置依次序出现的,就像排队一样,这种布局方式被称为"流式布局"。

有些 HTML 标签本身就包含换行的效果,如<h1>、<h2>、<hr>之类的标签或<div>。而大多数情况下,标签代码只在"源"视图里换行,切换到"设计"视图是看不出换行的效果的,必须明确地用
或<p/>来换行。

7.1.3 控件的绝对定位

若希望网页中的控件可以出现在鼠标任意单击的位置,可先在"设计"视图下,选取要定位

的控件,如"Button"控件,接着在 VS 2008 主菜单中单击"格式"|"位置…"命令,选择"绝对"命令,"Button"控件坐标就会变成绝对定位,如图 7.1 所示。

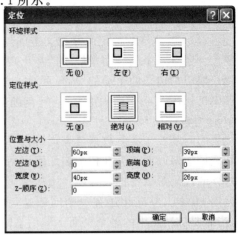

图 7.1 将控件设置为绝对定位

在"源"视图,检查一下 Button 的标签,可看到其中多了一项"style"属性,其中记录的便是 Button 控件的坐标位置。

如果想恢复原本的"流式布局"逐行出现的模式,只要将"style"属性及其内容删除即可,或者单击控件后,单击"格式"|"位置…"命令,定位样式选择"无"即可。

7.1.4 以表格设计页面

流式布局时,控件会随着浏览器大小变更而移动到不同的位置,绝对定位虽然可以让控件在固定的位置出现,但当用户调整浏览器大小时,控件不会随之移动到适当的位置,比如,无法实现自动中央对齐的效果。

若要取得两者的好处,可用 table 与 div 设计版面,既可居中对齐,又不会"随波逐流"。table 标签的基本用法我们已经在第 2 章进行了学习,table 标签除了可以显示二维表格信息作用外,还有很重要的一个作用是用来进行页面布局。通过对 table 标签里行、列、单元格的添加、删除、合并以及 table 与 table 之间的嵌套灵活应用,我们可以把页面设计成所需要的任意布局。

7.1.5 div 图层

图层是一个容器,在图层内可以放置各种类型的网页元素,如文本、图像、表格,甚至还可以放置图层(图层嵌套)。每个图层相当于一个独立的小屏幕。

图层是一个可以任意移动的容器,甚至允许图层之间重叠放置,这是它与框架的不同之处,这也是图层的最大优势。因为放置在图层上的元素可以随图层被拖放到任意位置,为元素的定位和网页布局带来极大的方便,同时也为控制动态元素奠定了基础。

在 ASP. NET 的设计界面中可以使用 div 标记来定义图层。例如:

<div style = "width:100px; position:relative; height:100px">你好</div>

创建了一个宽 100 px、高 100 px 的图层。

7.2 样式表 CSS

样式可以理解成 CSS(Cascading Style Sheet,级联样式表),在 ASP. NET 3.5 中 Web 服务器控件都支持 Style 对象,用来定义该控件的样式。在一些网站中出现的"换肤"功能实质上更换的就是 CSS。CSS 可以定义控件的静态行为。

在 Internet 刚出现时,Web 页面主要由文本和图像组成。文本是用纯 HTML 格式化的,用<b>这样的标记使用文本加粗,并用<font>标记影响字体、大小和颜色。Web 开发人员很快就发现他们需要更强大的功能来格式化页面,因此诞生了 CSS,以弥补 HTML 在样式方面的缺陷。

7.2.1 HTML 格式化的问题

用 HTML 进行格式化的问题之一是它提供的样式化页面的选项很有限。可以用＜i＞、＜b＞及＜font＞这样的标记来修改文本的外观，用 bgcolor 这样的属性来修改 HTML 元素的背景颜色。还有几个属性用来修改链接出现在页面中的方式。显然，这个功能集不足以创建符合用户期望与需求的生动的 Web 页面。

HTML 影响 Web 页面构建的另一个问题是格式化信息应用到页面的方式，如下面这段代码：

＜font face ="宋体" color ="red" size ="+1"＞你好，朋友！＜/font＞

这段代码的问题在于实际数据与表现（格式）混淆在一起。理想情况下，这两者应当分开，以便各自能轻松地修改而不会互相影响。假设网站所有的网页都是用这种方式进行格式控件，很显然这样的代码难以维护。

运用 HTML 格式化还有一个问题是，页面中的所有附加标记大大增加了页面的大小。这样，当需要从站点中的各个页面下载信息时，下载和显示就会变慢，而且当需要滚动 HTML 文件来查找需要的内容时，页面也会变得难以维护。

总之，用 HTML 格式化存在以下这些问题。

- 它的有限功能集远远不能满足页面的需求。
- 数据与表现混合在相同的文件中。
- HTML 没法在浏览器中于运行时轻松地切换格式。
- 必需的格式化标记与属性使页面更大，因此加载和显示更慢。

幸运的是，HTML 出现的问题 CSS 都能解决好。

CSS 提供了一套丰富的选项，可以修改 Web 页面的各个细微方面，包括字体（大小、颜色、字体等）、颜色和背景色、围绕 HTML 元素的边框、位置等许多方面。当今的所有主流浏览器基本都能接受 CSS，因此它就是 Web 页面可视化表现的语言。

7.2.2 CSS 简介

1. 什么是 CSS

CSS 技术是一种格式化网页的标准方式，它是 HTML 功能的扩展，使网页设计者能够以更有效的方式设计出更具表现力的网页效果。简单来说，CSS 是一种样式表语言，用于为 HTML 文档定义布局，涉及字体、颜色、边距、高度、宽度、背景图像、高级定位等方面。

2. CSS 的特点

虽然 HTML 为网页设计者提供了强大的格式设置功能，但必须在每一个需要设置的网页元素处使用格式标记，而不能为具有一定逻辑关系的内容设置统一的格式。与 HTML 相比，CSS 具有以下特点。

（1）简化了网页格式设计，增强了网页的可维护性。

如下例，运用 CSS 更改 HTML 里的 h1 格式，简单易用，而如果要用 HTML 实现则重复工作要做许多且易出错（比如当要把所有 h1 改成黑体字）。

```
＜html＞
＜head＞
＜title＞使用 css 方式＜/title＞
＜style＞hl {font - family:楷体 GB2312 } ＜/style＞
＜/head＞
```

```
<body>
    <h1>第一章 计算机概述</h1>
    <h1>第二章 数据类型</h1>
    <h1>第三章 运算符</h1>
    </body>
    </html>
```

只要在 style 标记符中定义了 CSS 样式,该样式将自动应用于该网页中的所有 h1 标记符,同样如果要修改 h1 标记符中的设置,只要修改 style 标记符中的定义格式即可。

(2) 加强了网页的表现力。CSS 样式属性提供了比 HTML 更多的格式设置功能。例如,可以通过 CSS 样式定义去掉网页中超链接的下画线,甚至可以为文字添加阴影、翻转效果等。

(3) 增强了网站格式的一致性。使用 CSS 技术除了可以在单独的网页中应用一致的格式,对于网站的格式设置和维护也有着重要意义。将 CSS 样式定义到样式表文件,然后在多个网页中同时应用样式表文件中的样式,就确保了多个网页具有一致的格式,并且可以随时更新样式表文件,以自动更新多个网页中的格式设置,从而大大降低了网站的开发与维护工作量。

7.2.3 CSS 样式定义

一个样式表由样式规则组成,以告诉浏览器怎样去显示一个文档。样式规则的一般格式如下:

样式符{属性 1:属性值 1;属性 2:属性值 2;…}

其中,"样式符"表示要定义样式的类型,"属性"表示由 CSS 标准定义的样式属性,"属性值"为样式属性的值。

属性元素是要用样式表修改的部分。表 7.1 列出了最常用的 CSS 属性。

表 7.1 常用的 CSS 属性

属性	说明	示例
background-color	指定元素的背景色	background-color:red;
background-image	指定元素的背景图像	background-image:url(home.jpg);
border	指定元素的边框	border:3px solid black;
color	修改字体颜色	color:yellow;
display	修改元素的显示方式,允许隐藏或显示它们	display:none;它使元素隐藏,不占用任何空间
float	允许用左浮动或右浮动将元素浮动在页面上	float:left;该设定使跟着一个浮动的其他内容被放在元素的右上角
Font-family font-size font-style Font-weight	修改页面上使用的字体外观	font-family:Arial; font-size:18px; font-style:italic; font-weight:bold;
height width	设置页面中元素的高度或宽度	height:200px; width:300px;
marging padding	设置元素内部或外部的自由空间距离	padding:0; marging:22px;
visibility	控制页面中的元素是否可见。不可见的元素仍然会占用屏幕空间,只是看不到它们而已	visibility:hidden;这会使元素不可见。然而,它仍然会占用页面中的原始空间

1. 样式符为 HTML 标记

HTML 标记筹委会是最基本的"样式符"，可以为一个或几个 HTML 标记符应用样式表定义。以下代码定义了"标题 1"和"标题 2"的颜色和字体大小属性。

```
h1{font-size:x-large; color:red}
h2{font-size:large;color:blue}
```

上述的样式表告诉浏览器用加大、红色字体去显示一级标题，用大、蓝色字体去显示二级标题。

有时为了减少样式表的重复声明，常常采用组合的"样式符"来定义样式表。例如，文档中所有的标题可以通过组合给出相同的声明：

```
h1,h2,h3,h4,h5,h6{color:red;font-family:sans-serif}
```

2. 样式符为用户自定义类

可以用类为一个 HTML 标记符指定多个样式，定义格式如下：

```
样式符.类名{属性 1：属性值 1;属性 2：属性值 2;…}
```

例如，希望用不同的颜色显示不同的语言代码，以增强程序的可读性，就可以通过对一个标记符定义不同的类来实现。下面的例子为 code 标记符定义了两个类 css 和 html，使得 CSS 代码和 HTML 代码以不同的颜色显示出来。

```
code.html{color:#191970}
code.css{color:#4b0082}
```

类的声明也可以不针对具体的 HTML 标记符，这样定义的类可以被应用于任何 HTML 标记符，通常称这样的类为通用类，其定义格式如下：

```
.类名{属性 1:属性值 1;属性 2:属性值 2;…}
```

下面的例子定义了名为 note 的通用类，它可以被应用于任何 HTML 标记符：

```
.note{font-size:small;color:green}
```

应用通用类的方法是在任何 HTML 标记符内使用 class 属性，以便所有应用该类的 HT-ML 标记符都可以采用所定义的样式。下面是引用已定义的名为 note 的类的示例：

```
<p class="note">本行文字为小号绿色字体</p>
<h class="note">本标题为小号绿色字体</h>
```

通常是根据通用类的功能而不是根据它们的外观特性来命名类的。上述例子中的 note 类也可以命名为 small，但如果决定改变这个类的样式为 large 时，那么这个名字就文不对题了。

3. 样式符为用户自定义 ID

用户自定义 ID 与用户自定义类 class 的功能相同，其区别仅为定义语法与引用方法的不同。

自定义 ID 的定义格式如下：

```
#ID 名{属性 1:属性值 1;属性 2:属性值 2;…}
```

例如：

```
#yellow{color:yellow}
```

其引用如下所示：

```
<p ID=yellow>本段为黄色</p>
<h2 ID=yellow>本标题为黄色</h2>
```

定义好 CSS 样式之后，就可以将它们应用到网页中，在网页中应用 CSS 样式包括在 HT-ML 标记符中直接嵌入样式信息、在 HTML 文档首部定义样式信息和链接外部样式表文件 3 种方法。

7.2.4 CSS 在 HTML 元素中的应用

1. 在 HTML 标记符中嵌入样式信息

在 HTML 标记中使用 style 属性可以直接定义样式信息,格式如下:

＜标记符 style＝″属性 1:值 1;属性 2:值 2;…″＞

示例"ph0701"为在 HTML 标记中直接嵌入样式信息的用法,运行效果图 7.2 所示。

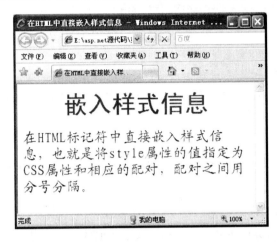

图 7.2 嵌入式应用示例

运用记事本将下列 HTML 代码输入,并存盘"ph0701.htm",然后双击该网页文件用 IE 查看。

```
＜! --例 ph0701.htm -|
＜html＞
＜head＞＜title＞在 HTML 中直接嵌入样式信息＜/title＞
＜/head＞
＜body＞
＜h1 style＝″font-family:黑体;text-align:center;color:red″＞嵌入样式信息＜/h1＞
＜p style＝″font-family:楷体_GB2312;font-size:25px;text-inden:2cm;color:blue″＞在 HTML 标记符
中直接嵌入样式信息,也就是将 style 属性的值指定为 CSS 属性和相应的配对,配对之间用分号分隔。
＜/body＞
＜/html＞
```

显然,上述代码没有充分发挥 CSS 样式表简化设置格式和维护工作的优势,因为每一个 style 属性都必须单独设置。因此,有必要采用更为简便的方法。

2. 在 HTML 文档的头部定义样式信息

在 HTML 文档的首部定义样式信息是指在＜head＞与＜/head＞标记符之间,使用＜style＞标记符将同类样式统一定义,然后再具体应用于网页中的元素。其格式如下:

```
＜head＞
    ＜style＞
        样式 1
        样式 2
    ＜/style＞
＜/haad＞
```

示例"ph0702"为在 HTML 文档首部定义样式信息,运行效果与图 7.2 所示相同。

运用记事本将下列 HTML 代码输入，并存盘"ph0702.htm"，然后双击该网页文件用 IE 查看。

```
<!-- 例 ph0702.htm-|
<html>
<head>
    <title>在 HTML 文档首部定义样式信息</title>
    <style>
        h1{font-family:黑体;text-align:center;color:red}
        p {font-family:楷体_GB2312;font-size:25px;text-inden:2cm;color:blue}
    </style>
</head>
<body>
    <h1>嵌入样式信息</h1>
    <p>在 HTML 标记符中直接嵌入样式信息,也就是将 style 属性的值指定为 CSS 属性和相应的
配对,配对之间用分号分隔。</p>
</body>
</html>
```

这种方法充分体现了 CSS 样式表的优越性，实际上，这也正是 CSS 应用于网页的最常用的方式。

3. 链接外部样式表文件

对一个大型网站，常常会存在多个页面都定义了类似的样式信息，这时如果再使用上述方法，效率显然是不高的，那么最好的办法就是将这些页面上重复的样式信息存放在一个外部样式表文件(.CSS 文件)中，然后通过链接的方式引用其中的样式。其突出的优点是只需对一个链接的外部样式表文件进行修改，则引用它的网页都会自动更新。链接外部样式表文件的方法是在<head>标记符内用<link>标记，通过指定相应属性链接到外部样式表文件。<link>标记符的格式如下：

```
<link rel="stylesheet" type="text/css" href="外部样式表文件">
```

其中，rel 和 type 属性一般不变，href 用来指定要链接的外部样式表文件。创建外部样式表文件的方法非常简单，只要将<style>标记符与其中的样式信息一起存放在扩展名为.CSS 的文件中即可。

示例"ph0703"为运用链接外部样式表文件的方法实现网页样式的应用，运行效果如图 7.3 所示。

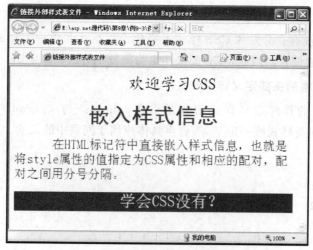

图 7.3 链接外部样式表文件

（1）运用记事本将下列 HTML 代码输入，并存盘"ph0703.htm"。

```
<!-- 例 ph0703.htm-|
<html>
<head>
    <title>链接外部样式表文件</title>
    <link rel = "stylesheet" type = "text/css" href = "mycss.css">
</head>
<body>
    <p class = webtop>欢迎学习 CSS</p>
    <h1>嵌入样式信息</h1>
    <p>在 HTML 标记符中直接嵌入样式信息，也就是将 style 属性的值指定为 CSS 属性和相应的
配对，配对之间用分号分隔。
    <p ID = webBottom>学会 CSS 没有？</p>
</body>
</html>
```

（2）外部样式表文件可用记事本等文本编辑器编辑。运用记事本将下列代码输入，并存盘"mycss.css"。

```
h1{font-family:黑体;text-align:center;color:red}
p{font-family:楷体-gb2312;font-size:25px;text-indent:2cm;color:blue}
.webTop
{background-color:Whilte;font-family:楷体_gb2312; font-size:large; font-weigth:bold; text-a-
lign:center; color:black; }
#webBottom
{background-color:red;font-family:宋体; font-size:large; font-weigth:bold; text-align:center;
color:yellow;}
```

通过以上例子大家已经发现，要想做好一个 CSS 样式表，是很不容易的，要记住大量的样式属性，好在 ASP.NET 对其进行了改进，不需要我们记忆大量的属性，它的样式是通过 Style 编辑器实现的，简单易用，下面我们就看看在 ASP.NET 中如何应用 CSS 样式。

7.2.5　CSS 在标准服务器控件中的应用

7.2.4 节介绍了如何在传统的 HTML 元素中引入样式，下面介绍如何将样式赋予 ASP.NET 的标准服务器控件。同 HTML 元素相同，利用 class 或 style 属性静态指定样式，但 ASP.NET 服务器控件并不认识这些属性，作为代替，提供了 CssClass 属性来指定嵌入式或外部式的样式。

1. 静态指定样式

示例"ph0704"为运用链接外部样式表文件的方法实现标准服务器控件格式的应用，运行效果图 7.4 所示。

（1）新建一个 ASP.NET 网站。添加一个 Label 控件，Text 属性值为"姓名"；添加一个 TextBox 控件；添加一个 Button 控件，Text 属性值为"提交"。

（2）在"解决方案资源管理器"上单击鼠标右键，选择"添加新项"命令，在弹出的对话框中选择"样式

图 7.4　在标准服务器控件上应用样式

表"，如图 7.5 所示。

图 7.5 添加样式表

（3）在样式表编辑区输入"．LabelCaption{}"，通过属性"style"编辑我们所需要的样式规则；"．ButCaption"同理编辑，如图 7.6 所示。

图 7.6 编辑样式

（4）在 Default. aspx 的"源"视图中，<head>…</head>中添加如下代码：

```
<link rel = StyleSheet href = StyleSheet.css type = "text/css" />
```

（5）在 Default. aspx 的"源"视图中，给服务器控件 Label 添加属性 CssClass ="Label-Caption"，Button 添加属性 CssClass="ButCaption"，完整代码如下：

```
<asp:Label ID="Label1" CssClass="LabelCaption" runat="server" Text="姓名"></asp:Label>
<asp:Button ID="Button1" CssClass=ButCaption runat="server" Text="提交" />
```

（6）按"Ctrl＋F5"组合键运行程序，查验结果。

2. 动态指定样式

上例是一种静态指定样式的方法，在 ASP. NET 中也可以通过程序代码进行动态指定，比如在页面的 Load 事件中输入下如下代码即实现了样式的动态加载。

```
protected void Page_Load(object sender, EventArgs e)
{
    Label1.CssClass="LabelCaption";
    Button1.CssClass="ButCaption";
}
```

注意：对于不认识的属性，ASP. NET 将其直接送往服务器，利用 CssClass 属性，不能指定使用"♯"定义的样式。

7.3　主题和皮肤

7.3.1　什么是主题和皮肤

7.2 节介绍了利用样式表 CSS 指定控件的格式，除此之外，ASP. NET 还支持在名为主题（Theme）的单独文件组中定义控件的格式信息，然后应用于网站的全部或部分页面。而主题中各个样式被指定为皮肤（Skin），又叫做外观文件，其扩展名为. skin。

简单来说，主题提供了一种简易方式，可以独立于应用程序的页为站点中的控件和页定义样式设置。使用主题的优点如下。

（1）样式设置存储在一个位置，可以独立于应用该主题的应用程序来维护这些设置。设计站点时可以不考虑样式，以后应用样式时也无须更新页中应用程序代码。

（2）可以定义多个主题，为不同的页面设置不同的格式。

（3）可以从外部源获得自定义主题，以便将样式设置应用于应用程序。

为了创建一个主题，需要做下列事情。

- 如果站点中还没有特殊 App_Themes 文件夹，则创建一个。
- 对于要创建的每个主题，用主题的名称创建一个子文件夹。
- 可选地，创建一个或多个将成为主题的一部分的 CSS 文件。虽然根据主题命名 CSS 文件有助于标识正确的文件，但并不要求一定要这样做。添加到主题的文件夹中的任何 CSS 文件都会在运行时自动添加到页面中。
- 可选地，向主题文件夹中添加一个或多个图像。CSS 文件应当用一个相对路径引用这些图像。
- 可选地，也可向主题文件夹中添加一个或多个外观文件。外观允许为以后要在运行时应用的特定控件定义单个属性（比如 ForeColor 和 BackColor 等）。

7.3.2　不同类型的主题

ASP. NET 页面有两个不同的设置主题的属性：Theme 属性和 StyleSheetTheme。这两个属性都使用在 App_Themes 文件夹中定义的主题。虽然一开始它们看起来非常相似，但是在运行时它们的行为就不同了。StyleSheetThemes 在页面的生命周期中应用得非常早，在创建页面实例后不久就应用了。这意味着单个页面能通过在控件上应用内联属性来重写主题的设置。因此，举例来说，带有将按钮的 BackColor 设置为绿色的外观文件的主题可以被页面的标记中下面的控件声明重写：

　　＜asp:Button ID=″Button1″ runat=″server″ Text=″Button″ BackColor=″red″ /＞

　　另外，Theme 属性在页面的生命周期中生效的时间较晚，能有效地重写为单个控件自定义的任何属性。

7.3.3　在 Theme 和 StyleSheetTheme 之间作选择

　　由于 StyleSheetTheme 的属性能被页面重写，而 Theme 又能再次重写这些属性，两者用于不同的目的。如果想为控件提供默认设置则应设置 StyleSheetTheme，即 StyleSheetTheme 能为控件提供默认值，然后又可以在页面级别重写。如果想强制应用控件的外观则应使用 Theme，因此能确保控件的外观就是在主题中定义的样子。

　　应用了主题，除非控件将 EnableTheming 设置为 False 来禁用主题，否则可以确保所作的所有修改都能传播给 Web 页面中的控件。

7.3.4　应用主题

　　要向 Web 站点应用主题，有 3 个不同的选项：在 Page 指令中的页面级、在站点级（全局型）修改 web.config 文件，以及通过程序来设置主题。

1. 在页面级设置主题

　　在页面级设置 Theme 或 StyleSheetTheme 属性很容易，只要设置页面的 Page 指令中的相关属性即可。

＜%@ Page Language=″C#″ AutoEventWireup=″true″ CodeFile=″Default.aspx.cs″ Inherits=″_Default″ Theme=″Blue″ %＞

　　用 SytleSheetTheme 替换 Theme 来应用一个主题，它的设置可以由单个页面重写。图 7.7 表明，当在 Theme 后面输入一个双引号时，Visual Studio 2008 就会弹出一个列表，其中含有它在 App_Themes 文件夹中发现的所有主题。

图 7.7　设置页面级主题

2. 在站点设置主题

　　为了在整个 Web 站点中强制应用一个主题，可以在 web.config 文件中设置主题。要做到这一点，打开 web.config 文件，定位＜page＞元素，并向它添加一个 theme 属性，如图 7.8 所示。

　　确保全部用小写字母输入 theme，因为 web.config 文件中的 XML 是区分大小写的。

图 7.8 设置站点级主题

3. 通过程序设置主题

设置主题的第三种方式也是最后一种方式是通过代码来设置。由于主题的工作方式,需要在页面的生命周期早期完成这一工作。比如:

```
Page.Theme = "BlueSkin";   //设置页面主题
Button1.SkinID = "RedSkin";   //设置控件外观主题
```

7.3.5 建立主题和外观

示例"ph0705"演示了一个主题和外观的应用过程。

(1) 新建一个 ASP.NET 网站。添加一个 Label 控件、一个 TextBox 控件、两个 Button 控件。执行本例后效果如图 7.9 所示。

(2) 在"解决方案资源管理器"中,在工程上单击鼠标右键,执行"添加新项"命令,选择"外观文件",单击"添加"按钮,如图 7.10 所示。

在应用程序中,主题文件必须存储在根目录的 App_ Themes 文件夹下,主题由此文件夹下的命名子目录组成,该子目录包含一个或多个具有 .skin 扩展名的外观文件的集合。因此,当单击"添加"按钮以后,Visual Studio 2008 将询问是否将主题文件添加到 App_Themes 文件夹,如图 7.11 所示。

图 7.9 应用主题效果

(3) 主题文件夹。添加后的主题文件 Blue.skin 如图 7.12 所示,skin 文件字体添加到一个 Button 文件夹下面,这个文件夹实际上体现了一个主题,其中可以包含多个 .skin 文件或者 css 文件。每一个 .skin 文件即为该主题中的一个外观。

图 7.10　添加主题文件

图 7.11　主题文件放置 App_Themes 文件夹

（4）添加多个主题。在"解决方案资源管理器"中的 App_Themes 文件夹上右击，选择"添加新项"命令，可以继续添加多个主题。依照此法，本例中添加了两个主题，如图 7.11 所示。这样系统有 3 个主题，分别是 SkinFile、Blue、RedSkin 主题。

（5）定义主题格式。双击外观文件，可以为其定义格式。首先定义 Blue 主题，这是一个蓝色系列。代码如下：

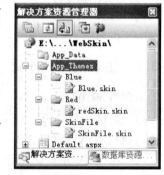

图 7.12　主题项目

<asp：Button runat ="server" BackColor ="yellow" ForeColor ="Blue"/>

<asp:Label runat ="server" BackColor ="yellow" ForeColor ="Blue"/>

<asp:TextBox runat ="server" BackColor ="yellow" ForeColor ="Blue"/>

<asp: Label runat ="server" BackColor ="yellow" SkinID ="SmallText" Fornt-Size ="small"/>

<asp:Label runat ="server" BackColor ="yellow" SkinID ="MidText" Fornt-Size ="medium"/>

<asp:Label runat ="server" BackColor ="yellow" SkinID ="BigText" Fornt-Size ="large"/>

外观文件的内容只不过是控件的定义，唯一的区别在于不能具有 ID 属性。一个外观文件可以包含多个控件定义，如前三行定义了 Button、Label 和 TextBox 控件。另外，对于同一种控件，还可以使用 SkidID 属性继续细分。如后 3 行定义了 Label 控件的 3 种不同的大小字体，这进一步增加了主题的灵活性。

为了进一步组织具有不同 SkinID 的控件主题，可以在主题文件夹下面放置多个 .skin 文件，每一个文件中具有同一类 SkinID 的控件，这样更便于管理。

对于其他主题，读者可参照上例自行完成。

（6）结合样式文件。主题文件夹下面还可以包含样式文件，其中定义的样式同样会用到页面或者控件上。

（7）应用主题。结合 7.3.4 节内容，可以将主题应用到网页上，如本例可以在 default.aspx 文件头设置如下：

```
<%@ Page Language="C#" AutoEventWireup="true" CodeFile="Default.aspx.cs" Inherits="_Default" Theme="Blue" %>
```

（8）按"Ctrl＋F5"组合键运行网页程序，查验效果。

7.4 母 版 页

在设计网页时经常会遇到多个网页部分内容相同的情况，如果每个网页都设计一次显然是重复劳动且非常烦琐，为此 ASP.NET 提供了母版页来解决这个问题。母版页提供了统一管理和定义网页的功能，使多个网页具有相同的布局风格，给网页设计和修改带来很大方便。

7.4.1 母版页和内容页

1. 母版页

母版页是指其他网页可以将其作为模板来引用的特殊网页。母版页的扩展名为.master。在母版页中，界面被分为公用区和可编辑区，公用区的设计方法与一般网页的设计方式相同，可编辑区用 ContentPlaceHolder 控件预留出来，ContentPlaceHolder 控件起到占位符的作用，它在母版页中标识出某个区域，该区域将预留给内容页。一个母版页中可以有一个可编辑区，也可以有多个可编辑区。

2. 内容页

引用母版页的.aspx 网页即为内容页。在内容页中，母版页的 ContentPlaceHolder 控件预留的可编辑区会被自动替换为 Content 控件，开发人员只需要在 Content 控件区域中填充内容即可，在母版页中定义的其他标记将自动出现在使用了该母版页的.aspx 页面中。

3. 母版页和内容页的关系

在网页运行时，母版页和内容页的页面内容组合到一起，母版页中的占位符包含内容页中的内容，最后将完整的网页发送到客户浏览器。

母版页和内容页合并后所执行的事件顺序如下：（1）母版页中控件的 Init 事件；（2）内容页控件的 Init 事件；（3）母版页的 Init 事件；（4）内容页的 Init 事件；（5）内容页的 Load 事件；（6）母版页的 Load 事件；（7）内容页中控件的 Load 事件；（8）内容页的 PreRender 事件；（9）母版页的 PreRender 事件；（10）母版页控件的 PreRender 事件；（11）内容页中控件的 PreRender 事件。

7.4.2 创建母版页

示例"ph0706"演示了网站中母版页的应用过程。

（1）新建一个 ASP.NET 网站。

（2）打开"解决方案管理器"，右击工程图标，在弹出的快捷菜单中选择"添加新项"命令。

（3）从"添加新项"对话框中选择"母版页"图标，并在"名称"文本框中输入名称。

（4）单击"添加"按钮。效果如图7.13所示。

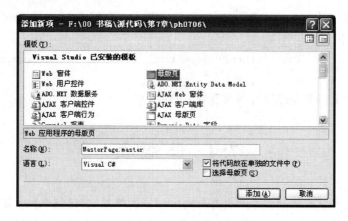

图7.13　添加母版页

观察母版页 MasterPage. master 文件的代码如下：

<%@ Master Language="C♯" AutoEventWireup="true" CodeFile="MasterPage.master.cs" Inherits="MasterPage"%>

<!DOCTYPE html PUBLIC "-//W3C//DTD XHTML 1.0 Transitional//EN" "http://www.w3.org/tr/xhtml1/DTD/xhtml1-transitional.dtd">

<html xmlns="http://www.w3.org/1999/xhtml">

<head runat="server">

  <title></title>

  <asp:ContentPlaceHolder id="head" runat="server">

  </asp:ContentPlaceHolder>

</head>

<body>

  <form id="form1" runat="server">

  <div>

    <asp:ContentPlaceHolder id="ContentPlaceHolder1" runat="server">

    </asp:ContentPlaceHolder>

  </div>

  </form>

</body>

</html>

可以看出，其实母版页和普通的.aspx页面非常类似，第1行指定了母版页的以下几个属性。

- Master Language：使用的编程语言。
- AutoEventWireup：是否使用默认的母版页事件。
- CodeFile：母版页的后台代码。
- Inherits：母版页对应的一个类。

代码区的 ContentPlaceHolder 服务器控件又称为"内容占位符"，功能是为真正的内容页面占据一个位置。可以在母版页中放置多个内容占位符，根据它们的 ID 属性，内容页面可以选择出现在哪个里面。新建的母版页默认有两个占位符，一个放置在<head>…</head>区，另一个放置在<body>…</body>区。

（5）设计母版页的内容布局。例如我们要建设一个网站（比如要建立一个图书网站），整个网站的各个页面布局基本如图7.14所示。

母版页包含4部分：最上面是一个logo图片，左侧是列表区，中间是内容占位符（网页的真正内容区域），最下面是一个版权说明。

编辑母版页 MasterPage.master 的实现过程如同普通.aspx页面，通过一个table将几个元素排列在母版页中即可，HTML代码如下。

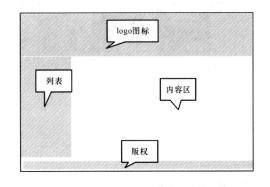

图7.14 页面布局规划

```html
<body>
    <form id = "form1" runat = "server">
    <div>
        <table cellpadding = "0" cellspacing = "0" class = "style1">
        <tr>
            <td colspan = "2">
                <asp:Image ID = "Image1" runat = "server" ImageUrl = "~/logo.gif" />
            </td>
        </tr>
        <tr>
            <td width = "250px">
                <b><a href = "Default.aspx">首页</a></b>
                <hr />
                    <a href = "computer.aspx">计算机类</a>
                <hr />
                    <a href = "literature.aspx">文学类</a>
                <hr />
                    <a href = "history.aspx">历史类</a>
                <hr />
                </td>
            <td width = "750px">
                <asp:ContentPlaceHolder id = "ContentPlaceHolder1" runat = "server">
                </asp:ContentPlaceHolder></td>
        </tr>
        <tr>
            <td colspan = "2" align = "center">
                <hr />
                @copy2012 我的书柜
            </td>
        </tr>
        </table>
    </div>
    </form>
</body>
```

最终实现效果如图7.15所示（当然此时仅仅有母版页，程序是不能运行的）。

图 7.15 要实现的效果图

7.4.3 创建内容页

前面已经创建了母版页，下面来看如何把它和内容页结合起来，构造出真正的显示页面。

向网站添加 3 个新的.aspx 页面，名称分别为 computer.aspx、literature.aspx、history.aspx。在添加时，要选中"选择母版页"复选框，如图 7.16 所示。单击"添加"按钮可使所要添加的页面只出现在母版页的 ContentPlaceHolder 位置，如图 7.17 所示。

图 7.16 添加使用母版页的内容页

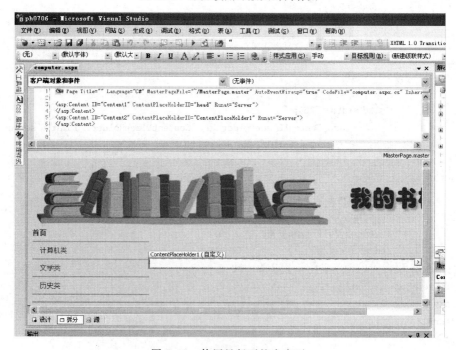

图 7.17 使用母版页的内容页

查看刚刚添加的内容页设计视图,发现这个页面与以前所见到的普通页面有所不同。它已经包含了母版页中的元素,并且只能编辑内容占位符所在的部分。查看代码发现只有如下几行内容:

＜%@ Page title＝″″ Language＝″C♯″ MasterPageFile＝″~/MasterPage.master″ AutoEventWireup
＝″true″ CodeFile＝″computer.aspx.cs″ Inherits＝″computer″ %＞
＜asp:Content ID＝″Content1″ ContentPlaceHolderID＝″head″ Runat＝″Server″＞
＜/asp:Content＞
＜asp:Content ID＝″Content2″ ContentPlaceHolderID＝″ContentPlaceHolder1″ Runat＝″Server″＞
＜/asp:Content＞

控件的 ContentPlaceHolderID＝″head″与 ContentPlaceHolderID＝″ContentPlaceHolder1″分别与母版页的相关 ContentPlaceHolder 控件的 ID 相对应,至此我们就可以在＜asp:Content＞…＜/asp:Content＞之间编辑内容了。

我们注意到在内容页中没有＜html＞、＜head＞和＜body＞之类的标签,因为母版页已经提供了这些标签,因此如果试图在内容页中加入这些标签,则会产生错误。

7.5　站　点　导　航

7.5.1　站点导航的功能

使用 ASP.NET 站点导航功能可以为用户导航站点提供一致的方法。随着站点内容的增加以及用户在站点内来回移动网页,管理所有的链接可能会变得比较困难。ASP.NET 站点导航提供下列功能。

(1) 站点地图。可以使用站点地图描述站点的逻辑结构。接着通过在添加或移除页面时修改站点地图(而不是修改所有网页的超链接)来管理页导航。

(2) ASP.NET 导航控件。可以使用 ASP.NET 控件在网页上显示导航菜单。导航菜单以站点地图为基础。

(3) 编程控件。可以以代码方式使用 ASP.NET 站点导航,以创建自定义导航控件或修改在导航菜单中显示的信息的位置。

(4) 访问规则。可以配置用于在导航菜单中显示或隐藏链接的访问规则。

(5) 自定义站点地图提供程序。可以创建自定义站点地图提供程序,以便使用自己的站点地图后端(如存储链接信息的数据库),并将提供程序插入到 ASP.NET 站点导航系统。

7.5.2　站点导航控件

创建一个反映站点结构的站点地图只完成了 ASP.NET 站点导航系统的一部分。导航系统的另一部分是在 ASP.NET 网页中显示导航结构,这样用户就可以在站内轻松地移动。通过使用下列 ASP.NET 站点导航控件,可以轻松地在页面中建立导航信息。

(1) TreeView:此控件显示一个树状结构或菜单,让用户可以遍历访问站点中的不同页面。单击包含子节点的节点可将其展开或折叠。

(2) Menu:此控件显示一个可展开的菜单,让用户可以遍历访问站点中的不同页面。将光标悬停在菜单上时,将展开包含子节点的节点。

(3) SiteMapPath:此控件显示导航路径(也称为面包屑)向用户显示当前页的位置,并以链接的形式显示返回主页的路径。此控件提供了许多可供自定义链接的外观的选项。

7.5.3　TreeView 控件

TreeView 控件用于在树结构中显示分层数据，如目录或文件目录。TreeView 控件由节点组成，树中的每个项都称为一个节点，每个节点用一个 TreeNode 对象表示。TreeView 中的各节点可以包含其他子节点，用户可以按展开或折叠的方式显示父节点及其包含的子节点。

TreeView 控件支持下列功能。

- 数据绑定，它允许控件的节点绑定到 XML、表格或关系数据。
- 站点导航，通过与 SiteMapDataSource 控件集成实现。
- 节点文本既可以显示为纯文本，也可以显示为超链接。
- 借助编程方式访问 TreeView 对象模型，以动态地创建树、填充节点、设置属性等。
- 通过主题、用户定义的图像和样式可实现自定义外观。

TreeView 控件创建之后，可以通过设置属性与调用方法对各 TreeNode 对象进行操作。TreeNode 控件常用属性如表 7.2 所示，TreeView 控件的常用事件如表 7.3 所示。

表 7.2　TreeNode 控件的常用属性

属性	描述
Nodes	返回对 TreeView 控件的 Node 对象的集合的引用
DataSourceID	数据源控件的 ID 值，TreeView 控件自动绑定到指定的数据源控件
PopulateOnDemand	是否支持动态填充节点
HoverNodeStyle	节点在鼠标指针置于其上时的样式设置
LeafNodeStyle	叶节点的样式设置
NodeStyle	节点的默认样式
ParentNodeStyle	父节点的样式设置
RootNodeStyle	根节点的样式设置
SelectedNodeStyle	所选节点的样式设置
LevelStyles	控件树中特定深度的节点样式
CollapseImageUrl	可折叠节点的指示符所显示图像的 URL，默认减号（－）
ExpandImageUrl	可展开节点的指示符所显示图像的 URL，默认加号（＋）
LineImagesFolder	包含用于连接父节点和子节点的线条图像的文件夹的 URL，ShowLines 属性必须设置为 true，该属性才能有效
NoExpandImageUrl	不可展开节点的指示符所显示图像的 URL
ShowCheckBoxes	设置是否在节点旁显示一个复选框
ShowLines	设置是否显示连接树节点的线

表 7.3　TreeView 控件的常用事件

属性	描述
TreeNodeCheckChanged	当 TreeView 控件的复选框的状态更改时发生
SelectedNodeChanged	当选择 TreeView 控件中的节点时发生
TreeNodeExpanded	当展开 TreeView 控件中的节点时发生
TreeNodeCollapsed	当折叠 TreeView 控件中的节点时发生
TreeNodePopulate	当其 PopulateOnDemand 属性设置为 true 的节点在展开时发生
TreeNodeDataBound	当数据项绑定到 TreeView 控件中的节点时发生

示例"ph0707"为对例题"ph0706"左侧导航进行修改,采用编程方式通过 TreeView 控件进行导航。

(1) 在示例"ph0706"的基础上,删除母版页 MasterPage.master 左侧导航内容。

(2) 向母版页 MasterPage.master 页面左侧放置控件 TreeView。

(3) 在母版页 MasterPage.master.cs 文件的 Page_load 事件输入如下代码:

```csharp
protected void Page_Load(object sender, EventArgs e)
    {
        if (! Page.IsPostBack)
        {
            this.TreeView1.ShowLines = true;       //显示网格线
            TreeNode rootNode = new TreeNode();     //定义根节点
            rootNode.Text = "图书列表";

            TreeNode tr1 = new TreeNode();           //定义子节点
            tr1.Text = "计算机类";
            //tr1.NavigateUrl = "#";
            rootNode.ChildNodes.Add(tr1);            //把子节点添加到根节点
            TreeNode tr11 = new TreeNode();
            tr11.Text = "C#的程序设计";
            tr11.NavigateUrl = "~/book/computer/C01.aspx";
            tr1.ChildNodes.Add(tr11);               //把子节点添加到二级根节点
            TreeNode tr12 = new TreeNode();
            tr12.Text = "Flash操作与提高";
            tr12.NavigateUrl = "~/book/computer/C02.aspx";
            tr1.ChildNodes.Add(tr12);               //把子节点添加到二级根节点
            TreeNode tr13 = new TreeNode();
            tr13.Text = "ASP.NET网站建设";
            tr13.NavigateUrl = "~/book/computer/C03.aspx";
            tr1.ChildNodes.Add(tr13);               //把子节点添加到二级根节点
            TreeNode tr2 = new TreeNode();
            tr2.Text = "饮食类";
            //tr2.NavigateUrl = "#";
            rootNode.ChildNodes.Add(tr2);            //把子节点添加到根节点
            TreeNode tr21 = new TreeNode();
            tr21.Text = "家常菜1000例";
            tr21.NavigateUrl = "~/book/food/F01.aspx";
            tr2.ChildNodes.Add(tr21);               //把子节点添加到二级根节点
            TreeNode tr22 = new TreeNode();
            tr22.Text = "儿童食谱";
            tr22.NavigateUrl = "~/book/food/F02.aspx";
            tr2.ChildNodes.Add(tr22);               //把子节点添加到二级根节点
            TreeView1.Nodes.Add(rootNode);          //节点与控件关联
        }
    }
```

(4) 在网站根目录下,建立文夹件 book/computer 和 book/food。

(5) 在 book/computer 文件夹内添加网页 c01.aspx,添加新页时要勾选"选择母版页"复选框,在 c01.aspx 页内放置一个 Label 控件,Text 属性设置为"这是《C#的程序设计》的内容"，同理添加网页 c02. aspx、c03. aspx，Label 的 Text 属性分别设置"这是《Flash 操作与提高》的内容"和"这是《ASP. NET 网站建设》的内容"。

（6）在 book/food 文件夹内添加网页 f01. aspx，添加新页时要勾选"选择母版页"复选框，在 f01. aspx 页内放置一个 Label 控件，Text 属性设置为"这是《家常菜 1000 例》的内容"，同理添加网页 f02. aspx，Label 的 Text 属性分别设置"这是《儿童食谱》的内容"和"这是《ASP. NET 网站建设》的内容"。

（7）按"Ctrl＋F5"组合键运行 c01. aspx 网页程序，并可用鼠标进行链接单击，查验结果如图 7.18 所示。

图 7.18　运行结果

7.5.4　SiteMapPath 控件

SiteMapPath 控件显示的是导航路径，将当前页面在网站中的位置以单行导航的形式显示给用户，还可以为每一个非末级页面提供链接，以便用户能快速定位到当前页面的任意上级页面。

SiteMapPath 的使用方法非常简单，只需要将其配置在网页上的指定区域中即可，但必须配合网站导航项目文件。当在网站中配置了站点地图 XML 文件后，SiteMapPath 便会自动获取其中的信息，并在浏览的网页上动态显示网页的层级路径与超链接。SiteMapPath 控件的常用属性如表 7.4 所示。

表 7.4　SiteMapPath 的基本属性

属性	描述
CurrentNodeStyle	定义当前节点的样式，包括字体、颜色、样式等
NodeStyle	定义导航路径上所有节点的样式
ParentLevelsDisplayed	指定在导航路径上显示的相对于当前节点的父节点层数。默认－1
PathDirection	指定导航路径上各节点显示顺序。默认 RootToCurrent，即按从左到右的顺序显示从根节点到当前节点的路径。CurrentToRoot，相反顺序显示
PathSeparator	指定导航路径中节点之间的分隔符。默认">"

续 表

属性	描述
PathSeparatorStyle	定义分隔符样式
RenderCurrentNodeAsLink	是否将导航路径上当前页名称显示为超链接。默认 false
RootNodeStyle	定义根节点的样式
ShowToolTips	鼠标指针悬停某节点时,是否显示相应提示。显示的是该节点定义的 Description 值

示例"ph0708"为在示例"ph0707"的基础上演示 SiteMapPath 的应用。

(1) 在示例"ph0707"的基础上,母版页 MasterPage. master 的 logo 图标下方增加一行,并添加 SiteMapPath 控件。代码如下:

```
<tr>
    <td colspan="2">
        <asp:SiteMapPath ID="SiteMapPath1" runat="server">
        </asp:SiteMapPath>
    </td>
</tr>
```

(2) 在"解决方案资源管理器"中选择"添加新项"|"站点地图"(web. sitemap)命令。

(3) 编辑 web. sitemap 代码如下:

```
<? xml version="1.0" encoding="utf-8" ?>
<siteMap xmlns="http://schemas.microsoft.com/AspNet/SiteMap-File-1.0">
    <siteMapNode url="" title="图书列表" description="">
        <siteMapNode url="" title="计算机类" description="">
            <siteMapNode url="~/book/computer/c01.aspx" title="C#程序设计"/>
            <siteMapNode url="~/book/computer/c02.aspx" title="Flash 操作与提高"/>
            <siteMapNode url="~/book/computer/c03.aspx" title="ASP.NET 网站建设"/>
        </siteMapNode>
        <siteMapNode url="" title="饮食类" description="">
            <siteMapNode url="~/book/food/f01.aspx" title="家常菜 1000 例"/>
            <siteMapNode url="~/book/food/f02.aspx" title="儿童食谱"/>
        </siteMapNode>
    </siteMapNode>
</siteMap>
```

(4) 按"Ctrl+F5"组合键运行 c01. aspx 网页程序,并可用鼠标进行左侧链接单击,观察 SiteMapPath 导航条信息。结果如图 7.19 所示。

本例中定义了站点的导航项目文件 web. sitemap,然后导航控件 SiteMapPath 会自动绑定该站点文件,显示导航菜单。

7.5.5 Menu 控件

Menu 控件用于在页面中创建菜单,常与用于导航网站的 SiteMapDataSource 控件结合使用。Menu 控件支持以下功能。

- 数据绑定,经 Menu 控件的菜单项绑定到分层数据源。
- 站点导航,与 SiteMapDataSource 控件结合使用。
- 在代码中可以动态创建菜单,填充菜单项并设置其属性。

- 可自定义外观，通过主题、样式或模板实现。

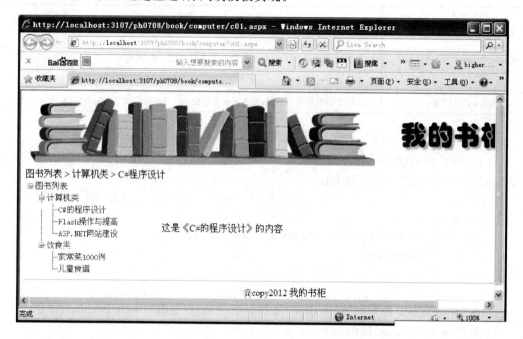

图 7.19　SiteMapPath 验证结果

Menu 控件的常用属性如表 7.5 所示。

表 7.5　Menu 控件的常用属性

属性	描述
DataSourceID	设置数据源对象
DisppearAfter	获取或设置鼠标指针不再置于菜单上后显示动态菜单持续时间
Items	获取 MenuItemCollection 对象，该对象包含 Menu 控件中的所有菜单项
ItemWrap	获取或设置菜单项的文本是否换行
Orientation	获取或设置 Menu 控件的呈现方向
PathSeparator	获取或设置用于分隔 Menu 控件的菜单项路径的字符
SelectItem	获取选定的菜单项
SelectValue	获取选定菜单项的值
StaticDisplayLevels	获取或设置静态菜单的菜单显示级别数

　　Menu 控件是由 MenuItem（菜单项）组成，顶级的菜单项称为"根菜单项"，所有的根菜单项都存储在 Menu 控件的 Items 集合中，子菜单项存储在父菜单的 ChildItems 集合中。与 TreeNode 类相比，MenuItem 的功能弱一些，例如，不能实现复选框的效果，也不能够通过编程设置其"折叠/展开"状态。但两者具有一些类似的属性，关于 MenuItem 的常用属性如表 7.6所示。

表 7.6 MenuItem 的常用属性

属性	描述
ChildItem	获取该对象包含当前菜单项的子菜单项
DataItem	获取绑定到菜单项的数据项
DataPath	获取绑定到菜单项的数据的路径
Depth	获取菜单项的显示级别
ImageUrl	获取或设置显示在菜单项文本旁边的图像的 URL
NavigateUrl	获取或设置单击菜单项时要导航的 URL
Parent	获取当前菜单项的父菜单项
Selectable	获取或设置一个值,该值指示 MenuItem 对象是否可选或可单击
Selected	获取或设置当前菜单项是否已被选中
Target	获取或设置用来显示菜单项的关联网页目标窗口
Text	获取或设置菜单项文本
ToolTip	获取或设置菜单项的工具提示文本
Value	获取或设置一个非显示值,用于存储菜单项的任何其他数据

示例"ph0709"为在示例"ph0708"的基础上演示 Menu 的应用。

(1)在示例"ph0708"的基础上,母版页 MasterPage.master 的 logo 图标下方增加一行,并添加 Menu 控件,我们采用手工方式添加 Menu 节点。

(2)在"设计"视图中,单击 Menu1 控件右方三角,弹出 Menu 任务对话框,选择"编辑菜单项",进行菜单项的编辑,如图 7.20 所示。

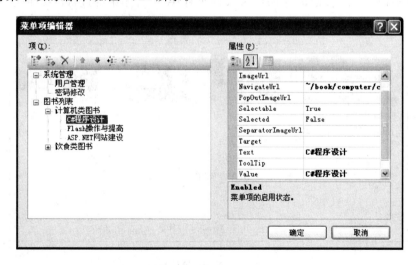

图 7.20 Menu 控件的菜单编辑项

生成后的代码如下:

```
<tr>
    <td colspan = "2">
        <asp:Menu ID = "Menu1" runat = "server" Orientation = "Horizontal" >
        <Items>
        <asp:MenuItem Text = "系统管理" Value = "系统管理">
```

```
        <asp:MenuItem Text="用户管理" Value="用户管理"></asp:MenuItem>
        <asp:MenuItem Text="密码修改" Value="密码修改"></asp:MenuItem>
      </asp:MenuItem>
      <asp:MenuItem Text="图书列表" Value="图书列表">
        <asp:MenuItem Text="计算机类图书" Value="计算机类图书">
          <asp:MenuItem NavigateUrl="~/book/computer/c01.aspx" Text="C#程序设计"
          Value="C#程序设计"></asp:MenuItem>
          <asp:MenuItem NavigateUrl="~/book/computer/c02.aspx" Text="Flash操作与提
高" Value="Flash操作与提高"></asp:MenuItem>
          <asp:MenuItem NavigateUrl="~/book/computer/c03.aspx" Text="ASP.NET网站建
设" Value="ASP.NET网站建设"></asp:MenuItem>
        </asp:MenuItem>
        <asp:MenuItem Text="饮食类图书" Value="饮食类图书">
          <asp:MenuItem NavigateUrl="~/book/food/f01.aspx" Text="家常菜1000例" Value="
家常菜1000例"></asp:MenuItem>
          <asp:MenuItem NavigateUrl="~/book/food/f02.aspx" Text="儿童食谱" Value="儿童食谱">
</asp:MenuItem>
        </asp:MenuItem>
      </asp:MenuItem>
    </Items>
  </asp:Menu>
  <hr />
</td>
</tr>
```

（3）按"Ctrl＋F5"组合键运行 c01.aspx 网页程序，并可用鼠标进行链接单击，查验结果如图 7.21所示。

图 7.21　Menu 控件导航

7.6　小　　结

- CSS 技术是一种格式化网页的标准方式。
- 母版页由两部分组成：母版页和一个或多个内容页。

- 运行时,母版页和内容页组成一个页面。
- 站点地图文件是一个 XML 格式的文件,后缀为". sitemap"。
- SiteMapPath 控件显示的是导航路径,它以单行导航的形式显示。
- TreeView 控件以树形结构显示站点的结构。
- Menu 控件以菜单的形式显示站点导航信息。

7.7 习 题

一、填空题

(1) ASP. NET 页面导航控件包括_____。

(2) Menu 控件可以开发 ASP. NET 网页的静态和_____显示菜单。

(3) 使用_____属性可以控制 Menu 控件的静态显示的层数。

(4) TreeView Web 服务器控件用于以_____结构显示分层数据。

(5) 母版页是扩展名为_____的 ASP. NET 文件。

(6) 级联样式表是扩展名为_____的文件。

二、选择题

(1) 对 TreeView 控件描述正确的有(　　)。

　　A. 可通过主题、用户定义的图像和样式自定义外观

　　B. 通过编程访问 TreeView 对象模型,可以动态地创建树,填充节点以及设置属性等

　　C. 通过客户端到服务器的回调填充节点(在受支持的浏览器中)

　　D. 能够在每个节点旁边显示复选框

(2) 主题是有关页面和控件的外观属性设置的集合,由一组元素组成,包括(　　)。

　　A. 外观文件　　　　B. CSS　　　　　　C. 图像　　　　　　D. 网页

(3) 可以自动应用于同一类的所有控件的外观是(　　)。

　　A. 默认外观　　　B. 已命名外观　　　C. 无名外观　　　D. 其他外观

(4) 以下不是导航控件的是(　　)。

　　A. SitMapPath 控件　　　　　　　　B. TreeView 控件

　　C. Menu 控件　　　　　　　　　　　D. GridView 控件

三、简述题

(1) 简述母版页的定义。

(2) 简述站点导航的功能。

(3) 简述主题和皮肤的定义。

第8章

ADO. NET数据库访问技术

8.1 SQL Server 2005 基础

8.1.1 SQL Server 2005 概述

SQL Server 2005 是一个全面的数据库平台,使用集成的商业智能工具提供了企业级的数据管理。SQL Server 2005 数据库引擎为关系型数据库和结构化数据提供了更安全、可靠的存储功能,使用户可以构建和管理用于业务的高可用和高性能的数据应用程序。

与 Microsoft Visual Studio、Microsoft Office System 以及新的开发工具包的紧密集成使 SQL Server 2005 与众不同。对于开发人员、数据库管理员、信息工作者或者决策者,SQL Server 2005 都可以为用户提供创新的解决方案,使其从数据中更多地获益。

SQL Server 2005 的版本有企业版(SQL Server 2005 Enterprise Edition)、标准版(SQL Server 2005 Standard Edition)、工作组版(SQL Server 2005 Workgroup Edition)、开发版(SQL Server 2005 Developer Edtion)、学习版(SQL Server 2005 Express Edition)和移动版(SQL Server 2005 Mobile Editon)几个版本。

8.1.2 身份验证模式

"身份验证模式"也称为"登录模式",是 SQL Server 2005 处理用户名和密码的模式,在身份验证阶段用来识别用户的登录账号和验证用户与 SQL Server 2005 相连接的能力。如果验证成功,用户就可以连接到 SQL Server 2005,根据其权限的大小来执行相应操作。

1. Windows 身份验证模式

Windows 身份验证模式是指用户通过 Microsoft Windows 的账户连接时,SQL Server 2005 将使用 Windows 操作系统中验证信息来验证账户名和密码。这是默认的身份验证模式,比混合模式安全。

在 Windows 身份验证时,SQL Server 2005 会检测当前使用 Windows 的用户账户,并在系统注册表中查找该用户,以确定该用户账户是否有权登录。在这种方式下,用户不需要提交登录名和密码让 SQL Server 2005 验证。只有获得 Windows 验证时,用户才能打开与 SQL Server 2005 的信任连接。

2. 混合身份验证

混合身份验证包含了 Windows 身份验证模式和 SQL Server 身份验证模式,用户可选择其中一种模式与 SQL Server 2005 进行连接。

　　混合模式需要用户提供用于连接的用户 ID 和密码,而非 Windows 登录账户的 ID。混合身份验证应用很广,如用户要在本地客户端机器上使用远程数据进行工作,那么远程的机器需要知道登录凭据,因而使用 SQL Server 身份验证将是最简单的方法。假定正在进行一个很大的 SQL Server 开发工程,当有需要时,开发人员将加入或离开团队,在这种情况下,需要创建临时用户名,而不是链接到开发者的 Windows 用户名的永久 ID。在基于 Internet 的应用案例中,不可能为站点的所有访问者逐一创建用户名,需要创建一个通用的登录 ID,该 ID 是为网站特定创建的。总之,许多情况下需要使用 SQL Server 用户名登录,而不与 Windows 用户名相关联。

8.1.3　创建数据库和表

　　使用数据库存储数据,首先需要创建数据库。其实,定义数据库就是创建数据库和设置数据库选项。在 SQL Server 2005 中,创建数据库的方法主要有两种:一种是在 SQL Server Management Studio(SSMS)中使用现有命令和功能,通过图形化工具进行创建;另一种是通过 Transact-SQL 语句创建。

1. 创建数据库

　　在 SQL Server 2005 中,通过 SSMS 创建数据库是最容易的方法,对于初学者来说简单易用,如想使用 T-SQL 命令创建数据库请参阅其他书籍。下面将对 SSMS 这种方法创建数据作详细讲解。

　　(1) 在 Windows 操作系统的“开始”菜单中选择“程序”| Microsoft SQL Server 2005 | SQL Server Management Studio 命令,启动 SQL Server Management Studio,并使用 Windows 或 SQL Server 身份验证建立连接。

　　(2) 在“对象资源管理器”中展开服务器,选择“数据库”节点,如图 8.1 所示。

　　(3) 在“数据库”节点上单击鼠标右键,从弹出的快捷菜单中选择“新建数据库”命令,如图 8.2所示。

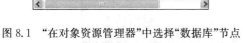

图 8.1 “在对象资源管理器”中选择“数据库”节点　　　图 8.2 “在对象资源管理器”中新建数据库

　　(4) 执行上述操作完毕会弹出“新建数据库”对话框。在对话框中输入数据库名“student”,数据库及日志文件的存储路径为“F:\”(路径可任意设置,不是 C 盘即可),其他取默认值即可,如图 8.3 所示。

　　(5) 完成上述操作后,单击“确定”按钮,关闭“新建数据库”对话框,至此,成功创建了一个用户数据库 student,可以在对象资源管理器中看到新建的数据库,如图 8.4 所示。

图 8.3 "新建数据库"对话框

图 8.4 创建的 student 数据库

2. 创建表

数据库创建之后，数据库中使用最频繁的就是表。表是存储数据的地方，是一种结构化的文件，是一种重要的数据库对象。我们可以通过创建不同的表来存储不同的数据，把表管理好也就管理好了数据库。其他数据，如视图、索引等，都是依附于表对象而存在的。

（1）什么是表

在关系数据库中，每一个关系都表现为一张表。表是用来存储数据和操作数据的逻辑结构,关系数据库中的所有数据都表现为表的形式,由列和行组成。

• 表是关系模型中表示实体的方式,它是一个二维结构;表中的一行包含一个对象、事件或关系的数据,表中的行是没有特定的顺序的。

• 每一列称为一个字段,每列的标题称为列名,它是一组相同数据类型的值。

• 行和列相交的地方称为一个单元,它是表的最小部分,不能把它拆分成更小的部分。

在 SQL Server 2005 中,数据表分为普通表、分区表、临时表和系统表几种。

普通表:又称为标准表、基本表,即数据库中存储数据和使用的表。

分区表:将数据水平划分为多个单元的表,这些单元可以分散到数据库中多个文件组中(即逻辑上一张表,实际存储在多个文件里),这种表特别适合大数据量存储。

临时表:临时创建的,不能永久生存的表。

系统表:存储了有关 SQL Server 服务器的配置、数据库设置、用户和表对象的描述等系统信息。通常,只能由 DBA 来使用系统表。

（2）表的数据类型

表 8.1 列出了 SQL Server 2005 系统中常用的数据类型,不同的数据类型可以为表中的每个列限定取值范围,实现数据的域完整性控制。

表 8.1   SQL Server 中常用的数据类型

种类		数据类型
数字	整数	int,bigint,smalint,tinyint
	精确数值	decimal,numeric
	近似数值	float,real
	货币	money,smalldatetime
日期和时间		datetime,smalldatetime
字符	Non-Unicode	char,varchar,varchar(max),ntext
	Uncicode	char,nvarchar,nvarchar(max),ntext
二进制		binary,varbinary,varbinary(max)
图像		image
全书标识符		uniqueidentifier
XML		xml
特殊		bit,cursor,timestamp,sql-vqriant

注意:在数据类型中,固定长度的数据类型比相应可变长度类型处理速度要快。

（3）运用 SSMS 创建表

创建表可以有两种方法,一种是用图形界面的方法SSMS 创建,另一种是用 T-SQL 语句创建。下面对运用SSMS 创建表进行讲解,对 T-SQL 创建表感兴趣的读者可以参考其他书籍。

① 打开 SQL Server Managerment Studio,在"对象资源管理器"窗口中,展开服务器,再展开"数据库",然后展开"student"数据库。

② 右击"表"节点,从弹出的快捷菜单中选择"新建表"命令,如图 8.5 所示。

③ 打开表设计器窗口,根据需要创建表结构,创建好之

图 8.5 "新建表"命令

后，单击工具栏上的"保存"按钮。在弹出的"选择名称"对话框中，输入表名"stuInfo"，如图 8.6
所示。

图 8.6　创建表并保存

注意：字段 id 是关键字段，并在属性窗口中设计成"标识"。

④ 关闭当前设计器窗口，完成表的创建。把新创建的 stuInfo 表打开，即可录入数据。但是要
注意 id 字段的信息不能录入，换行或保存后它是自动生成的。

8.1.4　基本 SQL 语句应用

结构化查询语言 SQL 是目前各种关系数据库管理系统广泛采用的数据库语言。Transact-SQL
语言是微软对 SQL 的实现，简称为 T-SQL。这个语言实现了查询数据库问题的一种标准化方式。
允许用户直接查询存储在数据库中的数据，也可以把语句嵌入到某种高级程序设计语言中使用，如
可嵌入到 Microsoft Visual C#.NET 语言中。

T-SQL 语句分为以下 3 类。

• 数据操作语句（DML）用于在数据库中检索、计算、插入、编辑和删除数据，如 Select、
Insert、Update、Delete、Commit、Rollback 等语句。

• 数据定义语句（DDL）用于创建、修改和销毁数据表、索引、视图等数据库对象，如 Cre-
ate、Alter、Drop 等语句。

• 数据控件语句（DCL）用于授权某些用户查看、更改、删除数据或数据库对象，如 Grant、
Revoke 等语句。

1. 建立基本表

格式：

```
Create table <表名>(
列名 1 类型 1 约束 1,
[列名 2 类型 2 约束 2…]
)
```

示例:

```
create table stuInfo
(
    id int IDENTITY(1,1) PRIMARY KEY,
    学号 nchar(10) not null,
    姓名 nchar(10) not null,
    性别 bit,
    出生日期 datetime,
    家庭地址 varchar(50)
)
```

2. 删除表

格式:

```
drop table <表名>
```

示例:

```
drop table stuInfo
```

3. 查询表

在众多的 SQL 命令中,Select 查询语句是数据库操作中最基本和最重要的语句之一,它的功能是从数据库中检索出满足条件的所有记录。可以针对一张表进行查询,也可以从多张表甚至视图查询。查询的结果是一个记录集合,并且允许一个或多个字段作为输出字段。Select 语句还可以对查询的结果进行排序、汇总等。

格式:

```
select [distinct] [top n[percent]] 字段列表 from 表名
[where 条件表达式]
[group by 字段名]
[having 条件]
[order by 列名 [asc|desc]
```

各子句的功能如下。

- Select:指定要查询的内容。
- From:指定从其中选定记录的表名。
- Distinct:用来消除查询结果中的重复行。
- Where:指定所选记录必须满足的条件。
- Top:限制查询结果返回的行数。
- Group by:把选定的记录分成特定的组。
- Having:说明每个组需要满足的条件。
- Order by:按特定的次序将记录排序,asc 升序,desc 降序。

其中,在"字段列表"中可使用聚合函数对记录进行合计,它返回一组记录的单一值,可以使用的聚合函数如表 8.2 所示。

表 8.2　SQL 的聚合函数

函数	说明
Avg	返回特定字段中值的平均数
Count	返回选定字段的个数
Sum	返回特定字段中所有值的总和
Max	返回特定字段中的最大值
Min	返回特定字段中的最小值

(1) 选取表中所有记录。

方式一:

```
Select * from stuInfo
```

方式二：

select id,学号,姓名,性别,出生日期,家庭地址 from sutInfo

（2）选取姓"张"的男性学生信息，并按出生日期升序排列。

Select * from stuInfo where(姓名 like ´张 %´)and(性别)=1 order by 出生日期 asc

因为性别字段类型为 bit，设定 1 为男，0 为女。

%为通配符，代码任意长度的数据。

（3）统计表中男女同学的人数。

Select 性别,count(*) as 人数 from stuInfo group by 性别

4. 插入记录

格式：

insert into 表名[(字段名列表)] values(值列表)

（1）插入完整记录

insert into stuInfo(学号, 姓名, 性别, 出生日期, 家庭地址)
　　　values(´2012010004´,´赵立军´, 1,´1985-06-15´,´天津´)

（2）插入部分字段信息

insert into stuInfo(学号, 姓名, 性别) values (´2012010005´,´花茜´, 0)

注意事项如下。

- 插入数据时值列表一定要与字段名列表顺序一致。
- 表中"不允许为空的字段"必须插入数据，如"学号"、"姓名"字段。
- 不允许向标识列插入数据，如 id 字段。

5. 更新记录

格式：

update 表名 set 列名 1=值 1[,列名 n=值 n][where 条件]

（1）修改学号为"2012010002"人员的家庭地址。

update stuInfo set 家庭地址=´河南´ where 学号=´2012010002´

（2）把所有人的学号前面加'11'字符。

update stuInfo SET 学号=´11´+学号

注意：前面我们设计表结构时，学号为 10 个长度，这里我们要在 SSMS 里修改其为 12。

6. 删除记录

格式：

delete [from] 表名 [where 条件]

（1）删除"张三丰"的信息。

delete from stuInfo where 姓名=´张三丰´

（2）删除出生日期 1985 年以前的信息。

delete from stuInfo where 出生日期＜´1985-01-01´

（3）删除全部信息。

delete from stuInfo

7. 授权语句

格式：

grant ＜权限表 on ＜表名＞ to ＜用户名表＞ [with grant option]

（1）把对 stuInfo 的查询权力授予所有用户。

grant select on table stuInfo to public

（2）把在数据库 student 中建立数据表的权力授予 mytest 用户。

grant createtable on database student to mytest

8. 回收权限语句

格式：

revoke ＜权限表＞ on ＜表名＞ from ＜用户名表＞

（1）将 mytest 用户对 stuInfo 表"学号"字段的更改权限收回。

revoke update（学号）on talbe stuInfo from mytest

（2）将所有用户对 stuInfo 表的查询权限全部收回。

revoke select on talbe stuInfo from public

8.2 ADO.NET 模型

8.2.1 ADO.NET 简介

在 SQL Server 2005 系统中访问自己所建立的数据库是十分方便的,但是如何从外部访问 SQL Server 2005 数据库呢? 为此人们提出了新一代的数据库访问技术模型 ADO.NET。ADO. NET 技术是一种可以快速、高效地利用 Visual Studio 2008 开发出基于.NET 平台的数据库应用程序的技术。实际上,ADO.NET 就是由.NET Framework 提供的与数据库操作相关的类库。在.NET 应用程序开发中,C♯与 VB.NET 都可以使用 ADO.NET。

ADO.NET 可以被看做是管委会介于数据源和数据使用者之间的转换器。ADO.NET 接受程序中的命令,如连接数据库、返回数据集等,然后将这些命令转换成在数据源中可以正确执行的语句(如关系数据库的 SQL)。在传统的应用程序开发中,应用程序可以通过使用 ODBC 来访问数据库,虽然微软提供的 ODBC 类库非常丰富,但是开发过程却并不简单,而 ADO.NET 简化了这个操作。在 ASP.NET 中,还提供了大量简单易用、功能强大的控件,使用这些控件,开发人员可以更加快捷地利用 ADO.NET 开发应用程序。

ADO.NET 具有如下几个特征。

• 非连接数据体系：ADO.NET 可以在两种模式下工作,一种是连接模式,另一种是非连接模式。在连接模式下访问数据库,应用程序需要与数据库一直保持连接直至停止运行,实际上除了检索和更新数据外,应用程序没有同数据库进行交互。为了提高系统资源的利用率和减少损耗,ADO.NET 还提供了非连接模式的数据访问。使用这种非连接数据体系,只有当检索或更新数据时应用程序才连接到数据库,检索或更新结束后自动关闭与数据库的连接,当需要时会重新建立连接。这样,数据库可以同时满足多个应用程序的需要。

• 在数据集中缓存数据：数据集是数据库记录的一个缓冲集合,数据集独立于数据源,可以保持同数据源的无连接状态。

• 用 XML 进行数据传送：通过使用 XML 将数据从数据库中传送到数据集中,再从数据集传送到另外一个对象中。使用 XML 可以在不同类型应用之间交换信息。

• 通过数据命令和数据库相互作用：数据命令可以是 SQL 声明或一个存储过程,通过执行命令,可以从数据库中检索、插入或修改数据。

8.2.2 ADO.NET 体系结构

ADO.NET 包括两个核心组件：.NET Framework 数据提供程序和 DataSet，用于实现数据操作与数据访问的分离。图 8.7 展示了 ADO.NET 结构模型及关系。

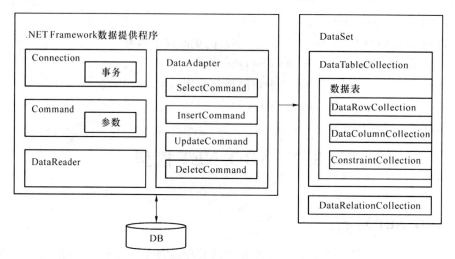

图 8.7　ADO.NET 组件结构模型

1. .NET Framework 数据提供程序

.NET Framework 数据提供程序用于连接到数据库、执行命令和检索结果。可以直接处理检索到的结果，或将其放入 ADO.NET DataSet 对象，以便与来自多个源的数据或层之间进行远程处理的数据组合在一起，以特殊的方式向用户公开。.NET Framework 数据提供程序是轻量的，它在数据源和代码之间创建了一个最小层，以便在不以功能为代价的前提下提高性能。表 8.3 给出了 .NET Framework 数据提供程序中包含的 4 个核心对象。

表 8.3　.NET Framework 数据提供程序的核心对象

名称	说明
Connection	提供和数据源的连接功能
Command	提供运行访问数据库命令、传送数据或修改数据的功能
DataReader	从数据源中获得高性能的数据流，允许应用程序在数据记录间进行只读、只进的数据访问，从而提高应用程序的性能
DataAdapter	通过 Command 对象运行 SQL 查询命令取得数据表，以便进行高速、只读的数据浏览

2. DataSet 组件

DataSet（数据集）是 ADO.NET 离线（断开式）数据访问模型中的核心对象，主要使用时机是在内存中暂存并处理各种从数据源中所取回的数据。DataSet 其实就是一个存入在内存中的数据暂存区，这些数据必须通过 DataAdapter 对象与数据库进行交换。在 DataSet 内部允许同时存放一个或多个不同的数据表（DataTable）对象。这些数据表是由数据列和数据域所组成的，并包含有主索引键、外部索引键、数据表间的关系（Relation）信息以及数据格式的条件限制（Constraint）。DataSet 可以用于访问多个不同的数据源、XML 数据或者作为应用程序暂存系统状态的暂存区。

8.2.3　ADO.NET 数据库的访问原理及流程

应用程序既可以通过数据集,也可以通过 DataReader 来访问数据库,其数据访问原理如图 8.8 所示。

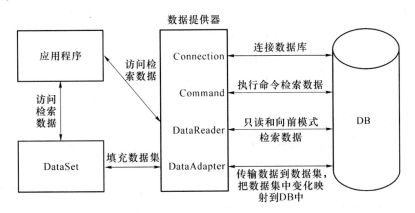

图 8.8　ADO.NET 数据访问原理

ADO.NET 数据库访问的一般流程如下(断开式)。

(1) 建立 Connection 对象,创建一个数据库连接。

(2) 在建立连接的基础上可以使用 Command 对象对数据库发送查询、新增、修改和删除等命令。

(3) 创建 DataAdapter 对象,从数据库中取得数据。

(4) 创建 DataSet 对象,将 DataAdapter 对象填充到 DataSet 对象(数据集)中。

(5) 如果需要,可以重复操作,一个 DataSet 对象可以容纳多个数据集合。

(6) 关闭数据库。

(7) 在 DataSet 上进行所需要的操作。数据集的数据要输出到窗体中或者网上面,需要设定数据显示控件的数据源为数据集。

如果想用连线模式进行数据操作,我们只用到 Connection、Command 和 DataReader 几个对象即可。但是这种方式只能从数据库读取数据,不能添加、修改和删除记录。如果只想进行查询,这种方式更好一些。

8.3　ADO.NET 的数据访问对象

.NET 数据提供程序作为核心元素,连接了应用程序和数据源,在它们之间建起了一座桥梁。.NET 数据提供程序从数据源返回查询结果,在数据源上执行命令,把数据集中的改变提交到数据源。它实现了对数据的通用访问形式。NET 数据提供程序与数据源类型关系紧密,不同的数据源有不同的数据提供程序。不同的数据提供程序会由其所使用的数据库技术不同而有所不同的实现方式。它们提供了对底层数据源的访问,包括 4 个主要对象:Connection、Command、DataReader 和 DataAdapter。

8.3.1　SqlConnection 对象

要使用 ADO.NET 检索和操作数据库，必须首先创建应用程序和数据库之间的连接。ADO.NET 提供了以下几个专门用于连接不同数据库的连接类。

- OleDbConnection 类：主要用于连接 Access、SQL Server 6.5 以下版本的数据库。
- OdbcConnection 类：用于连接 ODBC 数据源。
- SqlConnection 类：用于连接 SQL Server 数据库。
- OracleConnection 类：用于连接 Oracle 数据库。

本书以 SQL Server 2005 数据库为例，来介绍用 SqlConnection 类连接数据库的方法。

1. SqlConnection 对象

SqlConnection 对象的常用属性如表 8.4 所示，其常用方法如表 8.6 所示。

表 8.4　SqlConnection 类的常用属性属性

属性名称	说明
ConnectionString	获取或设置用于打开数据库的字符串
ConnectionTimeout	获取在尝试建立连接时终止尝试并生成错误之前所等待的时间
Database	获取当前数据库或连接打开后要使用的数据库名称
DataSource	获取数据源服务器名或文件名
Provider	获取在连接字符串的"provider="子句中指定的 SQL 提供程序的名称
State	获取连接的当前状态。其取值如表 8.5 所示

表 8.5　State 枚举成员值

名称	说明
Broken	与数据源的连接中断。只有在连接打开之后才可能发生这种情况。可以关闭处于这种状态的连接，然后重新打开
Closed	连接处于关闭状态
Connecting	连接对象正在与数据源连接
Executing	连接对象正在执行命令
Fetching	连接对象正在检索数据
Open	连接处于打开状态

表 8.6　SqlConnection 类的常用方法

方法名称	说明
Open	使用 ConnectionString 所指定的属性设置打开数据库连接
Close	关闭与数据库的连接。这是关闭任何打开连接的首选方法
CreateCommand	创建并返回一个与 SqlConnection 关联的 SqlCommand 对象
ChangeDatabase	为打开的 SqlConnection 更改当前数据库

2. 建立连接字符串 ConnectionString

对于一个数据库建立连接的过程基本上要分为 4 个步骤：在页面上添加对 System.Data.

SqlClient 的引用、创建 SqlConnection 对象、打开数据库连接、关闭数据库连接。

（1）添加对 System. Data. SqlClient 的引用

. aspx. cs 页面的后台代码要对命名空间 System. Data. SqlClient 进行引用，代码如下所示：

```
using System.Data;
using System.Data.SqlClient;
```

（2）创建 SqlConnection 对象

在程序代码中创建 SqlConnection 对象，并赋值连接字符串，代码如下所示：

```
SqlConnection cn = new SqlConnection();   //创建连接对象
//设置连接字符串
string connStr = "Data Source = . ;User ID = sa;Password = 1234;Initial Catalog = Student; Integrated Security = False";
cn.ConnectionString = connStr;
```

上述代码创建了一个 SqlConnection 对象，并且配置了连接字符串。其中，连接字符串中各项参数说明如下。

• Data Source(或 Server 或 Address)：要连接 SqlServer 服务器的地址(本机可以用"."、"localhost"、"(local)"或"127.0.0.1")。

• Initial Catalog(或 Database)：数据库名称。

• Integrated Security(或 Trusted_Connection)：当为 False(默认值)时，将在连接中指定用户 ID 和密码。为 True 时，将使用 Windows 账户凭据进行身份验证。

• User ID(或 uid)：登录的 SQL Server 用户名。

• Password(或 pwd)：登录的 SQL Server 用户的密码。

注意：一般在应用程序中，我们会把数据库连接串写到网站的配置文件中方便所有页面使用。使用时通过. NET 提供的配置管理类来读取，修改时只需要修改该配置文件一处即可，从而简化了开发烦琐程度。

打开 Web 网站的配置文件 web. config，查找＜connectionString＞标签，并将原来的

```
<connectionStrings />
```

修改为

```
<connectionStrings>
<add name = "myConnStr" connectionString = " Data Source = . ;User ID = sa; Password = 1234; Initial Catalog = Student; Integrated Security = False" />
</connectionStrings>
```

上述代码中＜connectionStrings＞元素用来标记数据库连接字符串，可以包含多个＜add＞元素；每个＜add＞元素代表一个数据库配置，其 name 属性为名称，connectionStrings 为连接字符串。

在程序中通过使用 ConfigurationManager 类可以获取配置文件中的连接字符串，代码如下所示：

```
//引用命名空间
using System.Configuration ;
//获得连接字符串
string connStr = ConfigurationManager.ConnectionString["myConnStr"].ConnectionString;
```

（3）打开数据库连接

配置完连接字符串后，就可以调用 SqlConnection 对象的 Open()方法来打开数据库连接。代码如下所示：

```
cn.Open();
```

（4）关闭数据库连接

对数据进行完操作后,在代码结束时需要关闭数据库连接,通过Close()方法实现关闭,代码如下所示:

```
cn.Close();
```

3. 示例"ph0801"

（1）新建一个网站名为"ph0801"。在 default.aspx 页中添加 1 个 button 按钮控件、1 个 Label 标签控件。

（2）在 default.aspx.cs 文件中引用命名空间:

```
using System.Data;
using System.Data.SqlClient;
```

（3）在 Button 控件的 Click 事件中输入如下代码:

```
protected void Button1_Click(object sender, EventArgs e)
{
    try {
        SqlConnection cn = new SqlConnection();  //创建连接对象
        //设置连接字符串
        string connStr = "Data Source = .;User ID = sa;Password = 1234;Initial Catalog = Student;
Integrated Security = False";
        cn.ConnectionString = connStr;
        cn.Open();
        Label1.Text = "连接成功";
        cn.Close();
    }
    catch {
        Label1.Text = "连接失败";
    }
}
```

图 8.9　测试数据库连接

（4）运行网站,查看结果如图 8.9 所示。

大家可以将数据库连接串放置到 web.config 文件中,修改本程序的连接模式,再运行看看效果。

8.3.2　SqlCommand 对象

建立数据连接之后,就可以执行数据访问操作了。Command 对象可以使用数据命令直接与数据源进行通信。Command 类是一个执行 SQL 语句和存储过程的类,通过它可以实现对数据的添加、删除、更新、查询等操作。与 Connection 类类似,不同的数据提供程序具有各自的 Command 类,因此使用前首先要根据所连接的数据库来确定 Command 的种类,本书仍然以 SqlCommand 类为例。

1. SqlCommand 对象

创建 SqlCommand 对象需要设置其相关属性,这些属性包括数据库在执行某个语句时的所有必要信息。SqlCommand 常用的属性如表 8.7 所示。其中 CommandType 有 3 种不同的类型,如表 8.8 所示。

表 8.7 SqlCommand 常用属性	
属性名称	说明
Connection	设置命令对象所使用的连接
CommandText	命令文本
CommandType	命令类型,可以是 SQL 语句、存储过程和表
Parameters	命令对象的参数集合

表 8.8 CommandType 枚举值	
名称	说明
Text	默认值。表示执行的是 SQL 语句
StoreProcedure	表示执行的是存储过程
TableDirect	表示执行的是某个数据表中的所有数据。此时 Text 的值为表名

SqlCommand 对象的常用方法如表 8.9 所示。

表 8.9 SqlCommand 常用方法

方法名称	说明
CreateParameter	创建 Parameter 对象的新实例
ExecuteNonQuery	针对 Connection 执行 SQL 语句并返回受影响的行数
ExecuteReader	将 CommandText 发送到 Connectin 并生成一个 DataReader
ExecuteScalar	执行查询,返回数据的第一行第一列的值。常用来执行 Count、Sum 函数

2. 示例"ph0802"

本例我们主要练习 SqlCommand 对象的执行方法,数据库的连接模式使用 web.config 文件里的连接字符串。

(1)新建一个网站名为"ph0802"。在 default.aspx 页中添加 1 个 button 按钮控件、2 个 Label 标签控件。

(2)添加 web.config 数据库连接字符串。

```
<connectionStrings>
    <add name = "myConnStr" connectionString = " Data Source = . ;User ID = sa; Password = 1234;
Initial Catalog = Student; Integrated Security = False"/>
    </connectionStrings>
```

(3)在 default.aspx.cs 文件中引用命名空间:

```
using System.Data;
using System.Data.SqlClient;
using System.Configuration ;
```

(4)在 Button 控件的 Click 事件中输入如下代码:

```
protected void Button1_Click(object sender, EventArgs e)
{
  try
  {
    string cnStr = ConfigurationManager.ConnectionStrings["myConnStr"].ConnectionString;
    SqlConnection cn = new SqlConnection(cnStr);
    cn.Open();
    SqlCommand cmd = new SqlCommand();
    cmd.CommandText = "select count( * ) from stuInfo";

    cmd.Connection = cn;
```

```
        Label1.Text ="添加前总人数:" + cmd.ExecuteScalar().ToString();

    string   sqlStr ="insert into stuInfo(学号,姓名,性别,出生日期,家庭地址) values
('2012123456','陶静',0,'1989-05-4','山东')";
        cmd.CommandText = sqlStr;
        cmd.ExecuteNonQuery();

        cmd.CommandText ="select count( * ) from stuInfo";
        cmd.Connection = cn;
        Label2.Text ="添加后总人数:" + cmd.ExecuteScalar().ToString();
        cn.Close();
    }
    catch
    {
        Label1.Text ="操作失败!";
    }
}
```

（5）运行网站,查看结果如图 8.10 所示。

3. SqlCommand 对象的命令中使用参数

.NET 数据提供者支持执行命令中包含参数的情况,也就是,可以使用包含参数的命令存储过程执行数据操作。SqlCommand 对象的 Parameters 属性能够取与 SqlCommand 相关联的参数集合,从而通过调用其 Add 方法即可将 SQL 语句中的参数添加到参数集合中,每个参数都是一个 SqlParameter 类对象,其常用属性及说明如表 8.10 所示。

图 8.10　运行结果

表 8.10　SqlParameter 常用属性

属性名称	说明
ParameterName	指定参数的名称
SqlDbType	指定参数的数据类型,如整型、字符型等
Value	设置输入参数的值
Size	设置数据的最大长度
Scale	设置小数位数
Direction	指定参数的方向,其值是枚举值,如表 8.11 所示

表 8.11　Direction 枚举值

名称	说明
ParameterDirection.Input	输入参数
ParameterDirection.Output	输出参数
ParameterDirection..InputOutput	输入输出参数
ParameterDirection.ReturnValue	为返回值类型

4. 示例"ph0803"

本例运用 SqlCommand 参数方法统计 stuInfo 表中男女同学的人数。

（1）新建一个网站名为"ph0803"。在 default.aspx 页中添加 1 个 button 按钮控件、1 个

Label 标签控件、1 个 RadioButtonList 控件。

（2）添加 web. config 数据库连接字符串。

```
<connectionStrings>
    <add name = "myConnStr" connectionString = " Data Source = . ;User ID = sa; Password = 1234; Ini-
tial Catalog = Student; Integrated Security = False"/>
</connectionStrings>
```

（3）编辑 RadioButtonList 项，值如下：

```
<asp:RadioButtonList ID = "RadioButtonList1" runat = "server"  RepeatDirection = "Horizontal">
    <asp:ListItem Value = "1" Selected = "True">男</asp:ListItem>
    <asp:ListItem Value = "0">女</asp:ListItem>
</asp:RadioButtonList>
```

（4）在 default. aspx. cs 文件中引用命名空间：

```
using System. Data;
using System. Data. SqlClient;
using System. Configuration ;
```

（5）在 Button 控件的 Click 事件中输入如下代码：

```
protected void Button1_Click(object sender, EventArgs e)
    {
        try
        {
            string cnStr = ConfigurationManager. ConnectionStrings["myConnStr"]. ConnectionString;
            SqlConnection cn = new SqlConnection(cnStr);
            cn. Open();
            SqlCommand cmd = new SqlCommand();
            cmd. CommandText = "select count( * ) from stuInfo where 性别 = @sex";
            cmd. Connection = cn;
            cmd. Parameters. Add("@sex", SqlDbType. Bit). Value
= Convert . ToByte ( RadioButtonList1. SelectedValue);
            Label1. Text = RadioButtonList1. Selecte-
dItem
    + "同学人数：" + cmd. ExecuteScalar(). ToString();
        }
        catch
        {
            Label1. Text = "操作失败！";
        }
    }
```

图 8.11　运行结果

（6）运行网站，查看结果如图 8.11 所示。

8.3.3　SqlDataReader 对象

当返回结果集的命令时，需要一个方法从结果集中提取数据。处理结果集的方法有两个：第一使用 SqlDataReader 对象（数据阅读器）；第二使用 SqlDataAdapter（数据适配器）和 Data-Set 对象。

使用 SqlDataReader 对象可以从数据库中得到只读、向前的数据流，使用 SqlDataReader 对象可以提高程序性能，减少系统开销。但是要注意的是，SqlDataAdapter 对象能够自动地打开和关闭连接,而 SqlDataReader 需要用户手动管理连接,即不再需要时,我们要手动关闭 DataReader 连接。

SqlDataReader 的常用属性和方法如表 8.12 和表 8.13 所示。

表 8.12　SqlDataReader 常用属性

属性名称	说明
FieldCount	获取当前行中的列数
IsClosed	判断 SqlDataReader 对象是否关闭
RecordsAffected	获取执行 SQL 语句时修改的行数

表 8.13　SqlParameter 常用方法

方法名称	返回值	说明
Close()	void	关闭数据读取器
NextResult()	boolean	当读取批量的 SQL 语句的结果时,前进到下一个结果集,如果有更多的结果集,返回 True
Read()	boolean	前进到下一条记录。如果有记录,返回 True

下面给出示例“ph0804”。

（1）新建一个网站名为“ph0804”。在 default.aspx 页中添加 1 个 button 按钮控件、1 个 ListBox 列表控件。

（2）添加 web.config 数据库连接字符串。

```
<connectionStrings>
    <add name = "myConnStr" connectionString = " Data Source = . ;User ID = sa; Password = 1234; Initial Catalog = Student; Integrated Security = False"/>
</connectionStrings>
```

（3）在 default.aspx.cs 文件中引用命名空间：

```
using System.Data;
using System.Data.SqlClient;
using System.Configuration;
```

（4）在 Button 控件的 Click 事件中输入如下代码：

```
protected void Button1_Click(object sender, EventArgs e)
{
    try
    {
        string cnStr = ConfigurationManager.ConnectionStrings["myConnStr"].ConnectionString;
        SqlConnection cn = new SqlConnection(cnStr);
        cn.Open();
        SqlCommand cmd = new SqlCommand();
        cmd.CommandText = "select * from stuInfo";
        cmd.Connection = cn;
        SqlDataReader sda = cmd.ExecuteReader();
        ListBox1.Items.Add("学号　姓名　性别　出生日期 家庭地址");
        ListBox1.Items.Add("--------------------------------------------------------------------------");
```

```
            while (sda.Read())
            {
                ListBox1.Items.Add(String.Format("{0}{1}{2}{3}{4}", sda[1].ToString(),
                    sda[2].ToString(), sda[3].ToString(), sda[4].ToString(), sda[5].ToString()));
            }
            cn.Close();
            sda.Close();
        }
        catch
        {
            Response.Write("操作失败");
        }
    }
```

（5）运行网站，查看结果如图8.12所示。

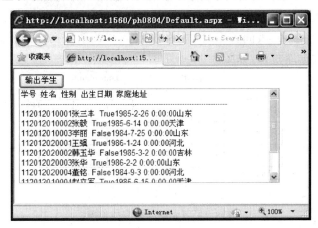

图8.12 运行结果

注意：在获取字段值时，为什么 sda[1]索引下标从 1 开始，而不从 0 开始呢？获取字段值除了用索引下标，还可以直接用字段名，如 sda["学号"]、sda["姓名"]等。

8.3.4 SqlDataAdapter 对象

SqlDataAdapter 对象（数据适配器）可以执行 SQL 命令以及调用存储过程、传递参数，最重要的是取得数据结果集，在数据库和 DataSet 对象之间来回传输数据。DataSet 对象中缓存了检索结果，从而降低了应用程序和数据库之间的通信次数。SqlDataAdapter 常用属性如表8.14所示。

表 8.14 SqlDataAdapter 常用属性

属性名称	说明
SelectCommand	查询数据命令
InsertCommand	插入数据命令
UpdateCommand	更新数据命令
DeleteCommand	删除数据命令

SqlDataAdapter 常用方法有 Fill() 和 Update()。Fill() 用于填充或刷新 DataSet；Update() 将 DataSet 中数据更新到数据库里。

实际上，使用 SqlDataAdapter 对象的主要目的是取得 DataSet 对象。另外，它还有一个功能，就是数据写回更新自动化。因为 DataSet 对象为离线存取，因此数据的添加、删除、修改都在 DataSet 中进行，当需要数据批次写回数据库时，SqlDataAdapter 对象提供了一个 Update

方法，它会自动将 DataSet 中不同的内容取出，然后自动判断添加的数据并使用 InsertCommand 所指定 Insert 语句，修改的记录使用 UpdateCommand 所指定的 Update 语句，以及删除记录使用 DeleteCommand 指定的 Delete 语句来更新的数据库的内容。

创建 DataAdapter 对象时，一般要提供两个参数：Select 语句和连接对象。例如：

```
//创建适配器对象
SqlDataAdapter sda = new SqlDataAdapter("select * from stuInfo",cn);
```

8.3.5 DataSet 对象

DataSet(数据集)是 ADO. NET 离线数据访问模型中的核心对象，主要使用时机是在内存中暂存并处理各种数据源中所取回的数据。DataSet 其实就是一个存放在内存中的数据暂存区，这些数据必须通过 DataAdapter 对象与数据库进行数据交换。在 DataSet 内部允许同时存放一个或多个不同的数据表(DataTable)对象。这些数据表是由数据列和数据域所组成的，并包含有主索引键、外部索引键、数据表间的关系(Relation)信息以及数据格式的条件限制(Constraint)。

DataSet 能够支持多表、表间关系、数据库约束等，与关系数据库的模型基本一致，从而能模拟出一个简单的数据库模型，如图 8.13 所示。

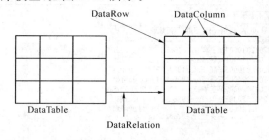

图 8.13 DataSet 数据库模型

图 8.13 简要地介绍了 DataSet 中常用对象之间的结构关系。其中，DataTable 是数据集中的一张表；每张表都由 DataRow(行)和 DataColumn(列)组成；一个数据集中可以有多张表，表与表之间的关系可以通过 DataRelation 进行关联。DataTalbe、DataRow、DataColumn 以及 DataRelation 都在 System. Data 命名空间。

创建一个空的 DataSet 对象如下所示：

```
DataSet ds = new DataSet();
```

使用适配器 Fill()方法可以将数据填充到 DataSet 中，例如：

```
sda.Fill(ds);   //sda 为 SqlDataAdapter 对象
```

填充后，数据将以表的形式存放在数据集中，可以通过索引引用这些表，例如：

```
ds.Table[0];   //数据集中的第一张表
```

表的索引下标是从 0 开始，按照适配器向数据集中填充的顺序进行排列。当数据集中表很多时，用下标来记就很不方便。其实，使用适配器填充数据集时，还可以给表命名，以便使用时通过表的名字进行调用，例如：

```
//将数据填充到数据集中，并给表起名，名称可以和实际表名一样，也可以不一样
sda.Fill(ds,"user");
ds.Talbe["user"];   //获取 ds 集中标识名为"user"的表
```

DataTable 是 DataSet 中的常用对象,是数据库中表概念的映射,其属性如表 8.15 所示。示例"ph0805"演示了获取 stuInfo 表的所有数据。

（1）新建一个网站名为"ph0805"。在 default. aspx 页中添加 1 个 button 按钮控件。

（2）添加 web. config 数据库连接字符串。

表 8.15　DataTable 常用属性

属性名称	说明
Columns	获取属于该表的列的集合
Rows	获取属于该表的行的集合
TableName	指定数据表名称

```
<connectionStrings>
    <add name = "myConnStr" connectionString = " Data Source = . ;User ID = sa; Password = 1234; Initial Catalog = Student; Integrated Security = False"/>
</connectionStrings>
```

（3）在 default. aspx. cs 文件中引用命名空间：

```
using System.Data;
using System.Data.SqlClient;
using System.Configuration;
```

（4）在 Button 控件的 Click 事件中输入如下代码：

```
protected void Button1_Click(object sender, EventArgs e)
{
    try
    {
        string cnStr = ConfigurationManager.ConnectionStrings["myConnStr"].ConnectionString;
        SqlConnection cn = new SqlConnection(cnStr);
        cn.Open();
        SqlDataAdapter sda = new SqlDataAdapter("select * from stuInfo", cn);
        DataSet ds = new DataSet();
        sda.Fill(ds, "user");
        DataTable dt = ds.Tables["user"];
        for (int i = 1; i < dt.Columns.Count; i++)
        {
            Response.Write(dt.Columns[i].ColumnName + "    ");
        }
        Response.Write("<br>");
        for (int i = 0; i < dt.Rows.Count; i++)
        {
            DataRow dr = dt.Rows[i];
            for (int j = 1; j < dt.Columns.Count; j++)
            {
                Response.Write(dr[j] + "    ");
            }
            Response.Write("<br>");
        }
        cn.Close();
    }
    catch
    {
```

```
        Response.Write("操作失败");
      }
   }
```

（5）运行网站，查看结果如图 8.14 所示。

图 8.14　运行结果

8.4　SqlDataSource 控件

8.4.1　数据控件概述

ASP. NET 中提供了一系统的数据源控件和数据绑定控件。数据源控件用来配置数据源，当数据控件绑定数据源控件时，就能够通过数据源控件获取数据源中的数据并显示，而无须手动编写代码。数据源控件和数据绑定控件让开发人员以可视化的方式操作并显示数据库中的数据，简化了开发难度，提高了工作效率。

ASP. NET 3.5 提供了 6 种数据源控件，如表 8.16 所示。

表 8.16　ASP. NET 数据源控件

名称	说明
SqlDataSource	用来连接数据库类型的数据源，使用 T-SQL 命令来检索和修改数据。可用于数据库的类型包括 SQL Server、OLE DB、ODBC 和 Oracle 数据库
AccessDataSource	继承自 SqlDataSource，专门用于 Access 数据库
LinqDataSource	通过 LINQ 技术访问数据库的映射类，实现数据的增、删、改操作
ObjectDataSource	其数据间层的业务对象，实现一种或多种方法与业务数据对象进行交互，同时检索或修改数据
XmlDataSource	读取和写入 XML 数据
SiteMapDataSource	从站点地图获取数据，并将数据显示到站点导航控件中

ASP. NET 3.5 中常用的数据绑定控件有 6 种，如表 8.17 所示。

表 8.17　ASP.NET 数据绑定控件

名称	说明
GridView	以表格的形式显示数据
DetailsView	基于表格的形式显示一条记录的详细信息
FormView	基于模板布局的形式显示一条记录的详细信息
Repeater	是一种列表控件，使用模板将数据记录呈现为只读列表
DataList	表格数据绑定控件，可以使用不同的布局来显示数据
ListView	使用模板和样式定义的格式显示数据

这些数据源控件和数据绑定控件都在工具箱的"数据"选项卡中。所有的数据库绑定控件都是从 BaseDataBoundControl 抽象类派生的，该抽象类主要定义了以下属性和方法。

- DataSource 属性：指定数据绑定控件的数据源，数据绑定控件从指定数据源中获取数据并显示。
- DataSourceID 属性：指定数据绑定控件的数据源控件的 ID，数据绑定控件根据 ID 找到相应的数据源控件，并利用数据源控件中的指定方法获取数据并显示。
- DataBind()方法：当指定了数据绑定控件的 DataSource 属性或者 DataSourceID 属性之后，再调用 DataBind()方法才会显示绑定的数据。

示例"ph0806"演示了获取 stuInfo 表的姓名数据，并通过数据源关联模式关联到 ListBox 控件中。注意本例的实现没有通过控件而是通过代码实现的。

（1）新建一个网站名为"ph0806"。在 default.aspx 页中添加 1 个 button 按钮控件。

（2）添加 web.config 数据库连接字符串。

```
＜connectionStrings＞
    ＜add name = "myConnStr" connectionString = " Data Source = .;User ID = sa; Password = 1234; Initial Catalog = Student; Integrated Security = False"/＞
＜/connectionStrings＞
```

（3）在 default.aspx.cs 文件中引用命名空间：

```
using System.Data;
using System.Data.SqlClient;
using System.Configuration;
```

（4）在 Button 控件的 Click 事件中输入如下代码：

```
protected void Button1_Click(object sender, EventArgs e)
{
    try
    {
        string cnStr = ConfigurationManager.ConnectionStrings["myConnStr"].ConnectionString;
        SqlConnection cn = new SqlConnection(cnStr);
        cn.Open();
        SqlDataAdapter sda = new SqlDataAdapter("select * from stuInfo", cn);
        DataSet ds = new DataSet();
        sda.Fill(ds, "user");
        ListBox1.DataSource = ds.Tables["user"];
        ListBox1.DataTextField = "姓名";
        ListBox1.DataBind();
```

```
        ListBox1.Items.Insert(0,"所有人员");
        cn.Close();
    }
    catch
    {
        Response.Write("操作失败");
    }
}
```

（5）运行网站，查看结果如图 8.15 所示。

8.4.2 SqlDtaSource 的应用

图 8.15　运行结果

SqlDataSource 数据源控件使用非常广泛，可以用来
从 SQL Server、Oracle Server、ODBC 数据源、OLE DB 数据源，或者 Windows SQL CE 数据库中检索数据，也就是说，通过 SqlDataSource 控件，能够访问目前主流的各种数据库系统。将 SqlDataSource 控件和数据绑定控件结合使用，便可以很容易地从数据源获取数据，并将数据显示在 Web 页面上。

示例"ph0807"演示了获取 stuInfo 表的姓名数据，通过 SqlDataSource 控件和 ListBox 控件实现。

（1）新建一个网站名为"ph0807"。在 default.aspx 页中添加 1 个 SqlDataSource 控件、1个 ListBox 控件。

（2）单击 SqlDataSource 控件右侧三角，选择"配置数据源"选项，如图 8.16 所示。

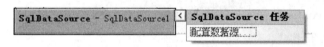

图 8.16　SqlDataSource 控件

（3）弹出配置数据源对话框，如图 8.17 所示。

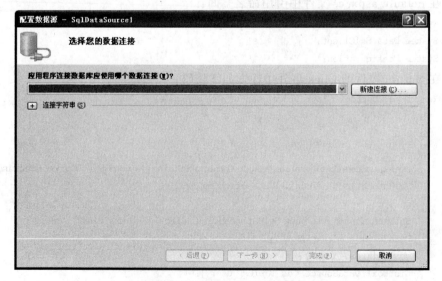

图 8.17　配置数据源对话框

单击"新建连接"按钮，弹出"添加连接"对话框。在此对话框中指定服务器名、验证方式以

及数据库名,并单击"测试连接"按钮,连接成功则弹出对话框进行提示,如图8.18所示。

图8.18 "添加连接"对话框

（4）测试连接成功后,单击"确定"按钮,则返回到原先的配置数据源对话框,如图8.19所示,此时对话框中显示了使用的连接以及连接字符串的内容。

图8.19 连接字符串

单击"下一步"按钮,会弹出是否将链接保存应用的配置文件中的对话框,此时选中"是"并单击"完成"按钮,则在web.config配置文件中可以看到连接字符串的配置信息,代码如下所示:

```
<connectionStrings>
    <add name = "studentConnectionString" connectionString = "Data Source = .;Initial Catalog =
student;User ID = sa;Password = 1234"  providerName = "System.Data.SqlClient" />
</connectionStrings>
```

（5）当我们继续单击"下一步"按钮时,会弹出配置Select语句对话框,如图8.20所示。

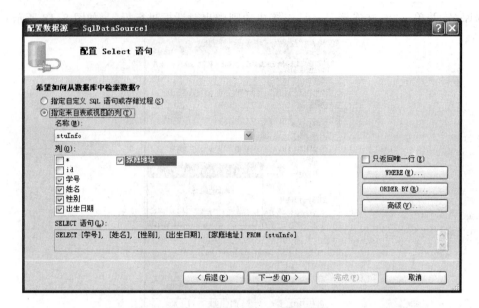

图 8.20　配置 Select 语句对话框

单击"下一步"按钮，显示测试查询对话框，用来验证提取出来的数据是否和需求一致，如图 8.21 所示。单击"完成"按钮，完成数据源控件的配置过程。

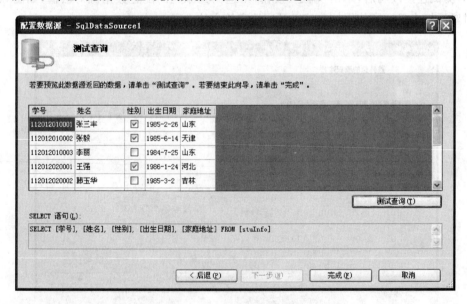

图 8.21　测试查询对话框

（6）在数据源控件配置结束后，我们在 default.aspx 代码文件中查看页源代码，其中关于数据源控件的代码如下所示：

```
<asp:SqlDataSource ID="SqlDataSource1" runat="server"
    ConnectionString="<%MYM ConnectionStrings:studentConnectionString %>"
    SelectCommand="SELECT [学号], [姓名], [性别], [出生日期], [家庭地址] FROM [stuInfo]">
</asp:SqlDataSource>
```

（7）在 default.aspx "设计"视图选择 ListBox 控件，单击右上角的箭头按钮选择"选择数据源"，如图 8.22 所示。

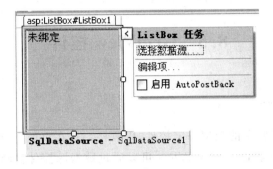

图 8.22　ListBox 控件选择数据源

（8）在"数据源配置向导"对话框中选择数据源"SqlDataSource1"，字段选择"姓名"，如图 8.23所示。单击"确定"按钮完成配置过程。

（9）观察 default.aspx 源码文件中 ListBox 控件生成的源代码。运行网页程序，结果如图 8.24所示。

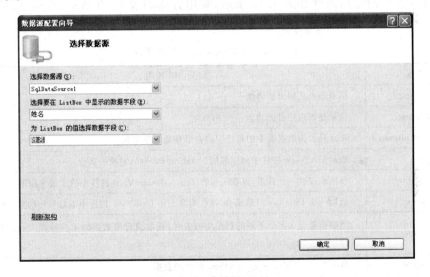

图 8.23　数据源配置向导

图 8.24　运行结果

8.5 GridView 控件

8.5.1 认识 GridView

GridView 控件是最常用的数据绑定控件，以表格形式在页面上显示数据源，其中每列表示一个字段，每行表示一条记录。GridView 可以通过数据源控件自动绑定和显示数据，也可以通过编程的方式动态绑定和显示数据库内容。使用 GridView 控件可以完成以下功能。

- 通过数据源控件将数据绑定到 GridView 控件。
- 实现数据的选择、编辑、删除、排序和分页功能。
- 通过指定 GridView 控件的模板列以及显示风格，创建自定义的用户界面。
- 通过 GridView 控件提供的事件模型，完成用户复杂的事件操作。

GridView 控件的常用属性如表 8.18 所示，常用方法如表 8.19 所示，常用事件如表 8.20 所示。

表 8.18 GridView 控件常用属性

属性名称	说明
AllowPaging	指示是否启用分页功能
AllowSorting	指示是否启用排序功能
AutoGenerateColumns	指示是否为数据源中的每个字段自动创建绑定字段
Columns	表示 GridView 控件中列字段的 DataControlField 对象的集合
DataKeyNames	获取或设置一个数组，该数组包含了显示在 GridView 控件中的主键字段的名称
DataKeys	获取一个 DataKey 对象集合，这些对象表示 GridView 控件中的每一行的数据键值
DataMember	当数据源包含多个不同的数据项列表时，获取或设置数据绑定控件绑定到的数据列表的名称
DataSource	数据源，包含用于填充 GridView 控件的数据
DataSourceID	获取或设置控件的 ID，数据绑定控件从该控件中检索其数据项列表
EditIndex	在 GridView 控件中要编辑的行的索引
PageCount	GridView 控件的总页数
PageIndex	当前显示页的索引
PageSize	GridView 控件一页显示的记录数
Rows	GridView 控件中数据行的 GridViewRow 对象的集合
SelectDataKey	获取 DataKey 对象，该对象包含 GridView 控件中选中行的数据键值
SelectIndex	获取或设置 GridView 控件中行的索引
SelectRow	获取对 GridView 对象的引用，该对象表示控件中的选中行
SelectValue	获取 GridView 控件中选中行的数据键值

表 8.19 GridView 控件常用方法

方法名称	说明
DataBind	将数据源绑定到 GridView 控件
DeleteRow	从数据源中删除位于指定索引位置的记录
Sort	根据指定的排序表达式和方向对 GridView 控件进行排序
UpdateRow	使用行的字段值更新位于指定行索引位置的记录

表 8.20 GridView 控件常用事件

事件名称	说明
RowCommand	当单击 GridView 控件中的按钮时发生
RowDataBound	在 GridView 控件中将数据行绑定时发生
RowDeleted	单击某一行"删除"按钮时,但在 GridView 控件删除该行之后发生
RowDeleting	单击某一行"删除"按钮时,但在 GridView 控件删除该行之前发生
RowEditing	单击某一行"编辑"按钮后,GridView 控件进入编辑模式之前
RowUpdated	单击某一行"更新"按钮时,但在 GridView 控件除该行进行更新之后
RowUpdating	单击某一行"更新"按钮后,但在 GridView 控件除该行进行更新之前
SelectIndexChanged	单击某一行"选择"按钮,GridView 控件对相应选择处理之后发生
SelectIndexChanging	单击某一行"选择"按钮后,GridView 控件对相应选择处理之前发生
PageIndexChanged	在单击某一页导航按钮时,但在 GridView 控件处理分页操作之后
PageIndexChanging	在单击某一页导航按钮时,但在 GridView 控件处理分页操作之前

8.5.2 GridViewr 控件的数据绑定

GridView 控件的数据绑定方式有两种:一种是通过数据源的方式将数据绑定到 Grid-View 控件;另一种是通过编码方式绑定。

1. 绑定数据源控件

示例"ph0808"演示了通过 SqlDataSource 控件与 GridView 控件绑定实现数据表的显示。

(1)新建一个网站名为"ph0808"。在 default.aspx 页中添加 1 个 SqlDataSource 控件、1 个 GridView 控件。

(2)对 SqlDataSource 控件的设置过程如示例"ph0807"的步骤(2)~(6)所示,这里不再赘述。

(3)在 default.aspx 的"设计"视图,选择 GridView 控件,单击控件右上角箭头按钮,弹出 GridView 任务窗口,选择数据源"SqlDataSource1",设置控件"启用分页",此时 GridView 控件列名与 stuInfo 表对应,如图 8.25 所示。

图 8.25 GridView 控件

（4）在 GridView 控件任务窗口中，选择"自动套用格式"选项，将弹出"自动套用格式"对话框，选择"传统型"格式，如图 8.26 所示。

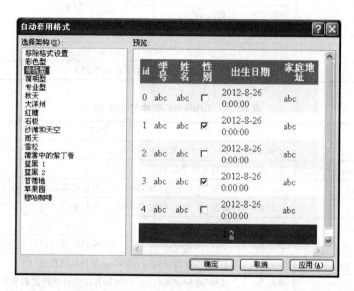

图 8.26 "自动套用格式"对话框

（5）此时，我们观察 default.aspx 页中 GridView 控件的源代码相比最初已经自动增加了许多，如下所示：

```
<asp:GridView ID = "GridView1" runat = "server" DataSourceID = "SqlDataSource1"
    AllowPaging = "True" AutoGenerateColumns = "False" CellPadding = "4"
    ForeColor = "#333333" GridLines = "None" PageSize = "5">
    <RowStyle BackColor = "#EFF3FB" />
    <Columns>
        <asp:BoundField DataField = "id" HeaderText = "id" SortExpression = "id"
            InsertVisible = "False" ReadOnly = "True" />
        <asp:BoundField DataField = "学号" HeaderText = "学号" SortExpression = "学号" />
        <asp:BoundField DataField = "姓名" HeaderText = "姓名" SortExpression = "姓名" />
        <asp:CheckBoxField DataField = "性别" HeaderText = "性别" SortExpression = "性别" />
        <asp:BoundField DataField = "出生日期" HeaderText = "出生日期" SortExpression = "出生日期" />
        <asp:BoundField DataField = "家庭地址" HeaderText = "家庭地址" SortExpression = "家庭地址" />
    </Columns>
    <FooterStyle BackColor = "#507CD1" Font-Bold = "True" ForeColor = "White" />
    <PagerStyle BackColor = "#2461BF" ForeColor = "White" HorizontalAlign = "Center" />
    <SelectedRowStyle BackColor = "#D1DDF1" Font-Bold = "True" ForeColor = "#333333" />
    <HeaderStyle BackColor = "#507CD1" Font-Bold = "True" ForeColor = "White" />
    <EditRowStyle BackColor = "#2461BF" />
    <AlternatingRowStyle BackColor = "White" />
</asp:GridView>
```

在上述代码中，我们主要注意<Columns>标签里的<asp:BoundField>以及它们下面的各种样式标签。为了使 GridView 的外观更加漂亮，常常需要设置以下样式属性，如表 8.21 所示。

表 8.21　GridView 控件的样式属性

样式名称	说明
AlternatingRowStyle	指定 GridView 控件中交替项的样式
EditRowStyle	指定 GridView 控件中正在编辑的项的样式
FooterStyle	指定 GridView 控件中脚注部分的样式
HeaderStyle	指定 GridView 控件中页眉部分的样式
ItemStyle	指定 GridView 控件中项的样式
PagerStyle	指定 GridView 控件中页选择部分的样式
SelectedRowStyle	指定 GridView 控件中选定项的样式

使用 GridView 控件可以很方便地将数据源的字段作为表中的列显示,在上述代码中我们已经使用了 BoundField 显示数据源中某个字段的值,除了绑定列还有其他类型的列,GridView 控件的列共分为 7 种不同的类型,每个类型的列适用的场景各不相同,如表 8.22 所示。

表 8.22　GridView 控件的列类型

列名称	说明
BoundField	GridView 控件中作为文本显示的字段。默认情况下(AutoGenerateColumns 属性被设置为 true 时),GridView 为数据源中的每一列自动创建一个 BoundField 列,其顺序与数据源中的字段顺序相同,并且列的标题即为该列在数据源中的列名
CheckBoxField	GridView 控件中以复选框显示的布尔型字段
HyperLinkField	控件中显示为超链接的字段
ImageField	图像列,列中显示对应数据库中的图像
ButtonField	按钮列,按钮的类型可以为 Button、Image、Link
CommandField	一个特殊列,其中显示了用于在 GridView 控件中执行选择、编辑、插入或删除操作的命令按钮。这些命令按钮不需要编写任何代码就可以实现相应的操作
TemplateField	模板列,列中的各项内容按照指定的模板显示,常用于显示控件等

(6) 运行网页程序,结果如图 8.27 所示。

图 8.27　GridView 运行结果

2. 编码方式

示例"ph0809"演示了用编码方式绑定 GridView 控件的过程。

（1）新建一个网站名为"ph0809"。在 default.aspx 页中添加 1 个 GridView 控件。

（2）在 GridView 控件的任务窗口中选择"编辑列"选项，如图 8.28 所示。在此对话框中取消对"自动生成字段"复选框的勾选；在"可用字段"中选择 BoundField（绑定列），然后单击"添加"按钮，给 GridView 控件添加相应字段绑定列，并编辑每列的 DataField 和 HeaderText 属性。

图 8.28　添加编辑 GridView 控件列

配置完成后，页面中的 GridView 控件显示效果如图 8.29 所示。

序号	学号	姓名	性别	出生日期	家庭地址
数据绑定	数据绑定	数据绑定	数据绑定	数据绑定	数据绑定
数据绑定	数据绑定	数据绑定	数据绑定	数据绑定	数据绑定
数据绑定	数据绑定	数据绑定	数据绑定	数据绑定	数据绑定
数据绑定	数据绑定	数据绑定	数据绑定	数据绑定	数据绑定
数据绑定	数据绑定	数据绑定	数据绑定	数据绑定	数据绑定

图 8.29　GridView 控件显示效果

（3）在 GridView 控件的任务窗口选择"自动套用格式"选项，设置"简明型"，此时生成的 GridView 控件的源代码如下所示：

```
<asp:GridView ID="GridView1" runat="server" AutoGenerateColumns="False"
    CellPadding="4" ForeColor="#333333" GridLines="None">
    <RowStyle BackColor="#E3EAEB" />
    <Columns>
        <asp:BoundField DataField="id" HeaderText="序号" />
        <asp:BoundField DataField="学号" HeaderText="学号" />
        <asp:BoundField DataField="姓名" HeaderText="姓名" />
        <asp:BoundField DataField="性别" HeaderText="性别" />
        <asp:BoundField DataField="出生日期" HeaderText="出生日期" />
        <asp:BoundField DataField="家庭地址" HeaderText="家庭地址" />
    </Columns>
    <FooterStyle BackColor="#1C5E55" Font-Bold="True" ForeColor="White" />
    <PagerStyle BackColor="#666666" ForeColor="White" HorizontalAlign="Center" />
```

```
<SelectedRowStyle BackColor = "♯C5BBAF" Font-Bold = "True" ForeColor = "♯333333" />
<HeaderStyle BackColor = "♯1C5E55" Font-Bold = "True" ForeColor = "White" />
<EditRowStyle BackColor = "♯7C6F57" />
<AlternatingRowStyle BackColor = "White" />
</asp:GridView>
```

上述代码中，GridView 控件没有指明 DataSourceID 属性，需要编码设置其数据源。

（4）编辑 default. aspx. cs 后台代码，引入相关命名空间：

```
using System.Data;
using System.Data.SqlClient;
using System.Configuration;
```

在页面的 Load 事件里编码如下：

```
protected void Page_Load(object sender, EventArgs e)
{
    if (! Page.IsPostBack)
{
LoadData();
    }
}
```

编写两个过程方法：

```
private DataSet GetDS()
{
    SqlConnection cn = new SqlConnection();
    string connStr = ConfigurationManager.ConnectionStrings["myConnStr"].ConnectionString;
    cn.ConnectionString = connStr;
    cn.Open();
    string sqlStr = "select * from stuInfo";
    SqlDataAdapter sda = new SqlDataAdapter(sqlStr, cn);
    DataSet ds = new DataSet();
    sda.Fill(ds, "user");
    cn.Close();
    return ds;
}
private void LoadData()
{
    DataSet ds = GetDS();
    GridView1.DataSource = ds.Tables["user"];
    GridView1.DataBind();
}
```

在上述代码中，我们把数据获取的过程放置到 GetDS()与 LoadData()方法内，这样做的好处是，可以在整个页面中共用一个方法，简化了程序设计的复杂度，我们只需要在需要数据的地方调用 LoadData()即可。

（5）运行网页程序，结果如图 8.30 所示。

图 8.30   运行结果

8.5.3   GridView 数据操作

GridView 内置了一系列 CommandField 列，用于实现对数据的编辑、删除、选择等操作。

1. 编辑数据

示例"ph0810"演示了 GridView 控件运用 CommandField 列操作数据的过程，此例可以完成编辑、选择、删除、分页和超链接功能，最终的演示效果如图 8.31 所示。注意：此例是在例"ph0809"基础上完成的。

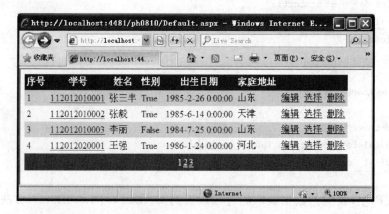

图 8.31   运行结果

（1）为 GridView 控件添加具有编辑、更新、取消、选择和删除的功能的 CommandField 列，如图 8.32 所示。

（2）实现"编辑"列的 RowEditing 事件。RowEditing 事件是在用户单击"编辑"按钮的时候触发。在 GridView 的属性窗口的事件项中，双击 RowEditing 进入其事件方法内，实现代码如下：

图 8.32　添加 CommandField 列

```
protected void GridView1_RowEditing(object sender, GridViewEditEventArgs e)
{
    GridView1.EditIndex = e.NewEditIndex;    //获得当前触发行
    LoadData();
}
```

（3）实现"编辑"列的 RowUpdating 事件。RowUpdating 事件在用户单击"编辑"并修改数据后单击"更新"按钮时触发。在 GridView 的属性窗口的事件项中，双击 RowUpdating 进入其事件方法内，实现代码如下：

```
protected void GridView1_RowUpdating(object sender, GridViewUpdateEventArgs e)
{
    SqlConnection cn = new SqlConnection();
    string connStr = ConfigurationManager.ConnectionStrings["myConnStr"].ConnectionString;
    cn.ConnectionString = connStr;
    cn.Open();
    //获得当前编辑行的"ID"字段值
    long ID = Convert.ToInt32(((TextBox)GridView1.Rows[e.RowIndex].Cells[0].Controls[0]).Text);
    //获得当前编辑行的"姓名"字段值
    string sName = ((TextBox)GridView1.Rows[e.RowIndex].Cells[2].Controls[0]).Text;
    //获得当前编辑行的"性别"字段值
    int iSex = 0;
    if (((TextBox)GridView1.Rows[e.RowIndex].Cells[3].Controls[0]).Text == "True")
    {
        iSex = 1;
    }
    //获得当前编辑行的"出生日期"字段值
    string sDate = ((TextBox)GridView1.Rows[e.RowIndex].Cells[4].Controls[0]).Text;
    //获得当前编辑行的"家庭地址"字段值
    string sAddress = ((TextBox)GridView1.Rows[e.RowIndex].Cells[5].Controls[0]).Text;
```

```
        string sqlStr = "update stuInfo set 姓名 = '" + sName + "',性别 = " + iSex + ", 出生日期 = '" +
sDate + "',家庭地址 = '" + sAddress + "' where id = " + ID;
        SqlCommand scmd = new SqlCommand();
        scmd. Connection = cn;
        scmd. CommandText = sqlStr;
        scmd. ExecuteNonQuery();
        cn. Close();
        GridView1. EditIndex = - 1;    //取消编辑状态
        LoadData();
    }
```

此段代码中利用 SqlCommand 对象修改数据库，并重新加载数据，注意利用参数 e. Row-Index 获取当前正在修改行的下标。

（4）实现"编辑"列的 RowCancelingEdit 事件。RowCancelingEdit 事件在用户单击"编辑"再单击"取消"按钮时触发。在 GridView 的属性窗口的事件项中，双击 RowCancelingEdit 进入其事件方法内，实现代码如下：

```
protected void GridView1_RowCancelingEdit(object sender, GridViewCancelEditEventArgs e)
{
        GridView1. EditIndex = - 1;    //取消编辑状态
        LoadData();
    }
```

代码通过设置 GridView 的 EditIndex 为 -1，取消编辑状态，然后重新加载数据。

（5）运行网页程序，观察操作结果。

2. 删除数据

实现"删除"列的 RowDeleting 事件，该事件在用户单击"删除"按钮的时候触发。在 Grid-View 的属性窗口的事件项中，双击 RowDeleting 进入其事件方法内，实现代码如下：

```
protected void GridView1_RowDeleting(object sender, GridViewDeleteEventArgs e)
{
        SqlConnection cn = new SqlConnection();
        string connStr = ConfigurationManager. ConnectionStrings["myConnStr"]. ConnectionString;
        cn. ConnectionString = connStr;
        cn. Open();
        //获得当前编辑行的"ID"字段值
        long ID = Convert. ToInt32(((TextBox)GridView1. Rows[e. RowIndex]. Cells[0]. Controls[0]). Text);
        string sqlStr = "delete from stuInfo where id = " + ID;
        SqlCommand scmd = new SqlCommand();
        scmd. Connection = cn;
        scmd. CommandText = sqlStr;
        scmd. ExecuteNonQuery();
        cn. Close();
        GridView1. EditIndex = - 1;    //取消编辑状态
        LoadData();
    }
```

运行网页程序，观察操作结果。大家会发现当我们单击"删除"按钮时系统没有提示，就直接把记录删除掉了，一般来说删除操作我们都希望有一个提示功能，即在删除之前弹出一个对话框,如果用户选择"否",则不执行删除。我们把下面这段代码放置到 RowDataBound 事件里,便可实现删除提示功能。

```
for(int i = 0; i < GridView1.Rows.Count; i++)
    {
        ((LinkButton)(GridView1.Rows[i].Cells[8].Controls[0])).Attributes.Add("onClick","Javas-
cript:if(confirm('您真的要删除选中的记录吗?')! = 1){return false}");
    }
```

本例 GridView 的第 9 列(Cells[8])就是删除列,为其客户端增加一个 JavaScritp 脚本,这个脚本会弹出如图 8.33 所示的对话框。运行程序,观察结果。

3. 选择数据

实现"选择"列的 SelectIndexChanging 事件,该事件在用 GridView 单击数据行发生变化时触发。在 GridView 属性窗口的事件项中,双击 SelectedIndexChanging 进入其事件方法,添加代码如下:

图 8.33 删除对话框

```
protected void GridView1_SelectedIndexChanging(object send-
er,GridViewSelectEventArgs e)
    {
        Page.Response.Write("<strong>您选择了:"
            + GridView1.Rows[e.NewSelectedIndex].Cells[2].Text + "</strong><br />");
    }
```

运行程序,单击"选择"按钮,观察结果。

4. 链接数据

前面介绍了使用 GridView 的 CommandField 列操作数据,实现了编辑、删除及选择功能。有些时候,希望 GridView 的某列是一个超链接,当用户单击该列时,页面将跳转到某个新页面,当然这个新页面中往往能以 Get 方式获取 GridView 中的某个数据。

如果我们要实现单击某列跳转(打开)新的页面,要用到 HyperLinkField 列,它的几个重要属性如表 8.23 所示。

表 8.23 HyperLinkField 的重要属性

属性名称	说明
Text	超链接列中显示的标题文本
NavigateUrl	单击列中的超链接时链接到的 URL
DataTextField	指定超链接的文本标题为数据源中的某个字段
DataNavigateUrlField	绑定到列中的超链接的 URL 字段

注意事项如下。
- 如果设置了 Text 和 NavigateUrl 属性,则列中的所有链接将共享一标题和 URL。
- 如果同时设置了 DataTextField 和 Text,则 DataTextField 属性优先。
- 如果同时设置了 DataNavigateUrlField 和 NavigateUrl,则 DataNavigateUrlField 优先。

下面我们实现单击"学号"字段,打开"stuInfo.aspx"页面,并在页上显示"您选择的学生学号是:某某某 姓名是:某某某",如图 8.34 所示。

图 8.34　超链接后实现结果图

（1）首先在"解决方案资源管理器"中添加一个页面 stuInfo.aspx，放置一个 Label 标签控件。编写 stuInfo.aspx.cs 后台代码如下：

```
protected void Page_Load(object sender, EventArgs e)
{
    string sNo = Request.QueryString["stuNO"];
    string sName = Request.QueryString["stuName"];
    Label1.Text = "您选择的学生学号是：" + sNo + "  姓名是：" + sName;
}
```

（2）在 Defaut.aspx 页面的设计视图中打开 GridView 控件的任务窗口，选择"编辑列"，在弹出的"字段"窗口中删除原来的"学号"字段绑定列，添加一个 HyperLinkField 列，并修改相关属性。DataNavigateUrlFields＝"学号，姓名"；DataNavigateUrlFormatString＝"~/stuInfo.aspx? stuNO＝{0}&stuName＝{1}"；DataTextField＝"学号"；HeaderText＝"学号"。移动链接字段"学号"到相应位置，最终结果如图 8.35 所示。

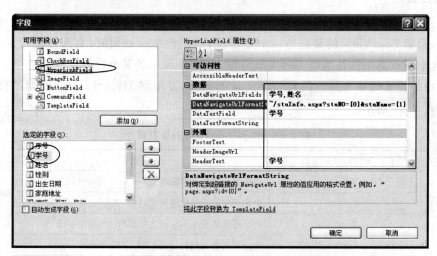

图 8.35　编辑"学号"链接字段

（3）运行页面 default.aspx，观察链接后的显示结果。

5. 分页浏览数据

如果查询数据太多，那么最好不要将所有数据放在一个页面中显示，因为那样做将给用户带来不便。在这种情况下，GridView 可以用来分页显示数据，GridView 默认一页显示 10 条记录，我们可以修改 PageSize 属性进行调整。

（1）要想实现分页功能，我们首先设置 GridView 的 AllowPaging 属性为 true，即"启用分页"功能。

（2）为了增强用户体验，我们可以在 GridView 下方增加一个 Label 控件，修改 Name 属性值为 lblPage，用来显示页信息。

（3）双击 GridView 控件的 PageIndexChanging 事件进入其事件方法，添加如下代码：

```
protected void GridView1_PageIndexChanging(object sender, GridViewPageEventArgs e)
{
    GridView1.PageIndex = e.NewPageIndex;
    LoadData();
    lblPage.Text = "第" + (e.NewPageIndex + 1) + "页" + "/共" + GridView1.PageCount + "页";
}
```

（4）运行网页程序，观察分页结果如图 8.36 所示。

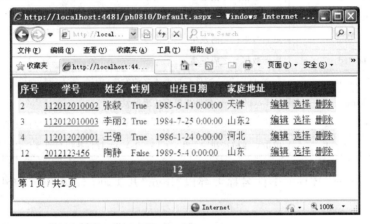

图 8.36 分页结果

8.6 DetailsView 控件

8.6.1 认识 DetailsView

GridView 在显示具有多行信息的大容量表格时颇具优势，但是在显示一条记录的详细信息时 DetailsView 控件更加合适。

DetailsView 也称为细节视图控件，详细显示每一行数据中各个数据字段的具体内容。其表格只有两个数据列。一个数据列逐行显示数据列名，另一个数据列显示与对应列名相关的详细数据信息。这种显示方式对于数据列较多，需要逐行显示详细数据的情况非常有用。可以将该控件与 GridView 控件结合使用，完成数据的列表显示和列表中单条记录详细信息的显示及维护。使用 DetailsView 控件可以完成以下功能。

- 支持与数据源控件的绑定。
- 内置数据添加功能。
- 内置更新、删除、分页功能。
- 支持以编程方式访问 DetailsView 对象的模型，动态设置属性、处理事件等。
- 可通过主题和样式进行自定义的外观。

DetailsView 控件所支持的列类型与 GridView 一样，即 BoundField（绑定字段）、Button-Field（按钮字段）、CheckBoxField（复选框字段）、CommandField（命令字段）、HyperLinkField（超链接字段）、ImageField（图形字段）以及 TemplateField（模板字段）。

DetailsView 控件的常用事件如表 8.24 所示。

表 8.24　DetailsView 控件的常用事件

事件名称	说明
ItemCommand	单击 DetailsView 控件中的按钮时发生
ItemCreated	创建所有 DetailsViewRow 对象之后发生
ItemDeleting	删除数据行之前发生（单击按钮时）
ItemDeleted	删除数据行之后发生
ItemInserting	插入数据行之前发生（单击按钮时）
ItemInserted	插入数据行之后发生
ItemUpdating	更新数据行之前发生（单击按钮时）
ItemUpdated	更新数据行之后发生
ModeChanging	在 DetailsView 控件变更模式之前发生（编辑、插入或只读模式）
ModeChanged	在 DetailsView 控件变更模式之后发生
PageIndexChanging	单击页导航按钮时发生，在 DetailsView 控件执行分页操作之前发生
PageIndexChanged	单击页导航按钮时发生，在 DetailsView 控件执行分页操作之后发生

注意：DetailsView 控件的事件名称大都以"Item"开头，而 GridView 控件的事件大都以"Row"开头。

8.6.2　DetailsView 数据操作

示例"ph0811"演示了 DetailsView 控件与 GridView 控件的结合运用。当单击 GridView 控件的"选择"按钮时，在 DetailsView 控件上显示该人员的详细信息，并且 DetailsView 控件可以对该信息进行修改、删除、插入操作。最终实现效果如图 8.37 所示。这个示例的设计过程我们要分三步走，第一步设计 GridView；第二步设计 DetailsView；第三步实现两个控件的联动。下面我们分别对这三步设计过程进行学习。

图 8.37　GridView 与 DetailsView 结合应用

1. GridView 的配置

（1）新建一个网站名为"ph0811"。在 default.aspx 页中添加 1 个 GridView 控件。

（2）在 default.aspx 页的"设计"视图中选择 GridView，打开其任务窗口，选择"新建数据源"，如图 8.38 所示。

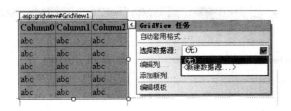

图 8.38　新建数据源

（3）在"数据源配置向导"对话框中，选择"数据库"，如图 8.39 所示。

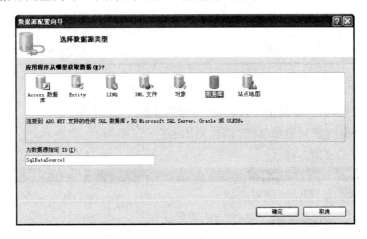

图 8.39　数据源配置向导

（4）配置数据库连接串，如图 8.40 所示。

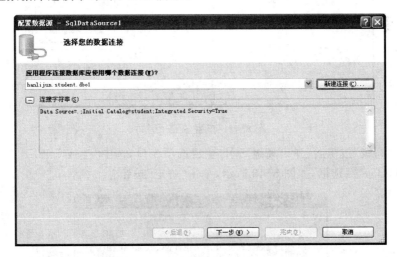

图 8.40　配置数据库连接串

（5）配置 Select 语句，我们选择字段"id"、"学号"和"姓名"3 个，如图 8.41 所示。依次单击"下一步"和"完成"按钮。

（6）设置 GridView 的自动套用格式为"传统型"，至此 GridView 的配置完成。

2．DetailsView 的配置

（1）向 default. aspx 页面添加 1 个 DetailsView 控件。

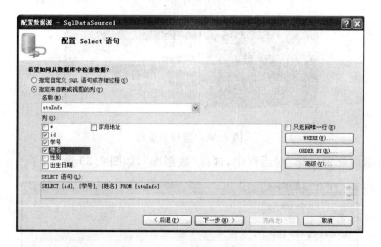

图 8.41　配置 Select 语句

（2）配置其数据源，步骤同上 GridView 的配置（2）～（5）过程。

（3）在配置 Select 语句对话框中，选择列所有"＊"，如图 8.42 所示，单击"高级"按钮，进行进一步设计。

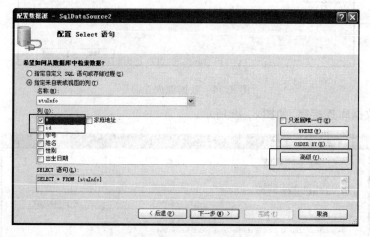

图 8.42　配置 Select 语句

（4）单击"高级"按钮后，弹出高级 SQL 生成选项窗口，选中"生成 INSERT、UPDATE 和 DELETE 语句（G）"复选框，如图 8.43 所示，单击"确定"按钮。

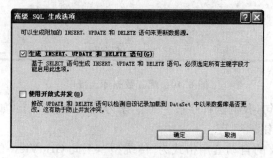

图 8.43　高级 SQL 生成选项

回到配置 Select 语句对话框，单击"下一步"按钮，再单击"完成"按钮。

（5）打开 DetailsView 控件的任务窗口，自动套用格式选择"穆哈咖啡"，选择"启用插入"、

"启用编辑"和"启用删除",如图 8.44 所示。

（6）为了实现 DetailsView 控件的插入、编辑功能,我们必须对显示字段进行修改。Details-View 控件绑定数据源后,默认绑定的列类型是 BoundField,这种类型只能显示,不能编辑,这里我们要把类型改成 TemplateField 模板字段类型,过程如下。

（7）打开 DetailsView 任务窗口,选择"编辑字段"。在弹出的字段编辑对话框中,我们只留下 id 字段和 CommadField,其余全部删除,如图 8.45 所示。

图 8.44　选择启用插入、编辑和删除复选框

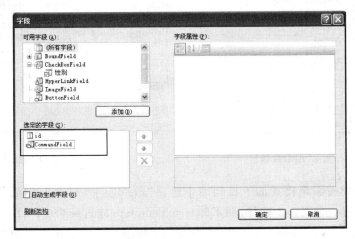

图 8.45　删除多余的字段

（8）添加 5 个 TemplateField 类型字段,并修改 HeaderText 值分别为"学号"、"姓名"、"性别"、"出生日期"和"家庭地址",并上下调整相应排列顺序,如图 8.46 所示。单击"确定"按钮,退出字段编辑。

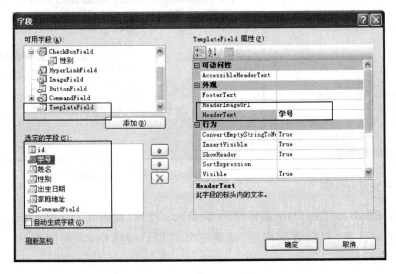

图 8.46　编辑 TemplateField 字段

（9）打开 DetailsView 任务窗口，选择"编辑模板"，如图 8.47 所示。

（10）此时，会弹出模板字段编辑窗口，我们打开模板编辑任务，会发现下拉表中有 Field[1]—学号、Field[2]—姓名、Field[3]—性别等信息，如图 8.48 所示，这就是我们步骤（8）里设计的模板字段。在每一个模板字段下面都有属性 ItemTemplate（常规显示模板）、AlternatingItemTemplate（交替显示模板）、EditItemTemplate（编辑模板）、InsertItemTemplate（插入模板）和 HeaderTemplate（标题模板）。这里我们要用到 ItemTemplate、EditITemTemplate 和 InsertItemTemplate 3 个模板。

图 8.47　选择"编辑模板"　　　　　　　　　　图 8.48　模板编辑模式

（11）我们从模板编辑模式的下拉列表中选择"Field[1]—学号"，然后从工具箱中向其 ItemTemplate 放置一个 Label 控件，向 EditItemTemplate 放置一个 TextBox 控件，向 InsertItemTemplate 放置一个 TextBox 控件，如图 8.49 所示。单击 Label，选择"编辑 DataBindings…"，弹出的对话框中字段绑定到选择"学号"，注意"双向数据绑定"前面的复选框状态为未选中，下面表达式为 Eval（"学号"），如图 8.50 所示。单击"确定"按钮退出编辑。

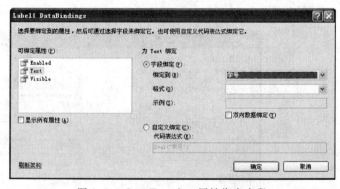

图 8.49　向模板列添加控件　　　　　　图 8.50　ItemTemplate 属性绑定字段

（12）选择 EditItemTemplate 属性里的 TextBox 控件，编辑其 DataBindings，选择绑定字段为"学号"，此时注意"双向数据绑定"前面的复选框已经选中，下面的表达式为 Bind（"学号"），如图 8.51 所示。

（13）选择 InsertItemTemplate 属性里的 TextBox 控件，编辑其 DataBindings，过程同步骤（12），这里不再赘述。

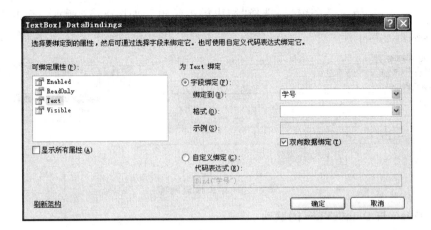

图 8.51 EditItemTemplate 属性绑定字段

（14）同方法，依次选择"姓名"、"出生日期"和"家庭地址"3 个模板字段，编辑其 Item-Template、EditItemTemplate 和 InsertItemTemplate 属性的 DataBindings 过程如"学号"设计过程，这里不再赘述。

（15）选择"性别"模板字段。向 ItemTemplate 添加 Label 控件，编辑其 DataBindings，这里我们用自定义格式，代码为"Convert.ToBoolean(Eval("性别"))==true?"男":"女""，如图 8.52所示。

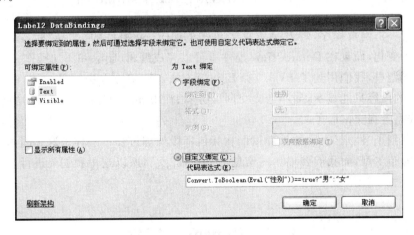

图 8.52 ItemTemplate 里绑定性别字段

（16）选择"性别"模板字段。向 EditItemTemplate 添加 RadioButtonList 控件，设置其 DataBinding 字段为"性别"，双向绑定，RadioButtonList 值为"男"、"女"，Value 值为"True"和"False"，最终代码如下：

```
<asp:RadioButtonList ID="RadioButtonList1" runat="server"
    RepeatDirection="Horizontal" SelectedValue='<%# Bind("性别") %>'>
    <asp:ListItem Value="True">男</asp:ListItem>
    <asp:ListItem Value="False">女</asp:ListItem>
</asp:RadioButtonList>
```

（17）向 InsertItemTemplate 也添加一个 RadioButtonList 控件，设置过程同 EditItem-Template，不再赘述。

（18）选择 DetaiView 任务窗口，选择"结束模板编辑"，如图 8.53 所示。至此 DetaiView 控件的字段设置完成。

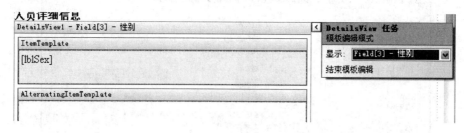

图 8.53　结束模板编辑

3. GridView 与 DetailsView 的联动

前面我们已经分别设置好了 GridView 和 DetailsView 的数据，那么它们是怎么联动的呢？大家在"设计"视图里分别选择 GridView 和 DetailsView，看看属性窗口里的 DataKey-Names 的值是不是"id"？没错，系统在生成数据时自动把主键 id 作为 DataKeyNames 的值，这样就可以完成数据联动了。这里我们只要在 GridView 控件的 SelectedIndexChanged 事件里编辑如下代码即可：

```
protected void GridView1_SelectedIndexChanged(object sender, EventArgs e)
    {
        DetailsView1.PageIndex = GridView1.SelectedRow.DataItemIndex;
    }
```

现在运行一下网页程序，看看是不是当单击 GridView 控件的"选择"时，DetailsView 控件的数据跟着变化，而且在 DetailsView 控件里可以完成编辑、删除和添加操作。

在这个例题里，我们用到了 Eval() 和 Bind() 方法。Eval() 方法是只读的，即单向的数据绑定，所绑定的内容只能显示，而不会提交回服务器；而 Bind() 方法支持读/写功能，即双向的数据绑定，数据会提交回服务器。

大家注意到了"性别"字段的处理过程和其他字段处理过程不一样。这是因为"性别"字段的数据类型为布尔型，而我们要显示的信息为"男"或"女"，所以这里我们要进行一下数据的转换操作。

8.7　Repeater 控件

Repeater 控件在重复的列表中显示数据项目，比如网站的新闻公告标题列表就可以使用 Repeater 完成。Repeater 中的列表项的内容和布局是用模板定义的，Repeater 控件没有内置的布局或样式，必须声明其控件模板中的所有的 HTML 布局、格式设置及样式标记。例如，若要在 HTML 表格内创建一个列表，需要声明 HeaderTemplate 中的<table>标记、ItemTemplate 中的表行<tr>标记、<td>标记和数据绑定项以及 FooterTemplate 中的</table>标记，每个 Repeater 至少要定义一个 ItemTemplate。

在 Repeater 控件中，需要定义模板列，在这些模板列中也可以使用 HTML 标记和服务器控件自己定义内容和布局。Repeater 控件的模板列如表 8.25 所示。

示例"ph0812"演示了 Repeater 控件的使用情况。最终效果如图 8.54 所示。

表 8.25　**Repeater 控件的模板列**

名称	说明
ItemTemplate	定义列表中项目的内容和布局,该项目必选
AlernatingItemTemplate	确定替换项的内容和布局
SeparatorTemplate	在各个项目(替换项)之间呈现分隔符
HeaderTemplate	列表标题的内容和布局
FootTemplate	列表脚注的内容和布局

图 8.54　Repeter 控件应用

(1) 新建一个网站名为"ph0812"。在 default. aspx 页中添加 1 个 SqlDataSource 控件、1 个 Repeater 控件。

(2) 配置 SqlDataSource 数据源数据同上例。

(3) 设置 Repeater 绑定 SqlDataSource 数据源。

(4) 在 default. aspx 页面中编写 Repeater 代码如下:

```
<asp:Repeater ID = "Repeater1" runat = "server" DataSourceID = "SqlDataSource1">
    <HeaderTemplate>
        <table border = "1px" cellpadding = "0" cellspacing = "0">
            <tr><th>姓名</th><th>出生日期</th></tr>
    </HeaderTemplate>
    <ItemTemplate>
        <tr><td>< % # Eval("姓名") % ></td>
            <td>< % #Eval("出生日期","{0:yyyy-mm-dd}").ToString()% > </td>
        </tr>
    </ItemTemplate>
    <FooterTemplate></table></FooterTemplate>
</asp:Repeater>
```

此代码中<％♯Eval("出生日期","{0:yyyy-mm-dd}").ToString()％>表示对绑定字段 "出生日期"输出格式控制。

(5) 运行页面,观察体会输出结果。

8.8　小　　结

- ADO. NET 提供了基于. NET 平台的数据访问方式。
- ADO. NET 的核心对象有 Connection、Command、DataReader、DataAdapter 和 DataSet。
- Connection 对象表示与数据库的连接。
- Command 用于对数据库执行命令并返回数据。
- DataReader 提供读取数据的接口。
- DataAdapter 提供连接 DataSet 和数据源的适配器。
- DataSet 在内存中保存数据库返回的数据,并提供相应的内存数据管理操作。

• ASP. NET 3.5 提供了 6 种数据源控件：SqlDataSource、AccessDataSource、LinqData-Source、ObjectDataSource、XmlDataSource 和 SiteMapDataSource。

• ASP. NET 3.5 提供了 6 种数据绑定控件：GridView、DetailsView、FormView、Repeater、DataList 和 ListView。

• GridView 控件以表格的形式显示数据，并可对数据进行排序、选择、编辑和删除操作。

• DetailsView 控件是表格的形式显示和编辑数据源控件提供的一条记录。

• Repeater 控件可以在重复的列表中显示数据项目。

8.9 习 题

一、填空题

(1) ADO. NET 是一组向. NET 程序员公开_____服务的类。

(2) _____对象充当数据库和 ADO. NET 对象模型中非连接对象之间的桥梁，能够用来保存和检索数据。

(3) Command 对象使用 select、insert、_____、delete 等数据命令与数据源通信。

(4) DataReader 对象可以从数据库中读取由 select 命令返回的只读、_____的数据集。

(5) DataSet 对象是支持 ADO. NET 的_____、分布式数据方案的核心对象。

(6) 对一些简单的数据库服务控件，可以通过_____使其获得一定的数据源。

(7) 用户必须通过创建_____为 Repeater 控件提供布局。

二、选择题

(1) ADO. NET 常用对象包括( )。

    A. Connection   B. Command   C. DataReader   D. DataAdapter

(2) 要访问 Oracle 数据库，需要使用( )命名空间。

    A. System. Data. Oracle   B. System. Data. OracleClient

    C. System. Data. Odbc   D. System. Data. SqlClient

(3) 通过 SqlCommand 调用存储过程时，需要将其( )属性设置为 CommandType. SotreProcedure。

    A. CommandType   B. CommandText

    C. Connection   D. SqlParameterCollection

(4) 下面的( )控件可以赋值给 DataSource 属性，进行绑定控件。

    A. ArrayList 对象   B. DataReader 对象

    C. DataRow 对象   D. DataTable 对象

(5) Repeater 控件可以通过( )设置标题的内容和外观。

    A. SeparatorTemplate   B. FooterTemplate

    C. HeaderTemplate   D. ItemTemplate

(6) 要使用 GridView 控件的分页显示，需要将( )属性设为 true。

    A. AllowSorting   B. AllowPaging

    C. AutoGenerateSelectButton   D. AutoGenerateColumns

（7）要使用 GridView 控件的排序功能，需要将（　　　）属性设为 true。

  A．AllowSorting   B．AllowPaging

  C．AutoGenerateSelectButton   D．AutoGenerateColumns

（8）要使用 GridView 控件的选择功能，需要将（　　　）属性设为 true。

  A．AllowSorting   B．AllowPaging

  C．AutoGenerateSelectButton   D．AutoGenerateColumns

三、上机操作

在 SQL Server 数据库中创建一个 student 数据库，并创建一个学生信息表 stuDetails，表结构如表8.26 所示。然后任意向表中添加 6 条记录，并使用数据源控件进行连接数据库，运用 GridView 控件显示到页面上。在 GridView 控件上可以完成编辑修改、添加、删除功能。

表 8.26　stuDetails 表结构

字段名	数据类型	说明
id	int	主键、自增长
stuNO	varchar(20)	学号，非空
stuName	varchar(20)	姓名，非空
stuSex	bool	性别，ture 男，flase 女
stuBirthday	datetime	出生日期
stuAddress	varchar(100)	家庭地址

第9章
AJAX技术

9.1 AJAX 简介

AJAX(Asynchronous JavaScript and XML,异步 JavaScript 和 XML)是一种运用 JavaScript 和可扩展标记语言(XML)在浏览器和服务器之间以异步方式传输数据的技术,是当前 Web 开发领域流行的技术之一。AJAX 并不是一种全新的技术,而是整合了现有的 JavaScript、XML、CSS 和 DOM 技术。

AJAX 技术基于 CSS 标准化呈现,使用 DOM 进行动态显示和交互,XML 进行数据交换和处理,XMLHttpRequest 与服务器进行异步通信,最后通过 JavaScript 绑定和处理所有的数据。其中,XMLHttpRequest 是 AJAX 的核心对象,该对象在 IE 5 中就被引入了,是一种支持异步请求的技术,它可以通过 JavaScript 向服务器提出请求并处理响应,而不会影响客户端的信息通信。

在传统的 Web 应用程序中,浏览者访问一个 Web 页面并填写数据后,就需要使用表单向服务器提交信息。当用户提交表单时,会向服务器发送一个请求,服务器接受该请求并执行相应的操作后,将生成一个页面返回给浏览器。然后大多数情况下,浏览者第一次浏览的页面和服务器处理表单后返回的页在形式上基本是相同的,当大量的用户进行表单提交操作时,就会占用大量的网络带宽,同时也增加了用户的等待时间。而且,传统的 Web 技术采用的是同步请求获取 Web 服务器端的数据,即当浏览器发送请求时,只有等待服务器响应后才可以进行下一个请求的发送,而中间等待服务器的处理结果时,浏览器页面是一个空白页面。AJAX 技术解决了传统的 Web 技术的缺点,它改变了传统 Web 应用中客户端和服务器的"请求|等待|响应"的同步模式,而是采用了"异步请求"模式,无须客户等待,且客户端向服务器只发送和接收需要的数据,不需要刷新整个页面,从而减少了服务器和浏览器之间传输的数据量,缩短了用户的等待时间。采用 AJAX 后,在浏览器端会存在一个 AJAX 引擎,采用 XMLHttpRequest 向服务器发送异步的请求,在上一次请求未获得响应时就可以再发送第二次请求,浏览器也不会出现空白页面,而且 AJAX 通过使用 SOAP(Simple Object Access Protocol,简单对象访问协议)或其他一些基于 XML 的方式传输数据,当服务器传回处理后的响应结果时,客户端通过 JavaScript 进行动态显示,在用户无察觉的情况下完成与服务器的交互。

总体来说 AJAX 的优点主要体现在以下几个方面。

- 异步请求。
- 局部刷新。
- 减轻服务器压力。

- 增加用户体验。

AJAX包含诸多优点,同样也包含缺点。最突出的缺点是AJAX无法维持浏览器的"历史"状态,当用户在一个页面进行操作后,因为是局部刷新,所以页面无法通过单击浏览器上的"后退"按钮显示操作前的页面显示。另外,AJAX还有对搜索引擎、移动设备的支持不够完善等缺点。

传统的Web应用和AJAX应用模型的对比如图9.1所示。

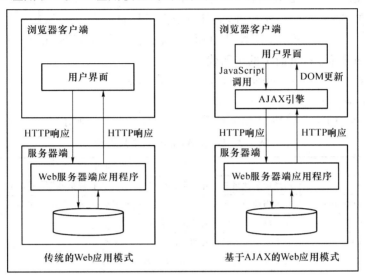

图9.1　两种Web应用模型对比

9.2　ASP.NET中的AJAX技术

ASP.NET AJAX技术是AJAX技术的一种,它以AJAX技术框架为依托,在浏览器和服务器间建立起通信桥梁,通过ASP.NET AJAX客户端的JavaScript脚本库,可以让Web应用程序与ASP.NET服务器进行交互。ASP.NET AJAX对一些常用的AJAX技术功能进行封装,使开发者在使用AJAX时更加轻松和方便。

在ASP.NET 3.5之前,ASP.NET并不支持AJAX应用,在ASP.NET中使用AJAX并不是一件容易的事。而在ASP.NET 3.5中,Web应用程序的配置文件Web.config文件已经声明了AJAX功能,AJAX已经成为.NET 3.5框架的原生功能。

打开Visual Studio 2008的工具箱,可以看到"AJAX Extensions"项,其包含的核心组件如表9.1所示。

表9.1　ASP.NET里的核心组件

名称	说明
ScriptManager	掌管着客户端AJAX页的所有脚本,并在Web页面中注册AJAX类库,用以实现页面的局部更新,还有对Web服务的调用
ScriptManagerProxy	一个页面中只能添加一个ScriptManager控件,页面中可以嵌套任意类型的控件,如用户控件、母版页和内容页等,在用户控件中,如果调用内容控件的页已经存在一个ScriptManger,而用户控件又需要使用其注册一些AJAX控件,那么需要使用ScriptManagerProxy控件,起到代理控件器的作用
UpdatePanel	实现局部更新的关键。在此Panel内的控件会被刷新,而此Panel外的控件可以保持不变
UpdateProgress	更新过程中的提示,可以起到类似进度条的作用
Timer	时间控件,定义间隔一段时间后,自动执行指定的代码,即每隔一段时间执行一次任务

9.3 ScriptManager 控件

ScriptManager 是脚本管理器控件，是 AJAX 的运行基础。页面中如果要使用 AJAX 技术，必须首先添加 ScriptManager 控件，而且一个页面只允许有一个 ScriptManager，如果其他的 AJAX 控件放在 ScriptManager 控件前面，系统会提示找不到 ScriptManager 的错误。添加 ScriptManager 控件后，页面中的声明代码如下：

```
<asp:ScriptManager ID="scripManager1" runat="server">
</asp:ScriptManager>
```

ScriptManager 的主要属性如表 9.2 所示，子元素如表 9.3 所示。

表 9.2 ScriptManager 的常用属性

名称	说明
EnablePartialRendering	用来标识此页是否允许 UpdatePanel 控件进行局部刷新，默认 true
AllowCustomErrorRedirect	表示当前 AJAX 调用发生错误后，是否导航到 Web.config 中定义的错误配置
AsyncPostBackErrorMessage	异步调用发生错误时的提示信息
OnAsyncPostBackError	异步调用发生错误时的事件
AsyncPostBackTimeout	表示异步调用的有效时间，以秒为单位。默认值为 90 s

表 9.3 ScriptManager 的常用元素

名称	说明
AuthenticationService	用来表示提供验证服务的路径
ProfileService	表示提供个性化服务的路径
Scripts	对脚本的调用，其中可以嵌套"ScriptReference"模板，以实现对多个脚本文件的调用
Services	对服务的调用，通常指 Web Sevice 服务。可以嵌套多个"ServiceReference"模板，实现多个服务的引用

9.4 ScriptManagerProxy 控件

ScriptManagerProxy 是 ScirptManager 的代理，一般起到中间代理人的作用，其实是一种控件器在终端的代理形式。由于 ScriptManager 是整个页面的脚本控件器，所以一个页面中只允许有管委会 ScriptManager，那么当项目中存在 MasterPage 母版页，而母版页中又应用了 ScriptManager 时，内容页是否可以应用母版页的引用，而如果内容页需要引用其他的 Web 服务，又该如何处理呢？

ScriptManagerProxy 的定义是：当母版页和内容页需要引用不同的服务或脚本时，在内容页中，用 ScriptManagerProxy 代理 ScriptManager 的职能，其用法与 ScriptManager 完全相似。这样做的好处在于，如果将所有脚本都在母版页加载，那些不需要这些引用内容的页势必效率会降低，为了提高页面的效率，通常在母版页中只加载必需的少量的引用。所以 Script-ManagerProxy 的作用还是非常明显的。

9.5 UpdatePanel 控件

9.5.1 UpdatePanel 控件的结构

局部更新是 ASP. NET 里 AJAX 的最基本,也是最重要的技术。UpdatePanel 控件用来控制页面的局部更新,这些更新依赖 ScriptManager 的"EnablePartialRendering"属性,如果此属性设置为"false",则局部更新将失去作用。

UpdatePanel 控件使用的方法同 Panel 控件类似,只需要在 UpdatePanel 控件中放入需要刷新的控件就能够实现局部刷新。使用 UpdatePanel 控件后,整个页面中只有 UpdatePanel 控件中的服务器控件或事件会进行刷新操作,而页面的其他部分都不会被刷新。一个完整的 UpdatePanel 结构如下所示:

```
<asp:updatepanel ruant = "server" ChildernAsTriggers = "true" UpdateMode = "Always" RenderMode = "Block">
        <ContentTemplate>
        </ContentTemplate>
        <Triggers>
            <asp:AsyncPostBackTrigger />
            <asp:PostBackTrigger />
        </Triggers>
</asp:updatepanel>
```

在这个结构里,UpdatePanel 的主要属性如表 9.4 所示,主要元素如表 9.5 所示。

表 9.4 UpdatePanel 的主要属性

名称	说明
ChildrenAsTriggers	表示内容模板内的子控件的回发,是否更新本模板
UpdateMode	表示内容模板的更新模式,一般分为"Always"和"Conditional"
RenderMode	表示局部更新控件的呈现形式,一般有两种"Block"和"Inline",当呈现模式选择"Block"时,局部更新控件在客户端以"div"形式展现,否则以"span"形式展现

表 9.5 UpdatePanel 的主要元素

名称	说明
ContentTemplate	局部更新控件的内容模板,此模板与 GridView 控件等的模板相似,可以在其中添加任意控件
Triggers	局部更新触发器,包括两种触发器,一种是异步回发"AsyncPostBackTrigger",可以实现局部更新,另一种"PostBackTrigger",就是和普通页面的回发一样,不管是否使用了局部更新控件,都会引起页面的全部更新

示例"ph0901"演示了在页面中实现局部更新的一个简单过程。单击页面中的"更新"按钮,页面只更新局部内容(显示当前的系统时间),实现效果如图 9.2 所示。

(1)新建一个网站名为"ph0901"。在 default. aspx 页中添加 1 个 ScriptManager 控件、1 个 UpdatePanel 控件;在 UpatePanel 控件内添加 1 个 Label 控件,设置 Label 名称属性为 lblTime1;在 UpdatePanel 控件外部添加 1 个 button 按钮控件,设置 button 的 Text 属性值为"更新";添加 1 个 Label 标签控件,设置名称属性为 lblTime2。

图 9.2　局部更新示例

注意：ScriptManager 控件和 UpdatePanel 控件放置的先后顺序不能颠倒。

（2）添加控件后，在 default.aspx 页面中生成的代码如下（如果生成的代码与此不同，请在缺少的地方手动编写代码）：

```
<body>
    <form id = "form1" runat = "server">
    <div>
        <asp:ScriptManager ID = "ScriptManager1" runat = "server">
        </asp:ScriptManager>
        <asp:UpdatePanel ID = "UpdatePanel1" runat = "server">
            <ContentTemplate>
                <asp:Label ID = "lblTime1" runat = "server" Text = "Label"></asp:Label>
            </ContentTemplate>
            <Triggers>
                <asp:AsyncPostBackTrigger ControlID = "button1" EventName = "Click" />
            </Triggers>
        </asp:UpdatePanel>
        <asp:Button ID = "Button1" runat = "server" Text = "更新" />
        <asp:Label ID = "lblTime2" runat = "server" Text = "Label"></asp:Label>
    </div>
    </form>
</body>
```

在此段代码中，我们设置了局部更新的触发事件是 button1 的 Click 事件。局部更新内容的区域里有一个 lblTime1 控件。

（3）在 Button 控件的 Click 事件中输入如下代码：

```
protected void Button1_Click(object sender, EventArgs e)
{
    lblTime1.Text = DateTime.Now.ToString();
    lblTime2.Text = DateTime.Now.ToString();
}
```

（4）在"Page_Load"事件中，设置两个 Label 标签控件的初始值。

```
protected void Page_Load(object sender, EventArgs e)
{
    lblTime1.Text = DateTime.Now.ToString();
    lblTime2.Text = DateTime.Now.ToString();
}
```

（5）保存后运行程序，单击"更新"按钮，看看有什么不同。

9.5.2　UpdatePanel 的触发器 Triggers

触发器是 UpdatePanel 的关键。通过此设置，实现更新的触发，即当操作了什么事件后，引起内容的变化。UpdatePanel 包含两种触发器：PostBackTrigger 和 AsyncPostBackTrigger。

1. PostBackTrigger

PostBackTrigger 主要是针对 UpdatePanel 模板内的子控件。因为当子控件被触发时，其只会更新模板内的数据，而模板外的数据并不发生变化。有些情况下，需要更新全部的内容，这时就可以通过 PostBackTrigger 触发器来实现页面的全面回调。

示例"ph0902"演示了 PostBackTrigger 触发器的应用。

（1）新建一个网站名为"ph0902"。在 default. aspx 页中添加 1 个 ScriptManager 控件、1 个 UpdatePanel 控件、2 个 button 按钮控件，设置 button 的 Text 属性值分别为"In"和"Out"。

（2）在 default. aspx 页面中形成的代码如下：

```
<body>
    <form id="form1" runat="server">
    <div>
        <asp:ScriptManager ID="ScriptManager1" runat="server">
        </asp:ScriptManager>
        <asp:UpdatePanel ID="UpdatePanel1" runat="server">
        <ContentTemplate>
            <% = DateTime.Now.ToString() %>
            <asp:Button ID="Button1" runat="server" Text="In" />
        </ContentTemplate>
        <Triggers>
            <% -- <asp:PostBackTrigger ControlID="Button1" /> -- %>
        </Triggers>
        </asp:UpdatePanel>
        <% = DateTime.Now.ToString() %>
        <asp:Button ID="Button2" runat="server" Text="Out" />
    </div>
    </form>
</body>
```

在代码中实现了模板内外都显示当前系统时间的功能。

（3）在上面代码中设置"PostBackTrigger"触发器不可用，用<%--　--%>将其注释。运行网站程序，查看运行结果。

当单击"In"按钮时，只更新模板内事件，模板外的时间无变化。

（4）取消"PostBackTrigger"的注释，再运行程序。单击"In"按钮时，两个时间都发生了变化。

2. AsyncPostBackTrigger

AsyncPostBackTrigger 是实现局部更新的关键触发器，在触发器内定义引起回发的控件和事件。

示例"ph0903"演示了 AsyncPostBackTrigger 触发器的应用。

（1）新建一个网站名为"ph0903"。在 default. aspx 页中添加 1 个 ScriptManager 控件、1

个 UpdatePanel 控件、2 个 button 按钮控件，设置 button 的 Text 属性值分别为"In"和"Out"。

（2）在 default. aspx 页面中形成的代码如下：

```
<body>
    <form id = "form1" runat = "server">
    <div>
        <asp:ScriptManager ID = "ScriptManager1" runat = "server">
        </asp:ScriptManager>
        <asp:UpdatePanel ID = "UpdatePanel1" runat = "server">
        <ContentTemplate>
            < % = DateTime .Now .ToString () % >
            <asp:Button ID = "Button1" runat = "server" Text = "In" />
        </ContentTemplate>
        <Triggers>
            <asp:AsyncPostBackTrigger ControlID = "Button2" />
        </Triggers>
        </asp:UpdatePanel>
        < % = DateTime .Now .ToString () % >
        <asp:Button ID = "Button2" runat = "server" Text = "Out" onclick = "Button2_Click" />
    </div>
    </form>
</body>
```

（3）以上代码演示了 AsyncPostBackTrigger 的用法。EventName 属性默认的事件就是"Click"，所以此属性可以忽略。

（4）运行网站程序，单击"Out"按钮，可以发现模板内的日期更新了，而模板外的日期没有发生变化。这就是 AJAX 的重点局部更新。

9.5.3 动态更新 UpdatePanel 的内容

从前面的学习可以发现，要使用 UpdatePanel 的属性和触发器，都需要在页面的源代码中提前定义好。那么，是否可以用编程的方式改变 UpdatePanel 的设置呢？由于 UpdatePanel 是服务器控件，所以在后台代码中完全可以获取 UpdatePanel 的设置，并使用相关的类修改这些设置。

示例"ph0904"演示了动态为 UpdatePanel 添加异步回调的触发器。

（1）新建一个网站名为"ph0904"。在 default. aspx 页中添加 1 个 ScriptManager 控件、1 个 UpdatePanel 控件、2 个 button 按钮控件，设置 button 的 Text 属性值分别为"In"和"Out"；添加 1 个 Label 控件。

（2）在 default. aspx 页面中形成的代码如下：

```
<body>
    <form id = "form1" runat = "server">
    <div>
        <asp:ScriptManager ID = "ScriptManager1" runat = "server">
        </asp:ScriptManager>
        <asp:UpdatePanel ID = "UpdatePanel1" runat = "server">
            <ContentTemplate>
                <asp:Label ID = "Label1" runat = "server" Text = "Label"></asp:Label>
                <asp:Button ID = "Button2" runat = "server" Text = "In" />
```

```
                  </ContentTemplate>
            </asp:UpdatePanel>
            <% = DateTime.Now.ToString() %>
            <asp:Button ID="Button1" runat="server" Text="Out" onclick="Button1_Click" />
      </div>
      </form>
</body>
```

（3）在"Out"按钮的 Click 事件里编写代码：

```
Label1.Text = DateTime.Now.ToString();
```

（4）在 Page_Load 事件里编写如下代码：

```
protected void Page_Load(object sender, EventArgs e)
{
    if (! Page.IsPostBack)
    {
        UpdatePanel myPanel = UpdatePanel1;
        myPanel.UpdateMode = UpdatePanelUpdateMode.Conditional;
        //显示当前系统时间
        Label1.Text = DateTime.Now.ToString();
        //动态添加触发器
        AsyncPostBackTrigger tri = new AsyncPostBackTrigger();
        tri.ControlID = "Button1";
        tri.EventName = "Click";
        myPanel.Triggers.Add(tri);
    }
}
```

（5）运行网页程序，单击"Out"按钮，观察时间的变化。如果运行正常，动态添加触发器的功能就实现了。

注意：以上代码只能保证第一次加载页面时触发器正常工作，回发后触发器丢失。

9.6　UpdateProgress 控件

UpdateProgress 比较有特色。在核心组件中，它并不属于重要控件。但在日常应用中，经常会碰到必须使用 UpdateProgress 的地方。它的主要功能是当局部更新内容比较多，时间上产生延迟时，让用户的等待时间不至于太枯燥，通常使用 UpdateProgress 呈现一些等待 UI 或进度条，从而提高用户的体验度。

UpdateProgress 控件的属性如表 9.6 所示。

表 9.6 UpdateProgress 控件的属性

名称	说明
AssociateUpdatePanelID	设置 UpdateProgress 与之关联的 UpdatePanel
DisplayAfter	显示 ProgressTemplate 之前的延时时间，默认值为 500 ms
DynamicLayout	设置是否动态呈现进度模板，默认值为 True
EnableViewState	设置控件是否自动保存其状态以用于往返过程，默认值为 True
Visible	设置是否可见，默认值为 True

使用 UpdateProgress 控件的代码如下所示：

```
<asp:UpdateProgress ID = "UpdateProgress1" runat = "server">
    <ProgressTemplate>
    正在更新数据,请稍候…
    </ProgressTemplate>
</asp:UpdateProgress>
```

上述代码定义了一个 UpdateProgress 控件，并使用<ProgressTemplate>子元素定制提示信息。当用户进行相应的操作后，如果响应不能马上完成，则页面会显示 PorgressTemplate 元素的内容，以提示用户应用程序正在运行。

示例"ph0905"演示了 UpdateProgress 控件的应用过程，单击"刷新"按钮时的执行过程如图 9.3 所示。

图 9.3　UpdateProgress 应用示例

（1）新建一个网站名为"ph0905"。在 default.aspx 页中添加 1 个 ScriptManager 控件、1 个 UpdatePanel 控件、1 个 UpdateProgress 控件、1 个 button 按钮控件，设置 button 的 Text 属性值"刷新"，名称为"btnRefresh"。

（2）在 default.aspx 页面中形成的代码如下：

```
<form id = "form1" runat = "server">
<div>
    <asp:ScriptManager ID = "ScriptManager1" runat = "server">
    </asp:ScriptManager>
```

```
        <asp:UpdatePanel ID = "UpdatePanel1" runat = "server">
            <ContentTemplate>
            <asp:GridView ID = "GridView1" runat = "server">
            </asp:GridView>
            <asp:Button ID = "btnRefresh" runat = "server" Text = "刷新" onclick = "btnRefresh_Click" />
            </ContentTemplate>
        </asp:UpdatePanel>
        <asp:UpdateProgress ID = "UpdateProgress1" runat = "server"
                AssociatedUpdatePanelID = "UpdatePanel1">
            <ProgressTemplate>
                正在更新数据,请稍候…
            </ProgressTemplate>
        </asp:UpdateProgress>
</div>
</form>
```

代码中 UpdateProgress 设置 AssociatedUpdatePanelID 的关联值为"UpdatePanel1",显示的文本内容为"正在更新数据,请稍候…"。

（3）设置 web.config 的数据库连接字符串,并设置连接串名为"myConnStr"。

（4）在 defaut.aspx.cs 代码文件中引用命名空间。

```
using System.Data;
using System.Data.SqlClient;
using System.Configuration;
```

（5）编写获取数据库数据的私有方法 Dispay()。

```
private void Display()
{
    string conStr = ConfigurationManager.ConnectionStrings["myConnStr"].ConnectionString;
    using (SqlConnection conn = new SqlConnection(conStr))
    {
        string sql = "select * from stuInfo order by id desc";
        SqlDataAdapter sda = new SqlDataAdapter(sql, conn);
        DataTable dt = new DataTable();
        sda.Fill(dt);
        GridView1.DataSource = dt;
        GridView1.DataBind();
    }
}
```

在此代码块中 using()可以自动创建数据库的连接,使用完毕自动关闭。

（6）在 Page_Load 事件里,编写代码:

```
protected void Page_Load(object sender, EventArgs e)
{
    if (! Page.IsPostBack)
        Display();
}
```

（7）在"刷新"按钮的"Click"事件里编写代码:

```
protected void btnRefresh_Click(object sender, EventArgs e)
{
```

```
System.Threading.Thread.Sleep(4000);     //休眠 4 s
Display();
}
```

此代码中休眠 4 s 是为了模拟网页的延迟效果。

（8）运行网页程序，单击"刷新"按钮观察页面效果。为了演示效果明显，我们可以向数据库增加一条新记录，再单击按钮。

9.7　Timer 控件

Timer 控件用于在每隔一定时间自动完成任务。通过与 AJAX 技术结合，使用 Timer 控件能够实现许多灵活效果。Timer 控件初始代码如下所示：

```
<asp:Timer ID = "Timer1" runat = "server">
</asp:Timer>
```

Timer 控件的属性主要如下。

Enabled：设置是否启用 Tick 事件。

Interval：设置 Tick 事件之间的时间间隔，单位为毫秒。

Timer 控件的主要事件如下。

Tick：每隔 Interval 属性指定的时间会触发一次 Tick 事件。

示例"ph0906"演示了页面每隔一秒显示一下当前的系统时间功能，显示效果如图 9.4 所示。

图 9.4　Timer 演示效果

（1）新建一个网站名为"ph0906"。在 default. aspx 页中添加 1 个 ScriptManager 控件、1 个 UpdatePanel 控件、1 个 Timer 控件、1 个 Label 控件。

（2）在 default. aspx 页面中形成的代码如下：

```
<form id = "form1" runat = "server">
<body>
    <form id = "form1" runat = "server">
    <div>
        <asp:ScriptManager ID = "ScriptManager1" runat = "server">
        </asp:ScriptManager>
        <asp:UpdatePanel ID = "UpdatePanel1" runat = "server">
            <ContentTemplate>
            <asp:Label ID = "Label1" runat = "server" Text = "Label"></asp:Label>
            </ContentTemplate>
            <Triggers>
                <asp:AsyncPostBackTrigger ControlID = "Timer1" EventName = "Tick" />
            </Triggers>
        </asp:UpdatePanel>
        <asp:Timer ID = "Timer1" runat = "server" Interval = "1000" ontick = "Timer1_Tick">
        </asp:Timer>
    </div>
    </form>
</body>
```

此代码中,设置 Timer 的间隔时间为 1 s,即 Interval＝1 000;设置 UpdatePanel 的触发事件为 Timer1 控件的 Tick 事件。

(3) 在 Timer1 的 Tick 事件里编写代码如下:

```
protected void Timer1_Tick(object sender, EventArgs e)
{
    Label1.Text = DateTime.Now.ToString();
}
```

(4) 运行网页程序,观察显示结果。

注意:使用 Timer 控件,开发人员无须编写复杂的 JavaScript 代码即可方便地实现基于 AJAX 的定时器,但是因为 Timer 控件会定时地向服务器发送大量的请求,这加重了服务器的负担,所以需要开发人员根据实际情况考虑是否使用 Timer 控件。

9.8 AJAX 扩展控件

9.8.1 AJAX 扩展控件概述

ASP.NET AJAX 除了提供基本的核心控件之外,还提供了大量的扩展控件,这些扩展控件在 AJAX 控件的工具包中(AjaxControlToolkit),版本不同,AjaxControlTookit 也不同,随着新技术的发展,控件工具包的内容会越来越丰富。要使用 AJAX 扩展控件,首先要从微软的 AJAX 官方网站下载工具包。对于 Visual Studio 2008,可以下载名为 AjaxControlToolkit.Binary.Net35.zip 的压缩包,解压后可以得到所有扩展控件资源和一个名为“AjaxControlToolkit.dll”的动态链接库。

9.8.2 AJAX 扩展控件的安装

在 Visual Studio 2008 中使用 AJAX 工具包的步骤如下。

(1) 在工具箱中右击,选择“添加选项卡”命令,如图 9.5 所示,并给新添加的选项卡命名为“AJAX 扩展”。

(2) 右击“AJAX 扩展”选项卡,选择“选择项”命令,如图 9.6 所示。

图 9.5 添加选项卡

图 9.6 选择项

（3）在弹出的"选择工具箱项"对话框的".NET Framework 组件"选项卡中，单击"浏览"按钮，如图 9.7 所示。

图 9.7　选择工具箱项

（4）找到工具包解压后的"AjaxControlToolkit.dll"文件，如图 9.8 所示，单击"打开"按钮。

图 9.8　打开"AjaxControlToolkit.dll"文件

（5）此时，AJAX 扩展控件会在组件列表中显示，如图 9.9 所示，单击"确定"按钮。

图 9.9　添加后的 AJAX 扩展组件

（6）在工具箱的"AJAX 扩展"选项卡中，增加了许多 AJAX 扩展控件，如图 9.10 所示。

9.8.3 AJAX 扩展控件的示例

在 Web 页面中让用户输入信息，输入框一般会在输入之前给一个提示，比如我们常见的水印效果的文字，当用户输入时，水印文字消失。示例"ph0907"演示了这个效果，如图 9.11 所示。

图 9.10　AJAX 扩展控件的列表　　　　　　　　图 9.11　水印效果

（1）新建一个网站名为"ph0907"。在 default. aspx 页中添加 1 个 ScriptManager 控件、1 个 TextBoxWatermarkExtender 控件、1 个 TextBox 控件。

（2）在 default. aspx 页面中＜head＞…＜/head＞标签添加文本框中文字显示的样式代码，以便达到水印效果显示，代码如下：

```
<head runat = "server">
    <title></title>
    <style>
        .waterColor
        {
            color:#D4D0C8;
        }
    </style>
</head>
```

（3）在 default. aspx 页面中编写代码如下：

```
<body>
    <form id = "form1" runat = "server">
    <div>
        <asp:ScriptManager ID = "ScriptManager1" runat = "server">
        </asp:ScriptManager>
        <br />
        <asp:TextBox ID = "TextBox1" runat = "server"></asp:TextBox>
        <cc1:TextBoxWatermarkExtender ID = "TextBoxWatermarkExtender1" WatermarkCssClass = "waterColor"  runat = "server"  WatermarkText = "请输入字母" TargetControlID = "TextBox1">
        </cc1:TextBoxWatermarkExtender>
    </div>
    </form>
</body>
```

（4）运行网页程序，观察显示结果。

9.9 小 结

- AJAX 是一种在浏览器和服务器之间以异步方式传输数据的技术。
- Visual Studio 2008 已经集成了 ASP. NET AJAX 支持。
- ScriptManager 控件用于管理 AJAX 页面的客户端脚本，每一个使用 ASP. NET AJAX 技术的页面都需要添加 ScriptManager 控件。
- UpdatePanel 控件用于实现页面的局部刷新，需要使用 AJAX 技术刷新的部分必须写入 UpdatePanel 控件的＜ContentTemplate＞元素中。
- UpdateProgress 控件可以在异步操作正在进行时给用户提示，从而提高用用户体验度。
- Timer 控件用于每隔指定的时间定期执行特定的操作。
- AJAX 扩展控件含有大量的应用功能，增强了用户体验。
- AJAX 扩展控件需要自己从网上下载、安装。

9.10 习 题

一、填空题

（1）UpdatePanel 控件用于在页面中实现_____功能。

（2）Timer 控件用于实现_____功能。

（3）ASP. NET AJAX 核心控件包括_____。

二、选择题

（1）以下不是 ASP. NET AJAX 核心控件的是（　　）。

    A. ScriptManager 控件　　　　　　　B. UpdatePanel 控件

    C. UpdateProgress 控件　　　　　　　D. GridView 控件

（2）在 ASP. NET 中，页面要使用 AJAX 技术，必须首先在页面中添加（　　）控件。

    A. ScriptManager　　　　　　　　　B. UpdatePanel

    C. UpdateProgress　　　　　　　　　D. GridView

第10章
XML数据操作

10.1 XML 简介

XML 被称为可扩展标记语言,它提供了一种保存数据的格式。作为一种标准数据交换格式,XML 主要用于在不同系统中交换数据,以及在网络上传递大量的结构化数据。

10.1.1 什么是 XML

像 HTML 一样,XML 也是一种标记语言,依赖标签来发挥其功能。XML 的核心归根结底还是标记,不过 XML 这个标记语言可比 HTML 的功能要强大得多。它由万维网协会(W3C)创建,用来克服 HTML 的局限。和 HTML 一样,XML 基于 SGML(Standard Generalized Markup Language,标准通用语言)。XML 是 SGML 的一个子集,XML 包含了 SGML 很多特性,但是要比 SGML 简单得多。

XML 是一种类似于 HTML 的标记语言,但是 XML 不是 HTML 的替代品,XML 和 HTML 是两种不同用途的语言,其中最主要的区别是:XML 是专门用来描述文本的结构,而不是用于描述如何显示文本的,而 HTML 则是用来描述如何显示文本的。

XML 不像 HMTL 那样提供了一组事先已经定义好的标记,而是提供了一个标准,利用这个标准,可以根据需要定义自己的新标记。准确地说,XML 是一个元标记语言,它允许开发人员根据规则,制定各种各样的标记语言。

XML 是用来存储数据的,换句话来说,它可以作为微型数据库,这是最常见的数据型应用之一。可以利用相关的 XML API(MSXML DOM、JAVA DOM 等)对 XML 进行存取和查询。

总之,XML 是一种抽象的语言,它不如传统的程序语言那么具体。要深入地认识它,应该先从它的应用入手,选择一种需要的用途,然后再学习如何使用。

10.1.2 XML 的基本格式

示例"ph1001"是用 XML 描述的个人通信录的示例。

新建立网站,命名为"ph1001",在"解决方案资源管理器"中添加 XML 文件,命名为"stuInfo. xml",编辑代码如下:

```
<? xml version = "1.0" encoding = "utf-8" ? >
<studnets>
    <student
        <学号>20121001</学号>
```

```
        ＜姓名＞张毅＜/姓名＞
        ＜性别＞男＜/性别＞
        ＜出生日期＞1998-12-25＜/出生日期＞
        ＜家庭地址 省市＝´山东潍坊´＞
            ＜区＞高新技术区＜/区＞
            ＜街道＞胜利东街＜/街道＞
        ＜/家庭地址＞
    ＜/student＞
    ＜student＞
        ＜学号＞20121002＜/学号＞
        ＜姓名＞李平＜/姓名＞
        ＜性别＞女＜/性别＞
        ＜出生日期＞1999-2-15＜/出生日期＞
        ＜家庭地址 省市＝´山东青岛´＞
            ＜区＞李沧区＜/区＞
            ＜街道＞东海路1号＜/街道＞
        ＜/家庭地址＞
    ＜/student＞
＜/studnets＞
```

第一行是XML版本说明，其作用是告诉浏览器或者其他处理程序：这个文档是XML文档。其中，version表示文档遵守的XML规范的版本，如该例中的version是1.0；encoding＝"utf-8"是XML文件的编码格式。

从第二行＜students＞标记一直到最后＜/students＞标记，表示XML所包含的数据内容。可以看出，XML文档如同它的名字所指明的含义一样，是一个用标记语言创立的文档。它使用了自定义的各种标记来表示数据的含义。

标记是左尖括号（＜）和右尖括号（＞）之间的文本，有开始标记（如＜学号＞）和结束标记（如＜/学号＞）。

元素是开始标记、结束标记以及位于二者之间的所有内容，如＜学号＞、＜姓名＞、＜性别＞、＜家庭地址＞。

属性是一个元素的开始标记中的名称-值对。在上例中"省市"是＜家庭地址＞元素的属性。

为了使一个XML文档结构完整，XML必须遵守一定规则。常见的XML文档规则如下。

（1）文档必须以XML版本声明开始。

（2）含有数据的元素必须有起始标记和结束标记。

（3）不含数据并且仅使用一个标记的元素必须/＞结束。

（4）文档只能包含一个能够包含全部其他元素的根元素，如＜students＞元素。

（5）元素只能嵌套不能重叠。

（6）属性值必须加引号，如＜家庭地址 省市＝´山东青岛´＞。

10.1.3　XML文档对象模型DOM

上面给出了一个XML文档的简单示例，这个XML文档结构具有很强的层次性，很容易转化为类似于如图10.1所示的具有层次结构的树。

XML文档对象模型（Document Object Model，DOM）正是如图10.1所示的一个结构模型，用于在内存中表示XML文档。

（1）DOM树定义了XML文档的逻辑结构，给出一种应用程序访问和处理XML文档的方法。

（2）在DOM树中,有一个根节点Document节点,所有其他的节点都是根节点的后代。

（3）在应用程序中,基于DOM的XML分析器将一个XML文档转换成一棵DOM树,应用程序通过对DOM树的操作,实现对XML文档数据的操作。

有了DOM模型,.NET只需要实现一系列能够方便操作DOM树的类,就能以编程的方式读取、修改和操作XML文档。下面介绍DOM中的一些基本术语。

（1）节点（Nodes）：指DOM树中的节点,树的根部被称为文档节或根节点。在DOM中有7种节点,包括元素、属性、文字、命名空间、处理说明、注释和根节点。

（2）原子节点：指那些没有子或父的节点。

（3）父子关系：节点之间的父子关系包括父关系、子关系。

（4）兄弟关系：指那些有相同父的节点。

（5）祖先：节点的祖先指其父亲、父亲的父亲……

（6）后代：节点的后代指其孩子、孩子的孩子……

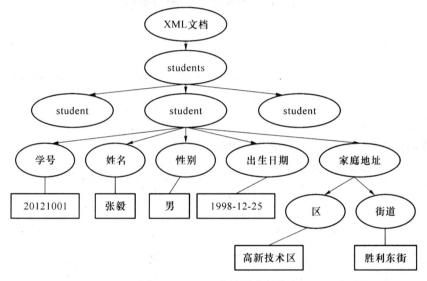

图 10.1　XML 文档层次结构

10.2　XML 命名空间

在.NET框架中,操作DOM模型的类位于System.Xml命名空间中,其中常用的类如表10.1所示。

表 10.1　System.Xml 命名空间常用类

类	说明
XmlReader	抽象类的读取器类,提供快速、没有缓存的 XML 数据
XmlWriter	抽象类的写入器,以流或文件的格式提供快速、没有缓存的 XML 数据
XmlText	表示 DOM 中的叶子节点,是某个属性值,如示例中的"张毅"、"男"等
XmlTextReader	扩展 XmlReader,提供访问 XML 的快速只向前流

续 表

类	说明
XmlTextWriter	扩展 XmlWriter，快速生成只向前的 XML 流
XmlNode	抽象类，表示 XML 文档中一个节点的类。XML 命名空间中几个类的基类，如示例中的"student"、"姓名"等
XmlDocument	扩展 XmlNode，W3C DOM 的实现，给出 XML 文档在内存中的树形表示，可以浏览和编辑它们
XmlDataDocument	扩展 XmlDocument，即从 XML 数据中加载的文档，或从 ADO. NET DataSet 的关系数据中加载的文档，允许把 XML 和关系数据混合在同一个视图中
XmlResolver	抽象类，分析基于 XML 的外部资源，例如 DTD 和模型引用
XmlUrlResolver	扩展 XmlResolver，用 URL 解析外部资源

10.3　XML 文档操作

10.3.1　读取 XML

　　. NET 支持多种方式读取 XML 文档，包括从字符串流、URL、文本读取器或者 XmlReader 读取等方式。

　　XmlReader 是一个抽象类，提供对 XML 数据进行快速、非缓存、只进的访问。它能够高效地读取 XML 文档中的单个节点。

　　其常用属性如表 10.2 所示，常用方法如表 10.3 所示。

表 10.2　XmlReader 常用属性

属性	说明
AttributeCount	获取当前节点上的属性数
EOF	获取一个值，该值指示此读取器是否定位在流的结尾
Item	获取此属性的值
NodeType	获取当前节点的类型
ReadState	获取读取器的状态
Value	获取当前节点的文本值

表 10.3　XmlReader 常用方法

方法	说明
GetAttribute	获取属性的值
Read	读取下一个节点
ReadInnerXml	以字符串形式读取所有内容（包括标记）
MoveToAttribute	移动到包含当前属性节点的元素
Close	将 ReadState 更改为 Closed
MoveToElement	移动到包含当前属性节点的元素
ReadAttributeValue	将属性值解析为一个或多个 Text、EntityReference 或 EndEntity 节点
ReadElementString	读取简单纯文本元素
ReadOuterXml	读取表示该节点和所有它的子级的内容（包含标记）
skip	跳过当前节点的子级

　　作为一个抽象的基类，XmlReader 有 3 个具体实现的扩展类。

　　(1) XmlTextReader：读取字符流是一个只进读取器，提供返回有关内容和节点类型的数据方法。

　　(2) XmlValidatingReader：提供 XML 文档对象模型 API（如 XmlNode 树）的分析器。获

取一个 XmlNode，它将返回在 DOM 树中查找到的任何节点，包括实体引用节点。

（3）XmlNodeReader：提供验证或非验证 XML 的分析器。

示例"ph1002"演示了用 XmlTextReader 读取 XML 文件的过程，设计过程如下所示，最终运行结果如图 10.2 所示。

（1）建立网站"ph1002"，添加 XML 文件 stuInfo.xml，内容同"ph1001"。

（2）删除 default.aspx 文件里的所有代码，只留下第一行：

<％＠ Page Language =″C♯″ AutoEventWireup =″true″ CodeFile =″Default.aspx.cs″ Inherits =″_Default″ ％>

注：后面的例子都要这样做，为了用浏览器显示 XML 文档，需要把页面 HTML 代码中的"<！DOCTYPE…>"属性删除掉，否则会发生类型冲突，即浏览器不知道它是 HTML 页面还是 XML 页面。

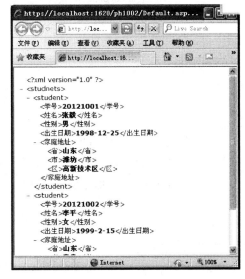

图 10.2　程序运行结果

（3）在 default.aspx.cs 后台文件 Page_Load 事件里编写如下代码：

```
protected void Page_Load(object sender, EventArgs e)
{
    string fname = Server.MapPath("stuinfo.xml");
    XmlTextReader xr = new XmlTextReader(fname);
    xr.WhitespaceHandling = WhitespaceHandling.None;      //忽略空格
    //解析输出 XML 文件
    while (xr.Read())
    {
        switch (xr.NodeType)
        {
        case XmlNodeType.Element：       //元素
            Page.Response.Write("<" + xr.Name + ">");
            break;
        case XmlNodeType.Text：          //内容
            Page.Response.Write(xr.Value + "");
            break;
        case XmlNodeType.EndElement：   //元素结束标记
            Page.Response.Write("</" + xr.Name + ">");
            break;
        case XmlNodeType.Comment：       //注释
            Page.Response.Write("<! --" + xr.Value + "-|");
            break;
        case XmlNodeType.XmlDeclaration：      //XML 声明
            Page.Response.Write("<? xml version ='1.0'? >");
            break;
        case XmlNodeType.Document：      //根节点
            break;
```

```
            case XmlNodeType.DocumentType：    //文档类型声明
                Page.Response.Write("<! DOCTYPE" + xr.Name + "[" + xr.Value + "]");
                break;
        }
    }
    //关闭 XmlTextReader
    if (xr ! = null)
        xr.Close();
}
```

（4）运行网页程序，验证结果。

在这段代码中，我们分析 XML 节点用到了 XmlNodeType 枚举结构，它定义了所有 DOM 树中节点的类型，如表 10.4 所示。

表 10.4　XmlNodeType 枚举值

枚举值	说明	示例
Attribute	属性	id='20121001'
Comment	注释	<!-- 这是我的注释 -|
Document	文档树的根节点	<document>
DocumentType	文档类型声明	<! DOCTYPE…>
Element	元素	<姓名>
Text	节点的文本标记	张毅
EndElement	元素的结束标记	</姓名>
Entity	实体声明	<! ENTITY…>
EntityReference	对实体的引用	&num;
Notation	文档类型声明中的表示法	<! NOTATION…>
ProcessingInstruction	处理指令	<pi test? >
Whitespace	标记间的空白	
xmlDeclaration	XML 声明	<? xml version='1.0'? >

10.3.2　修改 XML

修改 XML 文档主要是指向 XML 中增加新的节点、修改原有节点及删除节点，并将修改后的结果保存下来。

1. 创建新的 DOM 节点

可以通过向 XML 中插入新的节点来修改文档，这首先需要在 DOM 对象中创建新的节点。可以使用 XmlDocument 的 Create * 系列方法来实现。

针对不同的节点类型，Create * 系列方法有所不同，但它们都以 Create 开头，并以节点的类型结尾，如 CreateCommnet(创建注释)、CreateTextNode(创建叶子节点)等。另外，还可以使用 CreateNode 方法，结合节点类型参数建立各种类型的节点，其形式如下：

```
public virtual XmlNode CreateNode(XmlNodeType type. string name, string namespaceURI);
```

其中，参数 type 表示新节点的类型 XmlNodeType，name 为新节点的标签名，namespaceURI 表示新节点的命名空间。方法返回一个新的 XmlNode 对象。例如，下面代码创建一个 Element 类型的"政治面貌"节点，并设置其值为"党员"：

```
XmlNode elem = doc.CreateNode(XmlNodeType.Element,"政治面貌",null);
elem.InnerText = "党员";
```

建立新的节点之后,下一步需要把这个新的节点插入到 DOM 树中。这需要使用 Xml-Document 对象或 XmlNode 对象,有下面几种方法可以完成这个功能。

(1) InsertBefore:把新节点插入到指定的节点之前。

(2) InsertAfter:把新节点插入到指定的节点之后。

(3) AppendChild:把新节点插入到指定的节点的子节点的末尾。

(4) PrependChild:把新节点插入到指定的节点的子节点的开头。

(5) Append:将 XmlAttribute 类型的节点追加到元素属性的末尾。

在插入之前,需要先把当前位置定位到所要插入位置的父节点,并确定新节点所要插入的位置。例如,下面的代码把新建立的"政治面貌"节点插入到"student"节点的子节点中,位置在"性别"节点之后。

```
string xpath = "descendant::性别[/studnets/student[姓名 = '张毅']]";
XmlNode refnode = xdoc.SelectSingleNode(xpath);
refnode.ParentNode.InsertAfter(elem,refnode);
```

经过上面代码修改之后,运行结果如图 10.3 所示。

图 10.3 创建新的 DOM 节点

示例"ph1003"完整代码如下:

```
// 使用 XmlDocument 读取 XML
XmlDocument xdoc = new XmlDocument();
string strFileName = Server.MapPath("stuinfo.xml");
xdoc.Load(strFileName);
//创建一个新的 Element 类型节点:类别
XmlNode elem = xdoc.CreateNode(XmlNodeType.Element,"政治面貌", null);
elem.InnerText = "党员";
//查找定位插入位置
```

```
string xpath = "descendant::性别[/students/student[姓名 = ´张毅´]]";
XmlNode refnode = xdoc.SelectSingleNode(xpath);
//插入新节点
refnode.ParentNode.InsertAfter(elem, refnode);
//输出修改后的 DOM 树
Response.Write(xdoc.OuterXml);
```

2. 修改 DOM 节点

修改 DOM 节点的方法有很多种，常用的方法包括以下几种。

（1）使用 XmlNode.InnerText 属性修改节点的值。

（2）使用 XmlNode.InnerXml 属性来修改节点标签或节点值。

（3）使用 XmlNode.ReplaceChild 方法，用新的节点来替换现有节点。

示例“ph1004”分别用这 3 种方法修改“张毅”的“出生日期”为“1988-12-25”。代码如下所示：

```
// 使用 XmlDocument 读取 XML
XmlDocument xdoc = new XmlDocument();
string strFileName = Server.MapPath("stuinfo.xml");
xdoc.Load(strFileName);
//检索联系人"张毅"节点的"出生日期"子节点
string xpath = "descendant::出生日期[/students/student[姓名 = ´张毅´]]";
XmlNode xnode = xdoc.SelectSingleNode(xpath);
Response.Write(xnode.Name + ":" + xnode.OuterXml + "<br>");
//第 1 种方式
xnode.InnerText = "1988-12-25";
//第 2 种方式
xnode.InnerXml = "<出生日期>1988-12-25</出生日期>";
//第 3 种方式
XmlNode newnode = xdoc.CreateNode(XmlNodeType.Element, "类别", null);
newnode.InnerXml = "<出生日期>1988-12-25</出生日期>";
xnode.ParentNode.ReplaceChild(newnode, xnode);
```

3. 删除 DOM 节点

从 DOM 树中删除一个节点非常简单。在使用 Xpath 查询节点的基础上，可以使用 Xml-Document 或 XmlNode 对象的 RemoveChild 方法，删除一个指定的节点。如果要想删除所有后代节点，可以使用 RemoveAll 方法。

示例“ph1005”演示了删除所有 student 的“性别”子节点，代码如下所示，运行结果如图 10.4 所示。

```
// 使用 XmlDocument 读取 XML
XmlDocument xdoc = new XmlDocument();
string strFileName = Server.MapPath("stuinfo.xml");
xdoc.Load(strFileName);
XmlNodeList xnlist = null;
string xpath = "";
//Response.Write( xdoc.OuterXml + "<br>");
// 检索所有性别节点
xpath = "descendant::性别[/students/student]";
xnlist = xdoc.SelectNodes(xpath);
//循环删除掉所有的性别节点
foreach (XmlNode item in xnlist)
```

```
{
     item.ParentNode.RemoveChild(item);
}
Response.Write(xdoc.OuterXml);
```

图 10.4　删除"性别"节点效果

4. 保存 DOM 节点

经过新建、修改、删除等操作后的 XML 文档需要保存,可以通过 XmlDocument 的 Save 方法来实现,方法形式如下:

```
public virtual void Save(string filename);
```

参数 filename 为要将文档保存到包含路径的文件名。

示例"ph1006"演示了保存过程,代码如下:

```
// 使用 XmlDocument 读取 XML
XmlDocument xdoc = new XmlDocument();
string strFileName = Server.MapPath("stuinfo.xml");
xdoc.Load(strFileName);
// 保存到新的 xml 文件中
string strNewFileName = Page.MapPath(Page.AppRelativeTemplateSourceDirectory) + "\\stuInfo2.xml";
xdoc.Save(strNewFileName);
```

注意:在保存文档时,如果存在重名的文档,XmlDocument.Save 会将其覆盖。

10.4　XML 与 DataSet 对象

在前面已经讲了如何使用 ADO.NET 访问数据库的问题。数据库是进行数据存储和管理的一种习惯的方式,现在 XML 已逐步成为数据存储的一种新的方式,因此可以考虑将数据保存在 XML 文档中,并采用一定的方法对它进行管理。ADO.NET 提供了对 XML 数据访问的功能。

10.4.1　将数据库数据转换成 XML 文档

为了将数据库数据转换成 XML 文档,需要使用 DataSet 的 WriteXml 方法。WriteXml

方法只要指明要保存的 XML 文档的路径和文件名,就可以将 DataSet 中数据以 XML 的形式保存到 XML 文档中。

示例"ph1007"演示了将数据库数据转换成 XML 文档。

(1) 新建 ASP. NET 网站"ph1007"。添加 1 个 button 控件,Text 属性值为"导出 XML"。

(2) 编辑 web. config 配置文件的数据库连接串:

```
<connectionStrings>
    <add name = "myConnStr" connectionString = " Data Source = . ;User ID = sa; Password = 1234; Initial Catalog = Student; Integrated Security = False"/>
</connectionStrings>
```

(3) 在"解决方案资源管理器"的项目"ph1007"右击添加引用 System. Configuration。

(4) 在 default. aspx. cs 后台代码文件里添加相关命名空间引用:

```
using System. Configuration;
using System. Data;
using System. Data. SqlClient;
```

(5) 在"导出 XML"按钮的 Click 事件里编写如下代码:

```
protected void Button1_Click(object sender, EventArgs e)
{
    string connStr = ConfigurationManager. ConnectionStrings["myConnStr"]. ConnectionString;
    SqlConnection conn = new SqlConnection(connStr);
    DataSet ds = new DataSet();
    conn. Open();
    SqlDataAdapter sda = new SqlDataAdapter("select * from stuinfo", conn);
    sda. Fill(ds, "studentInfo");
    ds. WriteXml (Server .MapPath ("stuInfo.xml"));
    conn. Close ();
    ScriptManager. RegisterStartupScript(this. Button1, this. GetType(), "提示", "<script language = 'javascript'> alert('写入成功!');</script>", false);
}
```

(6) 运行网页程序,单击"导出 XML"按钮会在网站目录下生成 stuInfo. xml 文件。打开文件内容如下:

```
<? xml version = "1.0" standalone = "yes"? >
<NewDataSet>
    <studentInfo>
        <id>2</id>
        <学号>112012010002</学号>
        <姓名>张毅        </姓名>
        <性别>true</性别>
        <出生日期>1985-06-14T00:00:00 + 08:00</出生日期>
        <家庭地址>天津</家庭地址>
    </studentInfo>
    <studentInfo>
        <id>3</id>
        <学号>112012010013</学号>
        <姓名>李丽        </姓名>
        <性别>false</性别>
        <出生日期>1984-08-23T00:00:00 + 08:00</出生日期>
        <家庭地址>山东</家庭地址>
```

```
</studentInfo>
...
</NewDataSet>
```

可以看出,这个文档保存了 stuInfo 数据表中所有的数据。其中使用<NewDataSet>作为根节点标记,<studentInfo>作为每个记录的标记(studentInfo 是 sda.Fill(ds, "studentInfo")语句中使用的别名)。另外,每个字段的名字作为数据元素的标记名。

10.4.2 读取 XML 文档

使用 DataSet 的 ReadXml 方法可以读取所有 XML 文档数据。

示例"ph1008"演示了读取 XML 文档的过程。

(1) 建立 ASP. NET 网页程序"ph1008",内容在"ph1007"基础上再添加 1 个 Button 按钮控件,Text 属性值"读取 XML 文档";添加 1 个 GridView 控件。

(2) 在"读取 XML 文档"按钮的 Click 事件里编写代码如下:

```
protected void Button2_Click(object sender, EventArgs e)
{
    DataSet ds = new DataSet();
    ds.ReadXml(Server.MapPath("stuInfo.xml"));
    GridView1.DataSource = ds.Tables[0].DefaultView;
    GridView1.DataBind();
}
```

(3) 运行网页程序,单击"读取 XML 文档"按钮后,会生成如图 10.5 所示的页面。

图 10.5　读取 XML 文档效果

10.4.3 编辑 XML 文档

编辑 XML 文档的方法也很简单,只要使用 DataSet 的 ReadXML 方法把数据读取到 DataSet 中,修改相应的记录值,再使用 DataSet 的 WriterXml 方法保存 XML 文档就可以了。

示例"ph1009"演示了编辑 XML 文档的过程,实现将姓名信息后面添加"A"字母。

(1) 建立 ASP. NET 网页程序"ph1009",内容在"ph1008"基础上再添加 1 个 Button 按钮控件,Text 属性值为"编辑 XML 文档"。

(2) 在"编辑 XML 文档"按钮的 Click 事件里编写代码如下:

```
protected void Button3_Click(object sender, EventArgs e)
{
    DataSet ds = new DataSet();
    ds.ReadXml(Server.MapPath("stuInfo.xml"));
```

```
DataTable dt;
DataRowCollection crow;
DataRow dr;
dt = ds.Tables[0];
crow = dt.Rows;
for (int i = 0; i < crow.Count; i++)
{
    dr = crow[i];
    dr[1] = dr[1] + "A";
}
ds.WriteXml(Server.MapPath("stuInfo.xml"));
GridView1.DataSource = ds.Tables[0].DefaultView;
GridView1.DataBind();
}
```

（3）运行网页程序，单击"编辑 XML 文档"按钮后，会生成如图 10.6 所示的页面。

图 10.6　编辑 XML 文档效果

10.4.4　将 XML 写入数据库

XML 文本内容写入数据库与数据库的数据转换为 XML 是个相反的过程，需要用到 DataAdapter 的 Update 方法。

示例"ph1010"演示了将 XML 写入数据库的过程。

（1）建立 ASP.NET 网页程序"ph1010"，内容在"ph1009"基础上再添加 1 个 Button 按钮控件，Text 属性值为"保存 XML 至数据库"。

（2）为清楚表达 XML 文档存储至数据表，我们修改 stuInfo.xml 文件，里面只有两条记录，如下所示：

```
<? xml version = "1.0" standalone = "yes"? >
<NewDataSet>
  <studentInfo>
    <id>2</id>
    <学号>1101</学号>
    <姓名>王明　　　</姓名>
    <性别>true</性别>
    <出生日期>1985-06-14T00:00:00+08:00</出生日期>
    <家庭地址>山东</家庭地址>
```

```
    </studentInfo>
    <studentInfo>
        <id>3</id>
        <学号>1102</学号>
        <姓名>张志伟</姓名>
        <性别>false</性别>
        <出生日期>1984-08-23T00:00:00+08:00</出生日期>
        <家庭地址>山东</家庭地址>
    </studentInfo>
</NewDataSet>
```

（3）在"保存 XML 至数据库"按钮的 Click 事件里编写代码如下：

```
protected void Button4_Click(object sender, EventArgs e)
{
    string connStr = ConfigurationManager.ConnectionStrings["myConnStr"].ConnectionString;
    SqlConnection conn = new SqlConnection(connStr);
    DataSet ds = new DataSet();
    conn.Open();
    SqlDataAdapter sda = new SqlDataAdapter("select * from stuinfo", conn);
    sda.Fill(ds, "studentInfo");
    DataTable dt = ds.Tables["studentInfo"];
    //读取 xml 文件
    dt.ReadXml(Server.MapPath("stuInfo.xml"));
    //自动生成提交语句
    SqlCommandBuilder objcb = new SqlCommandBuilder(sda);
    //提交数据库
    sda.Update(ds, "studentInfo");
    GridView1.DataSource = ds.Tables["studentInfo"].DefaultView;
    GridView1.DataBind();
}
```

（4）运行网页程序，单击"保存 XML 至数据库"按钮后，会生成如图 10.7 所示的页面。

我们已经发现"1101"与"1102"两条记录已经添加到数据表中。但是这里要注意的是"id"字段。因为数据库中 id 字段类型设置成自动增长，所以在 XML 中<id>…</id>的值实际是不起作用的（尽管它们显示在页面上），我们打开数据库发现新加的两条记录的 id 都不是 XML 文件里定义的，而是系统根据实际情况自动生成的。

图 10.7　保存 XML 至数据库效果

10.4.5 将 XML 数据转换为字符串

前面讲到所有的方法都是使用 DataSet 来进行数据处理的。在实际工作中,如果希望进行 XML 数据传输,那么把 XML 数据读出之后形成字符串,即把数据当成字符串法进行处理。例如可以把数据写在一个普通的 E-mail 中发送给其他用户,对方就可以采用普通字符串处理的方法得到数据。为了能够完成上述功能,DataSet 还提供了将 XML 数据转换为字符串的方法 GetXml。

示例"ph1011"演示了将 XML 写入字符串过程。

（1）建立 ASP. NET 网页程序"ph1011",内容在"ph1010"基础上再添加 1 个 Button 按钮控件,Text 属性值为"生成字符串"。

（2）在"生成字符串"按钮的 Click 事件里编写代码如下:

```csharp
protected void Button5_Click(object sender, EventArgs e)
{
    DataSet ds = new DataSet();
    ds.ReadXml(Server.MapPath("stuInfo.xml"));
    //将 DataSet 数据转换为字符串
    Label1.Text = ds.GetXml();
}
```

（3）运行网页程序,单击"生成字符串"按钮后,会生成如图 10.8 所示的页面。

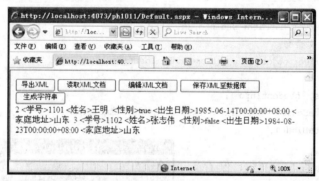

图 10.8 生成字符串效果

10.5 小　　结

* XML 是一个标记语句,必须成对出现。
* XML 文档对象模型(DOM)用于在内存中表示 XML 文档。
* XmlReader 是一个抽象类,提供对 XML 数据进行快速、非缓存、只进的访问。它能够高效地读取 XML 文档中的单个节点。
* ADO. NET 提供了对 XML 数据访问的功能 DataSet 的 WriteXml 方法、ReadXml 方法,可以完成 XML 与数据库的交互。
* DataSet 的 GetXml 方法可以把 XML 文档转换成字符串。

10.6 习 题

一、填空题

(1) XML 的意思是_____。

(2) 在 DOM 模型中有相同父的节点称为_____节点。

(3) 表示 XML 文档中一个节点的类，其类名称是_____。

(4) 读取 XML 文档，可以用_____类。

(5) 将 XML 数据转换为字符串要用到_____方法。

二、选择题

(1) 关于 XML 描述正确的有( )。

    A. XML 数据可以跨平台使用并可以被阅读理解

    B. XML 数据的内容和结构有明确的定义

    C. XML 数据之间的关系得以强化

    D. XML 数据的内容和数据的表现形式分离

(2) 把新节点插入到指定的节点之后我们要用( )。

    A. InsertBefore   B. InsertAfter   C. AppendChild   D. Append

(3) 以下选项是正确的 XML 文档格式的是( )。

A.
```
<? xml version = "1.0" encoding = "utf-8"
? >
<studnets>
  <student>
    <学号>20121001</学号>
    <姓名>张毅</姓名>
...</student>
</students>
```

B.
```
<? xml version = "1.0" encoding = "utf-8"
? >
<studnets>
  <student>
    <学号>20121001</学号>
    <姓名>张毅</姓名>
...</students>
    </student>
    </students>
</students>
```

C.
```
<? xml version = "1.0" encoding = "utf-8
? >
<studnets>
  <student>
    <学号>20121001
    <姓名>张毅
...</student>
```

D.
```
<studnets>
  <student>
    <学号>20121001</学号>
    <姓名>张毅</姓名>
...</student>
</students>
```

第11章
ASP.NET程序的配置与部署

11.1 配 置 文 件

ASP.NET 提供了一个操作简易并且功能强大的配置系统,利用这些配置可以快速建立 Web 应用环境,并在整个应用程序、站点或计算机中定义和使用可扩展的配置数据,定制自己的 ASP.NET 应用程序。

ASP.NET 中有两种配置文件:machine.config 和 web.config,它们都是基于 XML 格式的配置文件。machine.config 设置可应用于整个服务器的属性,即服务器上驻留的所有应用程序都将应用这些设置。web.config 文件向其所在的目录和所有子目录提供配置信息。

machine.config 称为服务器配置文件,提供整个机器的默认设置,修改后将影响所有本机的应用程序,该文件可以在 C:\windows\microsft.net\framework\v2.0.50727\config 路径下找到。

注意:不同的操作系统及不同版本的 framework,machine.config 位置稍有不同。

11.2 web.config 配置文件

web.config 称为 Web 配置文件,也是最常用的配置文件,它一般在 ASP.NET 应用程序的根目录。其实 web.config 配置文件可出现在 Web 应用程序的任何目录中,为其所在的目录和所有子目录设置配置信息。

注意:子目录下的配置信息覆盖其父目录的配置,如果该目录下的配置文件中没有相关信息的配置,则以上一级目录的配置为准。

11.2.1 web.config 文件的特点

web.config 文件的特点如下。

- 在运行时对 web.config 文件修改不需要重启服务器就可生效。
- ASP.NET 可以自动监测到配置文件的更改并且将新的配置信息自动进行应用,无须管理人员手工干预。
- 易于编辑和理解,web.config 基于 XML 的文本文件,其设置易于阅读,可以使用任何文本编辑工具来编辑。
- ASP.NET 提供配置信息加密机制,即可对重要信息进行加密。

• web. config 文件是可以扩展的,可以自定义新配置参数并编写配置节处理程序以对它们进行处理。

• web. config 文件是一个基于 XML 格式的配置文件,所以必须在其中包含成对的标记,而且区分大小写。

• web. config 文件可将配置的有关设置保存在该文件中而不对注册表作任何改动,所以只需将 web. config 文件复制到另一服务器相应的文件夹中就可以方便地把该应用配置传到另一服务器之中。

11.2.2 web. config 文件的结构

web. config 文件是基于 XML 的文本文件,可出现在 ASP. NET Web 应用程序服务器上的任何目录中。每个 web. config 文件将配置设置应用到它所在的目录和它下面的所有虚拟子目录。一个典型的文件内容如下:

```
<? xml version = "1.0" encoding = "utf-8"? >
<configuration>
    <configSections/>
    <appSettings/>
    <connectionStrings/>
    <system.web>
      <compilation/>
      <customErrors />
      <authentication />
      <trace />
      <sessionState />
      <pages />
    </system.web>
  </configuration>
```

(1) web. config 文件的所有配置信息都嵌入在<configuration>…</configuration>根元素中,所有的 ASP. NET 配置信息都写在<system. web>…</system. web>标识之间。

(2)<connectionStrings/>为 ASP. NET 应用程序和功能指定数据库连接字符串(名称/值对的形式)的集合。我们在前面章节已经接触了数据库连接串的配置,这里不再叙述。

(3)<appSettings/>包含自定义应用程序设置,如文件路径或存储在应用程序中的任何信息,在应用程序中常常会用到的一些常量信息,也可以在这里定义。语法格式为

```
<appSettings>
    <add key = "常量名" value = "常量值"/>
  </appSettings>
```

我们在页面中读取就可以采用如下方式:

```
ConfigurationManager. AppSettings["常量名"];
```

(4)<configSections/>指定配置节和命名空间声明。

(5)<compilation/>包含 ASP. NET 使用的所有编译设置。设置 debug="true",可以启用对应用程序的调试;否则,设置为"false",可提高程序的运行性能。

(6)<customeErrors/>用于自定义错误信息。它有两个重要属性 defaultRedirect 指定出错时将浏览器定向到的默认 URL;mode 指定是启用或禁用自定义错误,On 启用自定义错误,Off 禁用自定义错误,RemoteOnly(默认值)指定仅向客户端显示自定义错误并且向本地

主机显示 ASP. NET 错误。

例如，当发生错误时，将网页跳转到自定义的错误网页：

`<customErrors defaultRedirect = "error.aspx" mode = "RemoteOnly" />`

（7）`<authentication/>`设置应用程序的身份验证策略。当取值"None"时不执行身份验证；"Windows"使用 IIS 根据应用程序的设置执行身份验证，此时在 IIS 中必须禁用匿名访问；"Forms"为用户提供一个输入凭据的自定义窗体，然后在应用程序中验证用户的身份；"Passport"身份验证是通过 Microsoft 的集中身份验证服务执行的，它为成员站点提供单独登录和核心配置文件服务。默认为"Windows"身份验证模式。

例如，以下示例为基于窗体的身份验证配置站点，当没有登录的用户访问需要身份验证的网页时，网页自动跳转到登录网页：

```
<authentication mode = "Forms">
  <forms loginUrl = "login.aspx" name = "FormsAuthCookie"/>
</authentication>
```

（8）`<trace/>`可以跟踪代码的执行，以便以后查看，有利于更正错误。

例如，以下为 web. config 中的默认配置：

`<trace enabled = "false" requestLimit = "10" pageOutput = "false" traceMode = "SortByTime" localOnly = "true" />`

其中，enabled="false"表示不启用跟踪（如果设置 true，启用跟踪，在应用程序执行完毕，它会将跟踪情况保存到一个系统文件 trace. axd 中）。requestLimit="10"表示指定在服务器上存储的跟踪请求的数目。pageOutput="false"表示只能通过跟踪实用工具访问跟踪输出。traceMode="SortByTime"表示以处理跟踪的顺序来显示跟踪信息。localOnly="true"表示跟踪查看器只用于宿主 Web 服务器。

（9）`<sessionState/>`中是关于会话信息的设置。

例如，有以下设置：

`<sessionState mode = "InProc" cookieless = "true" timeout = "20" />`

其中，mode="InProc"表示在本地存储会话状态（session 值）。cookieless="true"表示如果用户浏览器不支持 Cookie 时启用会话状态（默认为 false）。timeout="20"表示会话状态可以处于空闲状态的 20 min。

（10）`<pages/>`是关于 Web 页面的信息设置。

例如，不检测用户在浏览器输入的内容中是否存在潜在的危险数据，在从客户端回发页时将检查加密的视图状态，以验证视图状态是否已在客户端被篡改。

`<page buffer = "true" enableViewStateMac = "true" validateRequest = "false" />`

11.2.3 网站的安全性配置

Internet 上的网站通常是可以随意访问的，但有些情况下，网站的拥有者出于商业目的或信息保密的目的，只允许部分拥有一定身份（通过用户名和密码确认身份）的用户访问网站。而且，不同的用户拥有的访问限制级别不同，能够访问的页面或者得到的信息也不同。通过对 web. config 文件的配置，可以从以下 3 个方面实现对网站的保护：身份验证、授权及保护单个文件和文件夹。

1. 身份验证

身份验证指每个来访的用户必须首先通过用户名和密码的验证，然后才能够浏览网站中的页面。通过 web. config 文件可以设置 3 种身份验证：基于 Windows 的验证、基于表单的验证和基于微犯罪分子 passport 的验证。

（1）Windows 身份验证

这是一种非常简单、快捷、易用的验证用户身份的方式，但它只能应用于 IE 5.0 以上版本的浏览器。实现 Windows 身份证需要如下 3 个步骤。

① 在 Web 应用程序的 web.config 文件中进行设置，添加如下代码：

```
<system.web>
  <authentication mode = "windows">
</system.web>
```

② 在 IIS 中进行设置。在控制面板中打开"Internet 服务管理器"，选中要保护的 Web 站点和应用程序，右击应用程序选择"属性"菜单项，在弹出的对话框中选择"目录安全性"选项卡，在"匿名访问和验证控制"区域单击"编辑"按钮，弹出"身份验证方法"对话框，如图 11.1 所示，然后选中"集成 Windows 身份验证"复选框。

图 11.1　Windows 身份验证配置

③ 添加用户。依次打开"控制面板"|"管理工具"|"计算机管理"，打开"计算机管理"窗口。如图 11.2 所示，左侧窗口列表中选择"用户"，并在右边用户列表框中右击在弹出的快捷菜单中选择"新用户"命令，为每个用户添加用户名和密码。

采用 Windows 身份验证方式，优点是简单，需要代码很少。但是如果访问者不使用 Windows 操作系统，或者与服务器不在同一个域内，该身份验证方式就不可用了。因此，在实际的项目中，很少采用这种验证方式。

（2）passport 身份验证

这种身份验证是由微软公司提供的一种集中式的身份验证服务，提供了 http://www.passport.com 所有已注册成员站点的统一登录，目前被 http://www.ebay.com 等站点使用。要在服务器上实现它，需要先下载 passportSDK，还需要安装 IIS。使用这种身份验证的网站需要向微软公司交付一定的费用。本书不讨论这种身份验证方式。

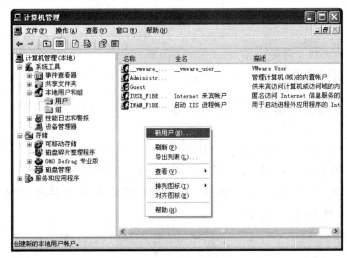

图 11.2　添加用户

（3）Forms 身份验证

一般网站大多采用这种身份验证方式。Forms 身份验证是一种让网站设计者决定如何显示安全性功能的灵活方式。这种验证方式将用户名和密码信息存储在数据库文件、文本文件或 XML 文件中，并在应用程序中添加一个登录页面，没有通过身份验证的用户访问任何页面时，都会被自动引导至该登录页面。客户必须输入用户名和密码信息，它们与文件中存放的相应信息进行比较之后，如果正确则在客户机上创建一个验证 cookie，使客户可以继续访问其他页面。

实现 Forms 身份验证需要如下 3 个步骤。

① 建立身份验证，在 web.config 文件中添加如下代码：

```
<system.web>
  <authentication mode = "Forms">
  <forms name = "cookie 对象名" loginUrl = "登录页面路径"
  defaultUrl = "首页/登录后可访问页面的地址" />
  </authentication />
</system.web>
```

在＜forms＞标记中，属性 loginUrl 的值为某个页面的 URL，那些没有经过验证的请求都会被重定向到该页面；defaultUrl 的值一般为网站首页的 URL，直接访问登录页面的用户在执行了登录操作并获取了相应的身份之后，将会被引导到该页面；属性 name 表示用户名和密码正确输入后，在客户机上创建的 cookie 对象的名称，这个 cookie 也可称为身份验证 cookie。当在客户端创建或清除身份验证 cookie 时，使用 FormsAuthentication 类，该类定义在命名空间 System.Web.Security 下。表 11.1 列出了 FormsAuthentication 类的常用方法。

表 11.1　FormsAuthentication 类的常用方法

名称	说明
GetRedirectUrl	返回导致重定向到登录页的原始请示的 URL
RedirectFromLoginPage	将验证身份的用户重定向回最初请求的 URL 或 defaultUrl，同时为该用户创建一个身份验证 cookie
SetAuthCookie	为通过身份验证的用户创建一个身份验证 cookie，不产生重定向
SignOut	移除用户的身份验证 cookie

② 在 web. config 文件中设置授权。建立 authorization 元素,通过设置该元素,拒绝或允许用户访问 Web 应用程序。

③ 创建登录页面,放置两个文本框,并给出相应的提示,让用户输入用户名和密码,用于进行身份验证。

示例"ph1101"演示了 Forms 身份验证的过程。

(1) 新建网站名为"ph1101"。向 default. aspx 页面中添加一个 Label 控件,其 Text 属性值为"这是主页";添加 1 个 Button 控件,其 Text 属性值为"退出",名称为"btnExit"。效果如图 11.3 所示。

(2) 向网站添加一个页面 login. aspx。添加两个 Label 控件,Text 属性值分别为"账户"和"密码";添加两个 TextBox 控件,名称属性分别为"txtUserName"和"txtPwd";添加一个 Button 按钮控件,Text 属性值为"登录",名称属性为"btnLogin"。效果如图 11.4 所示。

图 11.3　defautl. aspx 页面

图 11.4　login. aspx 页面

(3) 编辑 web. config 文件的<system. web>节,关键代码如下:

```
<system.web>
    <compilation debug = "true" defaultLanguage = "C♯">
    <!-- 设置 Forms 身份验证模式,用户登录后必须先访问 login.aspx-|
    <authentication mode = "Forms" >
        <forms name = "logInfo" loginUrl = "login.aspx" defaultUrl = "login.aspx"></forms>
    </authentication>
    <authorization>
        <!-- 拒绝匿名用户访问,所有用户必须登录后才能够访问网站中的页面-|
        <deny users = "?"/>
    </authorization>
    ...
</system.web>
```

此段代码中,未通过身份验证的用户被引导至 login. aspx 页面,<deny user="?" />表示应用程序不支持匿名访问。

(4) 编辑 login. aspx 页面代码。首先在 login. aspx. cs 文件头引用命名空间:

`using System. Web. Security;`

在"登录"按钮的 Click 事件里编写代码如下:

```
protected void btnLogin_Click(object sender, EventArgs e)
{
if (txtUserName. Text. ToString() == "tom" && txtPwd. Text. ToString() == "123")
```

```
        {
            FormsAuthentication.SetAuthCookie(txtUserName.Text, false);
            Response.Redirect(FormsAuthentication.GetRedirectUrl(txtUserName.Text, false));
        }
        else
        {
            ScriptManager.RegisterStartupScript(this.btnLogin, this.GetType(), "提示", "<script
language = 'javascript'> alert('账户/密码错误!');</script>", false);
        }
    }
```

此段代码中 FormsAuthentication.SetAuthCookie(txtUserName.Text,false)的作用是，当用户名和密码都是正确的，为 txtUserName 控件中的用户名创建一个身份验证 cookie，false 表示该 cookie 只在会话期间存在。这样，用户在整个会话期间都处在通过身份验证的状态，以访问网站内的其他页面。如果将第二个参数设置为 true，则这个 cookie 将被写入到客户端，其有效期默认为 50 年。语句 Response.Redirect(FormsAuthentication.GetRedirectUrl(txtUserName.Text，false))是将通过了身份验证的用户引导至用户登录前请求的 Web 页。当然这两条语句也可以合为一句 FormsAuthentication.RedirectFromLoginPage(txtUserName.Text，false)，它实现相同的功能；在本例中，如果用户首先访问 default.aspx 页，将会被引导至登录页面 login.aspx。如果用户输入的用户名或密码不对，则系统会弹出提示对话框。

（5）编辑 defautl.aspx 页面。首先在 default.aspx.cs 文件头引用命名空间：

```
using System.Web.Security;
```

在"退出"按钮的 Click 事件里编写代码如下：

```
protected void btnExit_Click(object sender, EventArgs e)
{
    FormsAuthentication.SignOut();
}
```

语句 FormsAuthentication.SignOut()移除前面使用 SetAuthCookie 方法创建的 cookie，用户再次处于未通过身份验证的状态。

（6）运行 defaut.aspx 页面，观察结果。在 login.aspx 页面中账户输入"tom"，密码输入"123"，单击"登录"按钮再观察结果。

注意：这里用户名我们直接使用"tom"，实际应用中这些数据我们一般都要从数据库中获取进行比较。

2. 授权

在实现网站安全性的过程中，身份验证通常都不是单独使用的，它会和授权一起应用。例如在上例中，在 authorization 元素中使用<deny users="?"/>作为授权的一个项，表示拒绝匿名用户的访问。如果把网站看成一座大楼，身份验证和授权就相当于这座大楼的两把钥匙，身份验证负责打开这座大楼的大门，授权决定哪些用户可以进入到大楼中的哪些房间。

对不同的用户授予不同的访问权限，需要在 web.config 文件中建立 authorization 元素，设置语句为

```
<auhtorization>
    <deny users = "用户列表" />
    <allow users = "用户列表" />
```

```
</authorizatin>
```

其中，<deny users="用户列表">指明了不允许哪些用户做什么，<allow users="用户列表"/>指明了允许哪些用户做什么。在指明用户列表的时候，可以使用两个特殊的通配符"*"和"?"，"?"代表所有匿名的用户。例如，<deny users="?"/>表明不允许匿名用户访问，<allow users="*"/>表明允许所有用户访问。

需要注意，在 web.config 文件中，authorization 元素必须嵌套在<system.web>节点内。

3. 保护单个文件和文件夹

在前面的应用中，web.config 文件直接处在应用程序的根目录下，它的作用范围是整个应用程序。当把 web.config 文件放置到应用程序的某个文件夹下时，在该 web.config 文件进行的身份验证和授权的设置，作用就是保护其所在的文件夹。此外，通过在 web.config 文件中添加如下的 XML标记，也能够实现保护特定文件夹，甚至保护特定文件的目的。设置语句为

```
<location path="文件/文件夹路径">
  <system.web>
  <authorization>
  <deny users="用户列表"/>
  <allow users="用户列表"/>
  </authorization>
  </system.web>
</location>
```

这里，location 元素是 web.config 文件中新创建的一个元素。要实现保护特定文件或文件夹的目的，需要在其中新增一组<system.web>标记。<location>标记只能够在<system.web>之外设置。location 元素的 path 属性中设置了要保护的文件或文件夹的位置。在新的<system.web>部分中，有一对<authorization>标记和一组<deny>和<allow>标记。如果在 web.config 前面的部分也使用了<authorization>，则在这一部分中对文件或文件设置的访问限制可以覆盖前面的设置。

示例"ph1102"演示了 adMIS/ad01.aspx 只能授权用户 tom 访问的过程。

（1）新建网站名为"ph1102"，添加 login.aspx 页面。其 default.aspx 和 login.aspx 页面的内容同示例"ph1101"一样。

（2）在"解决方案资源管理器"中建立新文件夹"adMIS"，在 adMIS 文件夹内添加两个页面 ad01.aspx 和 ad02.aspx。页面里的只有显示的文本信息，显示效果如图 11.5 和图 11.6 所示。

图 11.5　ad01.aspx 页面　　　　　　　图 11.6　ad02.aspx 页面

（3）编辑网站的 web.config 文件，代码如下：

```
<system.web>
    <compilation debug = "true" defaultLanguage = "C#">
    <! --    设置Forms身份验证模式,用户登录后必须先访问login.aspx-|
    <authentication mode = "Forms">
      <forms name = "logInfo" loginUrl = "login.aspx" defaultUrl  = "login.aspx"></forms>
    </authentication>
    <authorization>
      <allow users = "?"/>
    </authorization>
...
</system.web>
<location path = "adMIS/ad01.aspx">
  <system.web>
  <authorization>
  <deny users = "?"/>
  <allow users = "tom"/>
  </authorization>
  </system.web>
</location>
```

（4）运行网站程序,观察结果。

我们未通过身份验证直接运行 default.aspx 和 adMIS/ad02.aspx 页面都可以正常显示;当访问 adMIS/ad01.aspx 页面时,系统会引导到 login.aspx 页面,只有我们输入用户名"tom"时,才可以访问 adMIS/ad02.aspx 页面。

这个配置文件与示例"ph1101"里的配置文件很类似,<allow users="?"/>设置了所有页都是可匿名访问的。在下面的<location>元素中,设置了 path="adMIS/ad01.aspx",表明其后的代码实现对 ad01.aspx 文件特殊保护。<deny users="?"/>和<allow users="tom"/>表明,只允许用户 tom 对 ad01.aspx 文件访问,该页面对所有的匿名用户都是禁止访问的。

11.3　IIS 的安装与配置

网站想要被别人访问,就必须将其放置在 Web 服务器上。asp.net 程序必须将其发布到 IIS 服务器上。IIS 是 Internet Information Server(Internet 信息服务)的简称。IIS 作为当今流行的 Web 服务器之一,提供了强大的 Internet 和 Intranet 服务功能。在 Windows 的各个版本中,Windows 的服务器版本通常默认安装 IIS,非服务器版需要单独安装,各操作系统中安装的 IIS 版本也不尽相同。其中,Windows 2000 要安装 IIS 5.0 版,Windows XP 安装 IIS 5.1 版,Windows 2003 安装 IIS 6,Windows 7 安装 IIS 7。本教程采用 Windows XP+IIS 5.1 组合。

IIS 5.1 版主要是面向 ASP 应用的,所以要面向 ASP.NET 应用,能够正常运行.apsx 程序,机器中首先安装.NET 3.5 安装包,详细安装过程参考 1.3.4 节。

11.3.1　IIS 5.1 的安装

IIS 5.1 是 Windows XP 中的一个组件,如果按默认方式安装 Windows XP,并没有安装 IIS 5.1,需要自行安装,具体步骤如下(安装前先将 Windows XP 安装原版盘放入光驱)。

（1）打开 Windows 组件向导对话框

在打开的 Windows XP 的"控制面板"中双击"添加或删除程序"图标，打开 Windows 组件向导对话框，如图 11.7 所示。

（2）打开"Internet 信息服务（IIS）"对话框

在"Windows 组件向导"对话框中，选中"Internet 信息服务（IIS）"复选框，然后单击"详细信息"按钮，打开"Internet 信息服务（IIS）"对话框，其中一定要选中"万维网服务"复选框，如图 11.8 和图 11.9 所示。

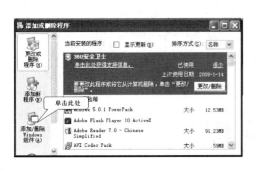

图 11.7 组件添加

图 11.8 IIS 选择窗体

（3）选择 IIS 组件

在"Internet 信息服务（IIS）"对话框中，选中要安装的 IIS 5.1 子组件（一般情况下，使用默认选项即可），然后单击"确定"按钮，返回"Windows 组件向导"对话框。

（4）安装 IIS 组件

在"Windows 组件向导"对话框中，单击"下一步"按钮，Windows XP 开始收集信息并进行安装，如图 11.10 和图 11.11 所示。

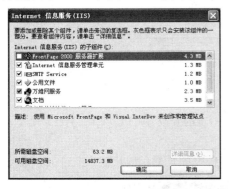

图 11.9 IIS 详细信息窗体

图 11.10 单击"下一步"按钮开始安装

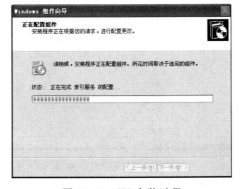

图 11.11 IIS 安装过程

（5）完成 IIS 安装

文件复制完成之后，单击"Windows 组件向导"对话框中的"下一步"按钮，打开"Windows 组件向导"对话框，单击"完成"按钮，IIS 5.1 安装完成。

11.3.2　测试 IIS

IIS 5.1 安装完成后，在当前计算机上就安装了一个 Web 服务器，并自动建立了"默认"网站，其主目录为 C:\Inetpub\wwwroot。打开浏览器，在地址栏中输入"http://localhost"，如果出现图 11.12 所示界面，即说明 IIS 5.1 安装成功。其中 localhost 表示是本地主机。

图 11.12　测试 IIS 5.1 安装是否成功

11.3.3　配置 IIS

默认的 IIS 服务器不一定适合用户，通常需要进行一定的修改，例如访问 IP、主目录等。

（1）打开 IIS 服务器管理器

依次打开"控制面板"|"管理工具"|"Internet 信息服务"。打开界面如图 11.13 所示。

图 11.13　IIS 管理器界面

（2）配置 IIS 各参数

目录树左边，右击"默认网站"，在弹出的快捷菜单中选择"属性"选项，打开如图 11.14 所示界面。在此页面可以分别配置网站的各个参数，"网站"页面配置网站的基本参数，比如网站的 IP 地址，配置好后就可以从远端访问这台计算机了，否则本机只能运用"localhost"或者"127.0.0.1"来访问。"主目录"属性页可以配置网站的文件放置路径和访问权限，一般来说可以选择非系统盘文件夹；"文档"属性页主要配置网站的默认主页文件。

图 11.14 IIS 属性窗口

11.3.4 运用虚拟目录浏览网页程序

我们知道，建站人员必须为建立的每个 Internet 站点都指定一个主目录。主目录是一个默认位置，当 Internet 用户的请求没有指定特定文件时，IIS 将把用户的请求指向这个默认位置。代表站点的主目录一旦建立，IIS 就会默认地使这一目录结构全部都能由网络远程用户所访问，也就是说，该站点的根目录（即主目录）及其所有子目录都包含在站点结构（即主目录结构）中，并全部能由网络上的用户所访问。一般说来，Internet 站点的内容都应当维持在一个单独的目录结构内，以免引起访问请求混乱的问题。特殊情况下，网络管理人员可能因为某种需要而使用除实际站点目录（即主目录）以外的其他目录，或者使用其他计算机上的目录，来让 Internet 用户作为站点访问。这时，就可以使用虚拟目录，即将想使用的目录设为虚拟目录，而让用户访问。

处理虚拟目录时，IIS 把它作为主目录的一个子目录来对待；而对于 Internet 上的用户来说，访问时并感觉不到虚拟目录与站点中其他任何目录之间有什么区别，可以像访问其他目录

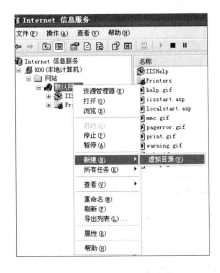

图 11.15 新建虚拟目录的快捷菜单

一样来访问这一虚拟目录。设置虚拟目录时必须指定它的位置，虚拟目录可以存在于本地服务器上，也可以存在于远程服务器上。多数情况下虚拟目录都存在于远程服务器上，此时，用户访问这一虚拟目录时，IIS 服务器将充当一个代理的角色，它将通过与远程计算机联系并检索用户所请求的文件来实现信息服务支持。

建立 IIS 的虚拟目录的过程如下。

（1）首先我们先准备好一个网站程序（注意不要建到主目录里）。比如主目录是 C:\Inetpub\wwwroot，而我们建立的网站目录是 E:\WebSite1，目录里有网页程序 defautl.aspx。

（2）从控制面板打开 IIS 管理器，右击"默认网站"，在快捷菜单中选择"新建"|"虚拟目录"选项，

如图 11.15 所示。

（3）在弹出的对话框中任意输入虚拟目录的别名（别名一般要短小、精练），单击"下一步"按钮输入网站的目录路径（这里选择 E:\WebSite1），单击"下一步"按钮设置虚拟目录的访问

权限,单击"下一步"按钮确定完成即可。其操作过程如图11.16所示。

图 11.16　新建虚拟目录的操作过程

（4）操作完成后,新建虚拟目录会出现在左边的目录树中,如图11.17所示。

（5）右击新建的虚拟目录,选择"属性"选项,打开属性对话框的"文档"页,如图11.18所示。

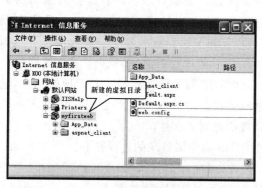

图 11.17　虚拟目录设置完成

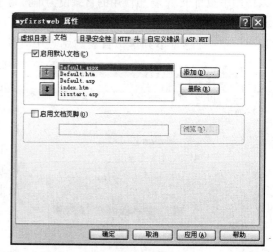

图 11.18　新建虚拟目录的属性窗口

如果默认文档里没有 default.aspx,请选择"添加"按钮,在弹出的对话框中输入"default.aspx"将其添加进来,单击"确定"按钮即可。至此虚拟目录安装完成。

（6）右击新建的虚拟目录,选择"浏览"选项,查看程序运行情况。或者在 IE 浏览器中输入 http://localhost/myfirstweb 查看。

11.4 安装和部署 ASP.NET 应用程序

ASP.NET 应用程序的源代码测试并编译完成后,开发过程并没有结束。开发人员需要把应用程序提供给用户,即开发人员需要将 ASP.NET 应用程序部署到用户的工作环境中,使用户在其工作环境中使用应用程序,这就需要安装和部署 ASP.NET 应用程序。安装和部署是两个不同的概念,安装程序(Setup)是指将应用程序打包成易于部署的形式,打包后的应用程序可以方便地安装到目标系统或服务器上。部署(Deployment)是将应用程序安装到另一台机器上的过程,可以通过执行安装程序来完成。

11.4.1 创建 ASP.NET 安装项目

本节描述如何创建一个 ASP.NET 项目的安装过程。我们以示例"ph1103"为例创建安装项目。

(1) 添加新建项目

从 Visual Studio 2008 菜单中选择"文件"|"添加"|"新建项目"命令,弹出"添加新项目"对话框。如图 11.19 所示,在左侧的"项目类型"树中,展开"其他项目类型",选择"安装和部署";再选择"Web 安装项目"模板,并输入项目名称。

图 11.19 创建 Web 安装项目

(2) 添加项目输出

右击 Web 应用程序文件夹,选择"添加"|"项目输出"命令,如图 11.20 所示。

图 11.20 添加项目输出命令

在弹出的"添加项目输出组"对话框中选择"内容文件",并单击"确定"按钮,如图 11.21 所示。

在 Web 安装项目中添加内容文件后，"解决方案资源管理器"窗口如图 11.22 所示。

图 11.21 添加内容文件　　　　11.22　解决方案资源管理器窗口

（3）设置 Web 安装项目的属性

在 Web 安装项目的"属性"窗口中，设置 Author、Description 和 Manufacturer 属性值，如图 11.23 所示，这些属性值的设置有助于用户了解关于应用程序的信息。

（4）生成 Web 安装项目

如图 11.24 所示，在"解决方案资源管理器"窗口中，右击 Web 安装项目，选择"生成"命令，完成 Web 安装项目程序的制作。

图 11.23 "属性"窗口　　　　　　图 11.24　生成 Web 安装项目

当生成成功后，可以在此安装项目的"Debug"文件夹下看到两个安装文件，如图 11.25 所示。使用这两个安装文件的任何一个，即可将 Web 项目发布到 IIS 中。

图 11.25　生成的安装文件

11.4.2　部署 ASP. NET 应用程序

部署 ASP. NET 应用程序有两种比较常用的方法。

（1）使用"Web 安装项目"部署：运行 Web 的安装文件，根据安装向导一步步将项目部署到 IIS 中。

（2）手动"发布网站"并部署到 IIS 服务器中。

1. Web 安装文件的安装部署

双击 Web 安装文件（WebSetup1. msi 或 setup. exe），如图 11.26 所示，显示安装向导提示对话框。

单击"下一步"按钮，弹出选择安装地址对话框，如图 11.27 所示，设置虚拟目录。

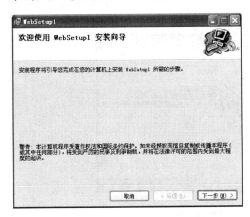
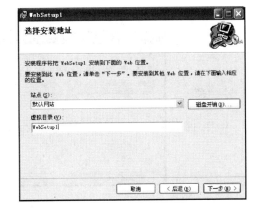

图 11.26　安装向导提示对话框　　　　图 11.27　设置虚拟目录

单击"下一步"按钮直到安装完成。此时在"控制面板"的"添加或删除程序"中可以看到已安装的 ASP. NET 应用程序，如图 11.28 所示。

图 11.28　"添加或删除程序"窗口

打开"控制面板"|"管理工具"|"Internet 信息服务"窗口，如图 11.29 所示，Web 应用程序已自动部署到 IIS 服务器的默认网站中。

注意：此模式部署生成网站后，网站中的页面有 .aspx 文件和 .aspx.cs 文件。

2. 手动部署

在"解决方案资源管理器"窗口中，右击网站项目选择"生成网站"命令，生成成功后，再单击"发布网站"命令，如图 11.30 所示。

在弹出的"发布网站"对话框中指定目标位置，如图 11.31 所示。

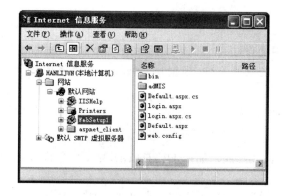

图 11.29　IIS 窗口

图 11.30　单击"发布网站"命令

图 11.31　"发布网站"对话框

从"控制面板"中打开 IIS 管理器窗口，将发布网站后生成的目标位置设置为网站的一个虚拟目录即可。

注意：生成网站后，网站中的页面只保留.aspx 文件，其后台代码.aspx.cs 已经生成.dll 放在 bin 目录下。

11.5　小　　结

- ASP.NET 配置文件是一个 XML 文件，它定义了网站相关设置的配置信息。
- ASP.NET 配置文件有两类：machine.config 和 web.config。
- appSettings 元素存储自定义应用程序的配置信息。
- connectionStrings 元素指定数据库连接字符串。
- compilation 元素用于设置编译相关信息。
- authentication 元素用于配置 ASP.NET 安全身份验证模式。
- pages 元素用于配置 ASP.NET 页面的行为。
- IIS(Internet Information Services，互联网信息服务)是由微软公司提供的基于运行 Microsoft Windows 的互联网基本服务。
- 虚拟目录可以使我们在一台服务器上配置多个网站。

11.6 习　　题

一、填空题

（1）ASP.NET 常用的两个配置文件是 machinge.congif 和＿＿＿＿＿＿。

（2）ASP.NET 为开发者提供了一个基于＿＿＿＿＿＿格式的配置文档 web.config。

（3）web.config 中所有的配置信息都在＿＿＿＿＿＿根元素之间。

二、选择题

（1）ASP.NET 中用于对服务器进行配置的文件是（　　　）。

　　　A. server.config　　　　　　　　　B. web.config

　　　C. machine.config　　　　　　　　D. webserver.config

（2）在配置文件中用于配置 ASP.NET 安全身份验证的元素是（　　　）。

　　　A. compilation　　　　　　　　　　B. autherntication

　　　C. pages　　　　　　　　　　　　　D. appSettings

（3）ASP.NET 中支持的应用程序指令包括（　　　）。

　　　A. @Application　　　　　　　　　B. @Import

　　　C. @Assembly　　　　　　　　　　D. @include

（4）配置节设置部分的（　　　），可以配置 ASP.NET 授权支持。

　　　A. ＜authorzation＞和＜/authorzation＞

　　　B. ＜authentication＞和＜/atuhtentication＞

　　　C. ＜authorication＞和＜/authorication＞

　　　D. ＜autthentization＞和＜/authentization＞

（5）下列属于输出缓存的有（　　　）。

　　　A. 控件缓存　　　　　　　　　　　B. 缓存后替换

　　　C. 整页缓存　　　　　　　　　　　D. 应用程序数据缓存

三、上机操作题

利用 Application 和 Global.asax 实现统计在线用户的数量。

第12章
三层系统结构

12.1 Web 系统的三层体系结构

传统的应用程序通常属于两层应用系统,也就是 C/S(客户机/服务器)模式,这种模式只是两层架构,客户机发出请求给服务器,服务器将处理大量来自客户端的请求,经过业务逻辑运算和处理后,再返回给客户端。两层架构的模式显示不能满足现代以互联网为趋势的企业计算处理要求,因为其部署,负载均衡等处理十分麻烦,所以三层架构乃至多层架构便出现了。

多层架构的核心思想是,将整个业务应用划分为表示层、业务层、数据访问层、数据库,明确地将客户端的表示层、业务逻辑访问层、数据访问及数据库划分出来,如图 12.1 所示。

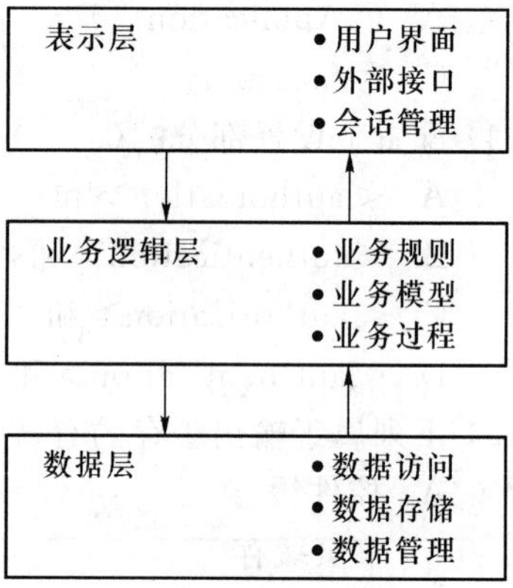

(1)表示层

表示层主要包含 Web 窗体、用户界面元素。该层主要完成两个任务:一是从业务逻辑层获取数据并显示;二是与用户进行交互,将相关数据送回业务逻辑层进行处理。表示层把业务逻辑层和显示外观分离开来,具有良好的松耦合和可扩展性。

(2)业务逻辑层

图 12.1 三层体系结构示意图

业务逻辑层包含了与核心业务相关的逻辑,实现业务规则和业务逻辑,并完成应用程序运行所需要的处理。同时,业务逻辑层负责处理来自数据存储或发送给数据存储的数据。

(3)数据层

数据层包含数据存储和与之交互的组件或服务,这些组件或服务在功能上和业务逻辑层相互独立。

这样分层有利于系统的开发、维护、部署和扩展。采用"分而治之"的思想,把问题划分开来各个解决,易于控制,易于延展和易于分配资源。

12.2 Web 三层结构实例

在使用 ASP. NET 技术开发大、中型应用程序时,经常采用三层开发模型。其中,将对数据库

图 12.2　演示效果

的操作封装到数据层中,对数据进行逻辑运算封装到业务逻辑层中,以上两层采用. NET 类库的形式,表示层中为 Web 窗体页面和用户控件。一般来说系统还要增加一个实体层,实体层的类是业务对象的基础,使用面向对象的思想消除关系数据与对象之间的差异。

本节将通过一个简单的实例说明如何通过 ASP. NET 三层体系结构建立应用程序。该实例实现了通过"姓名"查询学生的其他信息,数据库仍然是课本前面所用到的 student 库。实现的最终效果如图 12.2 所示。

12.2.1　设计思想

采用分层结构。建立系统解决方案,里面设计三层结构,即 Web 层、BLL 层和 DAL 层,为方便数据在层与层之间交流增加一实体层 Models。

12.2.2　创建系统解决方案

首先要创建系统的解决方案,过程如下:启动 Visual Studio 2008,选择"文件"|"新建"|"项目"选项,弹出"新建项目"对话框,展开左侧的"项目类型"树中的"其他项目类型",选中"Visual Studio 解决方案"。在右侧的模板中选择"空白解决方案",输入解决方案名称"stu-MIS",并指定该解决方案的位置为"F:\",单击"确定"按钮,如图 12.3所示。

图 12.3　新建解决方案 stuMIS

12.2.3　搭建系统结构

1. 搭建 Web 层

"在解决方案资源管理器"窗口中右击"解决方案 stuMIS",选择"添加"|"新建网站"命令,弹出"添加新网站"对话框,选择"ASP. NET 网站"模板,设置网站的位置为"F:\stuMIS\Web",单击"确定"按钮,如图 12.4 所示。

2. 搭建 BLL 层

右击"解决方案 stuMIS",选择"添加"|"新建项目"命令(如果此时在解决方案窗口中看不到"解决方案 stuMIS",可以通过菜单"文件"|"添加"|"新建项目"完成),弹出"添加新项目"对话框,选择"类库"模板,输入"stuBLL",位置"F:\stuMIS",单击"确定"按钮,如图 12.5 所示。

3. 搭建 DAL 层

右击"解决方案 stuMIS",选择"添加"|"新建项目"命令,弹出"添加新项目"对话框,选择"类库"模板,输入"stuDAL",位置"F:\stuMIS",单击"确定"按钮,如图 12.6 所示。

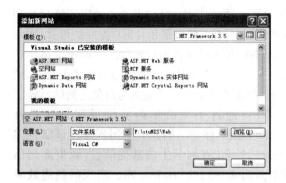

图 12.4　"添加新网站"对话框

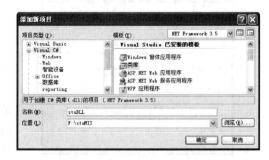

图 12.5　添加类库项目"BLL"

4. 搭建 Models 层

右击"解决方案 stuMIS"，选择"添加"|"新建项目"命令，弹出"添加新项目"对话框，选择"类库"模板，输入"Models"，位置"F:\stuMIS"，单击"确定"按钮，如图 12.7 所示。

图 12.6　添加类库项目"DAL"

图 12.7　添加类库项目"Models"

此时 stuMIS 解决方案中有 4 个项目，如图 12.8 所示；查看 F:\stuMIS 文件夹，内部文件结构如图 12.9 所示，我们会发现一个项目对应磁盘的一个文件夹。

图 12.8　解决方案结构

图 12.9　磁盘文件夹结构

注意：项目名称"Web"、"stuBLL"、"stuDAL"和"stuModels"命名是任意的，语言选择"Visual C#"。

12.2.4　编写各层代码

1. 编辑 Models 层代码

Models 层存放着系统的各种实体类数据。简单来说，系统的每一个实体对应着数据库中的每一张关系表，就本例来说只涉及一张数据表 stuInfo 表。

在 Models 层添加 stuInfo 实体类的过程如下。

（1）在 stuModels 项目中右击，选择"添加"|"类"命令，如图 12.10 所示，弹出添加新项对话框，输入类名"studentInfo"，如图 12.11 所示。

（2）在 StudentInfo 类编写如下代码：

```
namespace s.stuModels
{
    public class StudentInfo
    {
        private int id;
        private string userXH;
        private string userName;
        private bool userSex;
        private DateTime birthday;
        private string address;

        public StudentInfo()
        {
        }
        public int ID
        {
            get { return id; }
            set { id = value; }
        }
        public string UserXH
        {
            get { return userXH; }
            set { userXH = value; }
        }
        public string UserName
        {
            get { return userName; }
            set { userName = value; }
        }
        public bool UserSex
        {
            get { return userSex; }
            set { userSex = value; }
        }
        public DateTime Birthday
        {
            get { return birthday; }
            set { birthday = value; }
        }
        public string Address
        {
            get { return address; }
```

```
            set｛address = value；｝
        ｝
    ｝
｝
```

注意：代码的第一句"namespace s. stuModels"，系统默认自动生成的代码是"namespace stuModels"，我们为了在项目中引用方便手动加入前导符"s. "。

图 12.10 添加"类"　　　　　　　　图 12.11 添加新项对话框

2. 编辑 DAL 层代码

在 DAL 层实现对数据库的访问。具体实现过程如下。

（1）在 web. config 文件中配置数据库连接字符串。

为方便 DAL 层代码数据访问，我们首先修改 Web 层的配置文件，修改 web. config 文件 <connectionStrings> 连接串为

```
<connectionStrings>
    <add name = "myConnStr" connectionString = " Data Source = .；User ID = sa；Password = 1234；Initial Catalog = Student；Integrated Security = False"/>
</connectionStrings>
```

注意：此处的连接字符值要根据自己计算机的具体情况进行设置。

（2）给 DAL 层添加 Configuration 引用。

因为 DAL 层要对数据库进行访问，用到 web. config 文件里的 <connectionStrings>，所以要对 Configuration 进行引用。展开"stuDAL"项目，选择"引用"|"添加引用"命令，弹出"添加引用"对话框，单击". NET"选项卡，选择"System. Configuration"，单击"确定"按钮，如图 12.12 所示。

（3）创建访问数据库基础类 DBHelper

系统访问数据的代码具有一定的共性特征，我们把其提取出来放到一个类文件 DBHelper 中，这是为了方便系统使用，减少系统的代码编写工作量。

右击 stuDAL 项目，选择"添加"|"类"命令，在弹出的"添加新项"对话框中输入类的名称 "DBHelper"。我们在其编写代码如下：

```
using System；
using System. Collections. Generic；
using System. Linq；
using System. Text；
```

```
using System.Configuration;
using System.Data;
using System.Data.SqlClient;
namespace s.stuDAL
{
    //数据库访问基础类
    public static class DBHelper
    {
        private static SqlConnection connection;
        //连接属性
        public static SqlConnection Connection
        {
            get
            {
                //从配置文件中获取连接数据库的连接字符串
                string connectionString = ConfigurationManager.ConnectionStrings["myConnStr"].ConnectionString;
                if (connection == null)
                {
                    connection = new SqlConnection(connectionString);
                    connection.Open();
                }
                else if (connection.State == System.Data.ConnectionState.Closed)
                {
                    connection.Open();
                }
                else if (connection.State == System.Data.ConnectionState.Broken)
                {
                    connection.Close();
                    connection.Open();
                }
                return connection;
            }
        }
        //不带参数的执行命令
        public static int ExecuteCommand(string safeSql)
        {
            SqlCommand cmd = new SqlCommand(safeSql, Connection);
            int result = cmd.ExecuteNonQuery();
            return result;
            connection.Close();
        }
        //带参数的执行命令
        public static int ExecuteCommand(string sql, params SqlParameter[] values)
        {
            SqlCommand cmd = new SqlCommand(sql, Connection);
            cmd.Parameters.AddRange(values);
            return cmd.ExecuteNonQuery();
            connection.Close();
        }
        public static int GetScalar(string safeSql)
        {
            SqlCommand cmd = new SqlCommand(safeSql, Connection);
            int result = Convert.ToInt32(cmd.ExecuteScalar());
            return result;
```

```
        connection.Close();
    }
    public static int GetScalar(string sql, params SqlParameter[] values)
    {
        SqlCommand cmd = new SqlCommand(sql, Connection);
        cmd.Parameters.AddRange(values);
        int result = Convert.ToInt32(cmd.ExecuteScalar());
        return result;
        connection.Close();
    }
    public static SqlDataReader GetReader(string safeSql)
    {
        SqlCommand cmd = new SqlCommand(safeSql, Connection);
        SqlDataReader reader = cmd.ExecuteReader();
        return reader;
        connection.Close();
    }
    public static SqlDataReader GetReader(string sql, params SqlParameter[] values)
    {
        SqlCommand cmd = new SqlCommand(sql, Connection);
        cmd.Parameters.AddRange(values);
        SqlDataReader reader = cmd.ExecuteReader();
        return reader;
        connection.Close();
    }
    public static DataTable GetDataSet(string safeSql)
    {
        DataSet ds = new DataSet();
        SqlCommand cmd = new SqlCommand(safeSql, Connection);
        SqlDataAdapter da = new SqlDataAdapter(cmd);
        da.Fill(ds);
        return ds.Tables[0];
    }
    public static DataTable GetDataSet(string sql, params SqlParameter[] values)
    {
        DataSet ds = new DataSet();
        SqlCommand cmd = new SqlCommand(sql, Connection);
        cmd.Parameters.AddRange(values);
        SqlDataAdapter da = new SqlDataAdapter(cmd);
        da.Fill(ds);
        return ds.Tables[0];
    }
    //带参数的执行命令-存储过程
    public static int ExecuteCommandProcedure(string procedureName, params SqlParameter[] values)
    {
        SqlCommand cmd = new SqlCommand(procedureName, Connection);
        cmd.Parameters.AddRange(values);
        cmd.CommandType = CommandType.StoredProcedure;
        return cmd.ExecuteNonQuery();
        connection.Close();
    }
    }
}
```

注意：代码中命名空间的定义"namespace s. stuDAL"，系统默认自动生成的代码是"namespace stuDAL"，我们为了在项目中引用方便手动加入前导符"s."。

图 12.12 添加 Configuration 项目的引用

（4）在 stuDAL 层引用 stuModels 项目的数据

在 stuDAL 层需要用到 stuModels 层中的数据，将关系型数据封装到对象中。因此，需要在 stuDAL 项目中添加对 stuModels 项目的引用。

展开"stuDAL"项目，选择"引用"|"添加引用"命令，弹出"添加引用"对话框，单击"项目"选项卡，选择"stuModels"，单击"确定"按钮，如图 12.13 所示。此时 stuDAL 项目的引用列表如图 12.14 所示。

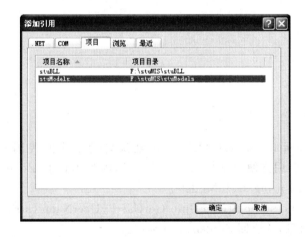

图 12.13 添加 stuModels 项目的引用

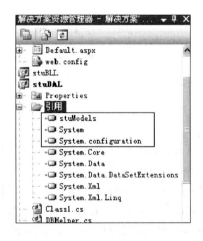

图 12.14 stuDAL 项目的引用列表

（5）实现根据学生姓名获取其他数据信息功能

在 stuDAL 项目中添加一个 stuService 类。右击 stuDAL 项目，选择添加类文件，命名 stuService，对应其代码如下：

```
using System;
using System.Collections.Generic;
using System.Linq;
using System.Text;
using System.Data;
using System.Data.SqlClient;
using s.stuModels;
namespace s.stuDAL
```

```
    {
        public static partial class stuService
        {
            public static User GetUserByUserName(string name)
            {
                string sql = "select * from stuInfo where 姓名 = @userName";
                try
                {
                    SqlDataReader sdr = DBHelper.GetReader(sql, new SqlParameter("@userName", name));
                    if (sdr.Read())
                    {
                        StudentInfo us = new StudentInfo();
                        us.ID = (int)sdr["id"];
                        us.UserXH = (string)sdr["学号"];
                        us.UserName = (string)sdr["姓名"];
                        us.UserSex = (bool)sdr["性别"];
                        us.Birthday = (DateTime)sdr["出生日期"];
                        us.Address = (string)sdr["家庭地址"];
                        sdr.Close();
                        return us;
                    }
                    else
                    {
                        sdr.Close();
                        return null;
                    }
                }
                catch (Exception e)
                {
                    Console.WriteLine(e.Message);
                    throw e;
                }
            }
        }
    }
}
```

注意：代码中命名空间的定义"namespace s. stuDAL"，系统默认自动生成的代码是"namespace stuDAL"，我们为了在项目中引用方便手动加入前导符"s."，因为用到了Models层的数据studentInfo，所以引用了命名空间 using s. stuModels。

此段代码我们只定义了一个方法 public static StudentInfo GetUserByUserName(string name)，根据传入参数 name 值获取相关信息，并返回 StudentInfo 类型。

3. 编辑 BLL 层代码

（1）BLL 层要用到 DAL 层与 Models 层的数据，所以要先添加对其的引用。

BLL 层是 Web 层和 DAL 层之间的通信桥梁，负责数据的传递和处理。因此，需要在 stuBLL 项目中添加对 stuDAL 和 stuModels 项目的引用。

展开"stuBLL"项目，选择"引用"|"添加引用"命令，弹出"添加引用"对话框，单击"项目"选项卡，选择"stuModels"和"stuDAL"，单击"确定"按钮，如图 12.15 所示。此时 stuBLL 项目的引用列表如图 12.16 所示。

（2）添加 stuManager 类。

```
using System;
using System.Collections.Generic;
using System.Linq;
```

```
using System.Text;
using s.stuModels;
using s.stuDAL;
namespace s.stuBLL
{
    public static partial class stuManager
    {
        public static StudentInfo GetUserByUserName(string name)
        {
            return stuService.GetUserByUserName(name);
        }
    }
}
```

注意：代码中命名空间的定义"namespace s.stuBLL"，系统默认自动生成的代码是"namespace stuBLL"，我们为了在项目中引用方便手动加入前导符"s."。

图 12.15 添加 stuModels 和 stuDAL 项目的引用

图 12.16 stuBLL 项目的引用列表

4. 编辑 Web 层代码

（1）视图层通过 BLL 层进行业务处理，因此在 Web 网站中添加对 stuBLL 项目的引用，同时本例要用到 Models 层类进行数据封装，因此也要引用 stuModels 项目。引用过程如下：右击"Web"项目，选择"添加引用"命令，弹出"添加引用"对话框，单击"项目"选项卡，选择"stuModels"和"stuBLL"，单击"确定"按钮，如图 12.17 所示。

（2）设计 default.aspx 页面如图 12.18 所示。其中，输入姓名的 TextBox 控件的 ID 值为 txtName；"查找"按钮的 ID 值为 btnSeek；对应显示学号信息的 Label 控件（显示为"＊"）的 ID 值为 lblXH，对应性别显示的 ID 为

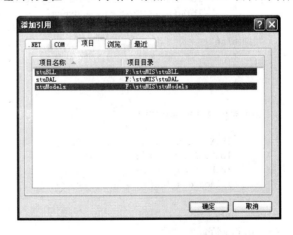

图 12.17 Web 项目添加其他项目引用

lblSex，对应出生日期显示的 ID 为 lblBirthday，
对应家庭地址显示的 ID 为 lblAddress。

（3）编写 default.aspx.cs 代码如下：

图 12.18　表示层页面

```csharp
using System;
using System.Collections.Generic;
using System.Web;
using System.Web.UI;
using System.Web.UI.WebControls;
using s.stuModels;
using s.stuBLL;
public partial class _Default:System.Web.UI.Page
{
        protected void Page_Load(object sender,
EventArgs e)
        {
        }
        protected void btnSeek_Click(object sender, EventArgs e)
        {
            if (txtName.Text.ToString().Trim() == "")
            {
                ScriptManager.RegisterStartupScript(this.btnSeek, this.GetType(), "提示", "<
script language = 'javascript'> alert('姓名不允许为空!');</script>", false);
                return;
            }
            StudentInfo  us = stuManager.GetUserByUserName(txtName.Text);
            if (us !  = null)
            {
                lblXH.Text = us.UserXH;
                if (us.UserSex)
                {
                    lblSex.Text = "男";
                }
                else
                {
                    lblSex.Text = "女";
                }
                lblBirthday.Text = us.Birthday.ToShortDateString();
                lblAddress.Text = us.Address;
            }
            else
            {
                userInit();
            }
        }
        private void userInit()
        {
            lblXH.Text = " * ";
            lblSex.Text = " * ";
            lblBirthday.Text = " * ";
            lblAddress.Text = " * ";
        }
}
```

（4）运行网页

首先单击"生成"|"重新生成解决方案"菜单项，生成成功后，再按"F5"快捷键运行 de-
faulta.aspx 页面，输入姓名信息进行查找。

12.2.5 完整的各层代码

1. DAL 层代码

在 stuDAL 项目里的 stuService 类中，我们只实现了对 stuInfo 表按姓名查找的功能，对其他功能（如添加、删除、修改等）并没有进一步说明，这里我们给出实现其他常规功能的代码，以方便参考，stuService 类里的完整代码如下所示。

```
//=========================================================
//stuDAL 层 stuService 类里操作的完整代码,如有其他特别功能,需要自己在类里另写代码模块
//=========================================================
using System;
using System.Collections.Generic;
using System.Text;
using System.Data;
using System.Data.SqlClient;
using s.stuModels;
namespace s.stuDAL
{
    public static partial class StuInfoService
    {
        //添加新记录
        public static StuInfo AddStuInfo(StuInfo stuInfo)
        {
            string sql =
                "INSERT stuInfo (学号, 姓名, 性别, 出生日期, 家庭地址)" +
                "VALUES (@学号, @姓名, @性别, @出生日期, @家庭地址)";
            sql += " ; SELECT @@IDENTITY";
            try
            {
                SqlParameter[] para = new SqlParameter[]
                {
                    new SqlParameter("@学号", stuInfo.学号),
                    new SqlParameter("@姓名", stuInfo.姓名),
                    new SqlParameter("@性别", stuInfo.性别),
                    new SqlParameter("@出生日期", stuInfo.出生日期),
                    new SqlParameter("@家庭地址", stuInfo.家庭地址)
                };

                int newId = DBHelper.GetScalar(sql, para);
                return GetStuInfoById(newId);
            }
            catch (Exception e)
            {
                Console.WriteLine(e.Message);
                throw e;
            }
        }
        //根据 stuInfo 删除记录
        public static void DeleteStuInfo(StuInfo stuInfo)
        {
            DeleteStuInfoById( stuInfo.Id );
        }
        //根据 id 删除记录
        public static void DeleteStuInfoById(int id)
        {
            string sql = "DELETE stuInfo WHERE Id = @id";
```

```
            try
            {
                    SqlParameter[] para = new SqlParameter[]
                    {
                        new SqlParameter("@id", id)
                    };

                    DBHelper.ExecuteCommand(sql, para);
            }
            catch (Exception e)
            {
                Console.WriteLine(e.Message);
                throw e;
            }
        }
        //根据id修改记录信息
        public static void ModifyStuInfo(StuInfo stuInfo)
        {
            string sql =
                "UPDATE stuInfo " +
                "SET " +
                "学号 = @学号," +
                "姓名 = @姓名," +
                "性别 = @性别," +
                "出生日期 = @出生日期," +
                "家庭地址 = @家庭地址" +
                "WHERE id = @id";
            try
            {
                    SqlParameter[] para = new SqlParameter[]
                    {
                        new SqlParameter("@id", stuInfo.Id),
                        new SqlParameter("@学号", stuInfo.学号),
                        new SqlParameter("@姓名", stuInfo.姓名),
                        new SqlParameter("@性别", stuInfo.性别),
                        new SqlParameter("@出生日期", stuInfo.出生日期),
                        new SqlParameter("@家庭地址", stuInfo.家庭地址)
                    };
                    DBHelper.ExecuteCommand(sql, para);
            }
            catch (Exception e)
            {
                Console.WriteLine(e.Message);
                throw e;
            }
        }
        //返回stuInfo表的记录集,结果是一个泛型
        public static IList<StuInfo> GetAllStuInfos()
        {
            string sqlAll = "SELECT * FROM stuInfo";
            return GetStuInfosBySql(sqlAll);
        }
        //根据id返回stuInfo表的一条记录
        public static StuInfo GetStuInfoById(int id)
        {
            string sql = "SELECT * FROM stuInfo WHERE Id = @id";
            try
            {
```

```
            SqlDataReader reader = DBHelper.GetReader(sql, new SqlParameter("@id", id));
            if (reader.Read())
            {
                    StuInfo stuInfo = new StuInfo();
                    stuInfo.Id = (int)reader["id"];
                    stuInfo.学号 = (string)reader["学号"];
                    stuInfo.姓名 = (string)reader["姓名"];
                    stuInfo.性别 = (bool)reader["性别"];
                    stuInfo.出生日期 = (DateTime)reader["出生日期"];
                    stuInfo.家庭地址 = (string)reader["家庭地址"];
                    reader.Close();
                    return stuInfo;
            }
            else
            {
                    reader.Close();
                    return null;
            }
        }
    catch (Exception e)
    {
        Console.WriteLine(e.Message);
        throw e;
    }
}
//根据姓名返回结果
public static User GetUserByUserName(string name)
{
    string sql = "select * from stuInfo where 姓名 = @userName";
    try
    {
        SqlDataReader sdr = DBHelper.GetReader(sql, new SqlParameter("@userName", name));
         if (sdr.Read())
         {
                StudentInfo us = new StudentInfo();
                us.ID = (int)sdr["id"];
                us.UserXH = (string)sdr["学号"];
                us.UserName = (string)sdr["姓名"];
                us.UserSex = (bool)sdr["性别"];
                us.Birthday = (DateTime)sdr["出生日期"];
                us.Address = (string)sdr["家庭地址"];
                sdr.Close();
                return us;
         }
         else
         {
                sdr.Close();
                return null;
         }
        }
    catch (Exception e)
    {
        Console.WriteLine(e.Message);
        throw e;
    }
}
//返回结果集具体实现代码
private static IList<StuInfo> GetStuInfosBySql( string safeSql )
```

```csharp
        {
            List<StuInfo> list = new List<StuInfo>();
            try
            {
                DataTable table = DBHelper.GetDataSet( safeSql );

                foreach (DataRow row in table.Rows)
                {
                StuInfo stuInfo = new StuInfo();

                stuInfo.Id = (int)row["id"];
                stuInfo.学号 = (string)row["学号"];
                stuInfo.姓名 = (string)row["姓名"];
                stuInfo.性别 = (bool)row["性别"];
                stuInfo.出生日期 = (DateTime)row["出生日期"];
                stuInfo.家庭地址 = (string)row["家庭地址"];
                list.Add(stuInfo);
                }
                return list;
            }
            catch (Exception e)
            {
                Console.WriteLine(e.Message);
                throw e;
            }
        }
//返回结果具体实现代码，带参数集的
private static IList<StuInfo> GetStuInfosBySql( string sql, params SqlParameter[] values )
{
    List<StuInfo> list = new List<StuInfo>();
    try
    {
        DataTable table = DBHelper.GetDataSet( sql, values );

        foreach (DataRow row in table.Rows)
        {
        StuInfo stuInfo = new StuInfo();
        stuInfo.Id = (int)row["id"];
        stuInfo.学号 = (string)row["学号"];
        stuInfo.姓名 = (string)row["姓名"];
        stuInfo.性别 = (bool)row["性别"];
        stuInfo.出生日期 = (DateTime)row["出生日期"];
        stuInfo.家庭地址 = (string)row["家庭地址"];
        list.Add(stuInfo);
        }
        return list;
    }
    catch (Exception e)
    {
        Console.WriteLine(e.Message);
        throw e;
    }
    }
}
```

　　注意：这里仍然用到了基础类文件 DBHelper，使用时一定把 DBHelper 与 stuService 类文件放到一起。

2. BLL 层代码

stuDAL 层里的 stuService 类文件里的功能方法在 stuBLL 层的 stuManager 都要有相应的对应方法,代码如下。

```
//===============================================================
// stuBLL 层 stuManager 的完整代码
//===============================================================
using System;
using System.Collections.Generic;
using System.Text;
using s.stuDAL;
using s.stuModels;
namespace s.stuBLL
{
    public static partial class StuManager
    {
        public static StuInfo AddStuInfo(StuInfo stuInfo)
        {
            return StuInfoService.AddStuInfo(stuInfo);
        }
        public static void DeleteStuInfo(StuInfo stuInfo)
        {
            StuInfoService.DeleteStuInfo(stuInfo);
        }
        public static void DeleteStuInfoById(int id)
        {
            StuInfoService.DeleteStuInfoById(id);
        }
        public static void ModifyStuInfo(StuInfo stuInfo)
        {
            StuInfoService.ModifyStuInfo(stuInfo);
        }

        public static IList<StuInfo> GetAllStuInfos()
        {
            return StuInfoService.GetAllStuInfos();
        }
        public static StuInfo GetStuInfoById(int id)
        {
            return StuInfoService.GetStuInfoById(id);
        }
        public static StudentInfo GetUserByUserName(string name)
        {
            return stuService.GetUserByUserName(name);
        }
    }
}
```

注意:这里我们对 stuInfo 表的三层操作各层代码已经列出来了,举一反三,如果我们要对数据库中其他表进行操作,借助这个模型编写代码即可。比如我们要操作一个学生成绩表

stuScore,则需要在 stuDAL 层里建立 stuScoreService 类文件,在 stuBLL 层里建立 stuScore-Manager 类文件,代码仿制 stuInfo 表写即可。

12.3　ObjectDataSource 控件

12.3.1　ObjectDataSource 控件和 SqlDataSource 控件的区别

　　SqlDataSource 等控件极大简化了数据库的访问,无须编写代码就可以选择、更新、插入和删除数据库数据,对于开发两层体系结构(只包含表示层和数据访问层)的应用程序非常容易,适合于规模较小的应用程序,但对于开发企业级多层体系结构的应用程序效果不佳,因为这些数据源控件的灵活性欠缺,它们将表示层和业务逻辑层混合在一起。

　　ObjectDataSource 控件就解决了这一问题,它帮助开发人员在表示层与数据访问层、表示层与业务逻辑层之间建立联系,从而将来自数据访问层或业务逻辑层的数据对象与表示层中的数据绑定控件绑定,实现数据的选择、更新或排序等。

　　ObjectDataSource 控件可以从.aspx 网页和表示层中抽象出特定的数据库设置,并将它们移至多层体系结构中的较低层,如图 12.19 所示。其中,ObjectData-Source 控件通过接口对象或业务实体对象,将数据传递给数据绑定控件,从而实现各项功能。

　　SqlDataSource 控件中的 ConnectionString、ProviderName 和 SelectCommand 属性在 ObjectDataSource 控件中不存在,相反,它们被替换成告诉 ObjectData-Source 控件实例化哪个业务类似以及使用哪个方法来查询或修改数据的其他属性,这些业务类和方法位于数据访问层或业务逻辑层中。

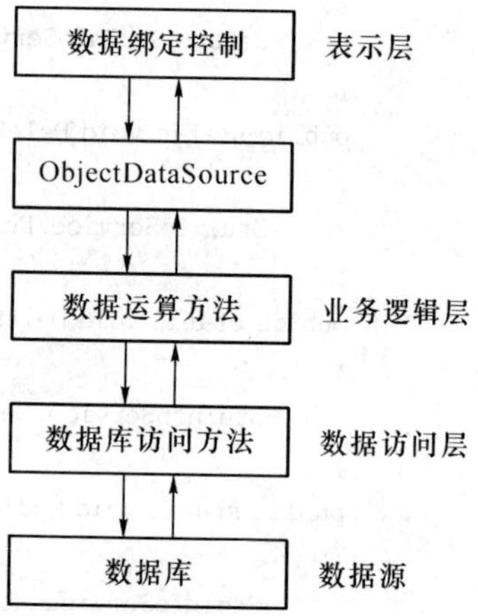

图 12.19　ObjectDataSource 控件的多层应用程序体系

12.3.2　ObjectDataSource 控件的使用方法

　　若要从业务对象中检索数据,需用检索数据的方法的名称设置 SelectMethod 属性,该方法通常返回一个 DataSet 对象。如果方法签名带参数,可以将 Parameter 对象添加到 SelectParameters 集合,然后将使用参数,这些参数必须与方法签名中的参数名称和类型相匹配。每次调用 Select 方法时,ObjectDataSource 控件都检索数据。此方法提供对 SelectMethod 属性所指定的方法的编程访问。当调用绑定到 ObjectDataSource 的控件的 DataBind 方法时,这些控件自动调用 Select-Method 属性指定的方法。如果设置数据绑定控件的 DataSourceID 属性,该控件根据需要自动绑定到数据源中的数据。建议通过设置 DataSourceID 属性将 ObjectDataSource 控件绑定到数据绑定控件。或者设置 DataSource 属性,但之后必须显示调用数据绑定控件的 DataBind 方法。可以随时以编程方式调用 Select 方法以检索数据。

　　根据 ObjectDataSource 控件使用的业务对象的功能,可以执行数据操作,如更新、插入和删除。若要执行这些数据操作,需要为要执行的操作设置适当的方法名称和任何关联的参数。

例如,对于更新操作,将 UpdateMethod 属性设置为业务对象方法的名称,该方法执行更新并将所需的任何参数添加到 UpdateParameters 集合中。如果 ObjectDataSource 控件与数据绑定控件中的字段名称相匹配。调用 Update 方法时,由代码显式执行更新或由数据绑定控件自动执行更新。Delete 和 Insert 操作遵循相同的常规模式。假定业务对象以逐个记录(而不是以批处理)的方式执行这些类型的数据操作。

由 SelectMethod、UpdateMethod、InsertMethod 和 DeleteMethod 属性标识的方法可以是实例方法或 static 方法。如果方法为 static,则不创建业务对象的实例,也不引发 ObjectCreating、ObjectCreated 和 ObjectDisposing 事件。

如果数据作为 DataSet、DataView 或 DataTable 对象返回,ObjectDataSource 控件可以筛选由 SelectMethod 属性检索的数据。可以使用格式字符串语法将 FilterExpression 属性设置为筛选表达式,并将表达式中的值绑定到 FilterParameters 集合中指定的参数。

12.3.3　使用 ObjectDataSource 控件关联数据访问层和表示层

数据访问层主要封装了对数据的存储、访问和管理。反映到组件操作就体现对数据库执行以下任务的方法。

(1) 读取数据库中的数据记录,并将结果集返回给调用者。

(2) 在数据库中修改、删除和新增数据记录。

在实现以上方法的过程中,必然涉及选择、更新、删除和插入等 SQL 语句,所涉及的数据表可能是单个表,也可能是一组相关表。

12.3.4　ObjectDataSource 控件应用示例

现在通过一个示例说明 ObjectDataSource 控件设计多层 Web 应用系统的过程。示例"stuMIS2"实现了根据选择的性别显示相关信息列表,如图 12.20 所示。

具体实现过程如下。

(1) 创建 stuMIS2 解决方案,系统层次结构搭建同 12.2.3 节。

(2) Models 层代码和 DAL 的 DBHelper.cs 代码同 12.2.4 节。

(3) 在 DAL 层添加类文件 stuService.cs,添加过程同 12.2.4 节。

(4) 在 stuService.cs 文件中创建两个方法 GetStudentBySql() 和 GetStudentAllBySex(),编辑 stuService.cs 代码如下:

```
//根据 sql 获取学生信息列表,带参数
private static IList<StudentInfo> GetStudentBySql(string sql)
{
List<StudentInfo> list = new List<StudentInfo>();
try
{
    DataTable dt = DBHelper.GetDataSet(sql);
    foreach (DataRow dr in dt.Rows)
    {
        StudentInfo stu = new StudentInfo();
        stu.ID = (int)dr["id"];
        stu.UserXH = (string)dr["学号"];
```

```
        stu.UserName = (string)dr["姓名"];
        stu.UserSex = (bool)dr["性别"];
        stu.Birthday = (DateTime)dr["出生日期"];
        stu.Address = (string)dr["家庭地址"];
        list.Add(stu);
    }
    return list;
}
catch (Exception e)
    {
            Console.WriteLine(e.Message);
            throw e;
        }
    }
    public static IList<StudentInfo> GetStudentAllBySex(int  sex)
    {
        string sql = "select * from stuInfo where 性别 =" + sex ;
        return GetStudentBySql(sql);
    }
```

图 12.20 示例最终显示效果

（5）在 BLL 层添加类文件 stuManager.cs,添加过程同 12.2.4 节,编辑代码如下：

```
public static IList<StudentInfo> GetStudentAllBySex(int  sex)
{
    return stuService.GetStudentAllBySex(sex);
}
```

（6）在 Web 层的 default.aspx 页面,添加 1 个<asp:RadioButtonList>控件、1 个Button
控件。编辑代码如下：

```
<asp:RadioButtonList ID = "RadioButtonList1" runat = "server" RepeatDirection = "Horizontal">
    <asp:ListItem Value = "1" Selected = "True">男</asp:ListItem>
    <asp:ListItem Value = "0">女</asp:ListItem>
</asp:RadioButtonList>
```

在"显示"按钮的 Click 事件中编辑代码如下：

```
protected void btnShow_Click(object sender, EventArgs e)
{
    Response.Redirect("default2.aspx? stuSex =" + RadioButtonList1.SelectedValue);
}
```

（7）在 Web 层添加页面 default2.aspx。添加 1 个 GridView 控件、1 个 ObjectDataSource

控件。选择 ObjectDataSource 控件,选择"配置数据源"选项,如图12.21所示。

图 12.21　配置 ObjectDataSource 数据源

（8）在弹出的选择业务对象对话框中选择"s.stuBLL.stuManager",如图12.22所示,单击"下一步"按钮。

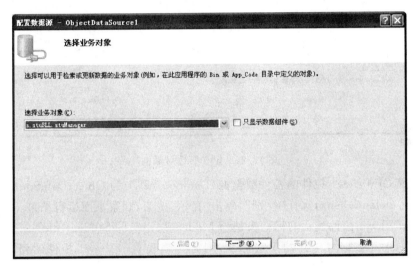

图 12.22　选择业务对象对话框

（9）在定义数据方法对话框中,Select 选择方法中选择"GetStudentAllBySex",如图12.23所示,单击"下一步"按钮（本例中我们不需要更新、插入、删除操作,所以不需要选择 Update、Insert 和 Delete 方法）。

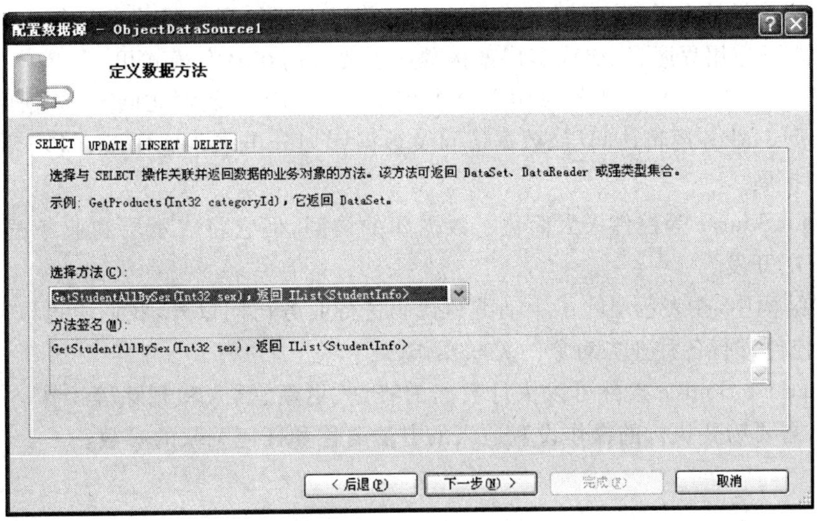

图 12.23　定义数据方法对话框

（10）在定义参数对话框中，参数源选择"QueryString"，QueryStringField 定义"stuSex"，如图 12.24 所示，单击"完成"按钮。

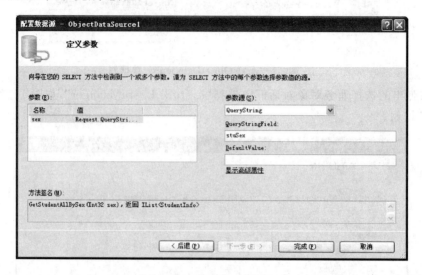

图 12.24　定义参数对话框

（11）设置 GridView1 控件的控件数据源（DataSourceID）为 ObjectDataSource1。

（12）运行 defautl. aspx，选择"性别"，单击"显示"按钮，观察页面运行结果。

注意：GridView1 控件显示的标题头是与 Models 层定义的 StudentInfo. cs 类文件里一致的，如果想要显示和数据表一样的汉字标题，则需要修改 GridView1 控件的列标题 Header-Text 属性值。

12.4　小　　结

- 程序架构设计有单层、双层和多层之分。单层架构的程序目前已经很少了；双层一般是指 C/S 模式下应用程序；三层或多层架构程序主要应用在 B/S 模式里。

- 多层架构是指将整个业务应用划分为表示层、业务层、数据访问层、数据库，明确地将客户端的表示层、业务逻辑访问层、数据访问及数据库划分出来。这样做有利于系统的开发、维护、部署和扩展。

- SqlDataSource 等控件极大简化了数据库的访问，但它将表示层和业务逻辑层混合在一起，适合两层开发。

- 多层结构中，在表示层除了手动编写代码进行业务访问以外，我们也可以使用 Object-DataSource 控件进行各种业务对象的关联操作。

- ObjectDataSource 控件可以执行数据的查询、更新、插入和删除等操作。若要执行这些数据操作，需要为要执行的操作设置适当的方法名称和任何关联的参数。

12.5 习 题

一、填空题

（1）三层架构思想是把程序结构划分层次，分别是_____、_____和_____。

（2）对页面上控件进行外观设计属于_____层操作；实现用户信息查询过程的具体SQL语句属于_____层；根据返回的查询结果，我们要作一些条件判断等过程然后再返回上一层，则属于_____层。

（3）数据源控件_____将表示层和业务逻辑层混合在一起，适合两层开发。

（4）数据源控件_____比较适合多层架构程序设计。

（5）ObjectDataSource控件若要从业务对象中检索数据，需要把_____属性设计成检索的方法名称。

二、操作题

应用三层结构实现一个简单的用户登录过程。

要求：

（1）登录页面名称为login.aspx，首页名称defautl.aspx。

（2）如果登录成功则进入default.aspx页；如果用户名或密码错误则显示相关的提示信息并请用户再一次输入用户名和密码。

（3）采用Acesss数据库，内有一张数据表userInfo，表结构有：编号、姓名、性别、密码、登录次数，至少添加3条记录。

（4）搭建结构的名称可以分别命名：Web、usBLL、usDAL、usModels，分别对应表示层、业务逻辑层、数据访问层和模型层。

Visual Studio 2008快捷键

快捷键，又叫快速键或热键，指通过某些特定的按键、按键顺序或按键组合来完成一个操作，很多快捷键往往与如 Ctrl 键、Shift 键、Alt 键、Fn 键以及 Windows 平台下的 Windows 键和 Mac 机上的 Meta 键等配合使用。利用快捷键可以代替鼠标做一些工作，可以利用键盘快捷键打开、关闭和导航"开始"菜单、桌面、菜单、对话框以及网页。

Visual Studio 2008 快捷键有如下一些。

新建项目 Ctrl+Shift+N
新建网站 Shift+Alt+N
文件 Ctrl+N
打开项目/解决方案 Ctrl+Shift+O
打开网站 Shift+Alt+O
打开文件 Ctrl+O
保存当前文件 Ctrl+S
全部保存 Ctrl+Shift+S
添加新项 Ctrl+Shift+A
添加现有项 Shift+Alt+A
添加类 Shift+Alt+C
撤销 Ctrl+Z
重复 Ctrl+Y
转到 Ctrl+G
循环应用剪贴板中的复制项 Ctrl+Shift+V
设置文档的格式 Ctrl+E,D
设置选定内容的格式 Ctrl+E,F
转换为大写 Ctrl+Shift+U
转换为小写 Ctrl+U
删除水平空白 Ctrl+E,\
查看空白 Ctrl+E,S
自动换行 Ctrl+E,W
渐进式搜索 Ctrl+I
注释选定内容 Ctrl+E,C
取消注释选定内容 Ctrl+E,U
快速查找 Ctrl+F
快速替换 Ctrl+H
在文件中查找 Ctrl+Shift+F
查找下一个 F3

查找上一个 Shift+F3
在文件中替换 Ctrl+Shift+H
查找符号 Alt+F12
切换书签 Ctrl+B,T
启用书签 Ctrl+B,E
上一书签 Ctrl+B,P
下一书签 Ctrl+B,N
清除书签 Ctrl+B,C
添加任务列表快捷方式 Ctrl+E,T
切换大纲显示展开 Ctrl+M,M
切换所有大纲显示 Ctrl+M,L
停止大纲显示 Ctrl+M,P
折叠到定义 Ctrl+M,O
生产方法存根 Ctrl+K,M
列出成员 Ctrl+K,L
参数信息 Ctrl+K,P
快速信息 Ctrl+K,I
完成单词 Ctrl+K,W
插入代码段 Ctrl+K,X
外侧代码 Ctrl+K,S
代码 F7
设计器 Shift+F7
服务器资源管理器 Ctrl+W,L
解决方案资源管理器 Ctrl+W,S
类视图 Ctrl+W,C
代码定义窗口 Ctrl+W,D
对象浏览器 Ctrl+W,J
错误列表 Ctrl+W,E
输出 Ctrl+W,O

属性窗口 Ctrl+W,P

任务列表 Ctrl+W,T

工具箱 Ctrl+W,X

全屏显示 shift+Alt+Enter

向后定位 Ctrl+-

向前定位 Ctrl+Shift+-

属性页 Shift+F4

查找符号结果 Ctrl+W,Q

书签窗口 Ctrl+W,B

命令窗口 Ctrl+W,A

文档大纲 Ctrl+W,U

资源视图 Ctrl+W,R

宏资源管理器 Alt+F8

Web 浏览器 Ctrl+W,W

重命名 F2

提取方法 Ctrl+R,M

封装字段 Ctrl+R,E

提取接口 Ctrl+R,I

将局部变量提升为参数 Ctrl+R,P

移除参数 Ctrl+R,V

重新排列参数 Ctrl+R,O

生成解决方案 F6

生成当前项目 Shift+F6

启动调试 F5

继续 F5

全部中断 Ctrl+Alt+Break

停止调试 Shift+F5

重新启动 Ctrl+Shift+F5

开始执行(不调试)Ctrl+F5

异常 Ctrl+D,E

逐语句 F11

跳出 Shift+F11

逐过程 F10

切换断点 F9

删除所有断点 Ctrl+Shift+F9

断点 Ctrl+D,B

即时 Ctrl+D,I

快速监视 Ctrl+D,Q

监视 1 Ctrl+D,W

监视 2 Ctrl+D+W,2

监视 3 Ctrl+D+W,3

监视 4 Ctrl+D+W,4

自动窗口 Ctrl+D,A

局部变量 Ctrl+D,L

调用堆栈 Ctrl+D,C

线程 Ctrl+D,T

切换当前线程标志状态 Ctrl+8

仅显示标志的线程 Ctrl+9

模块 Ctrl+D,M

进程 Ctrl+D,P

反编译 Ctrl+Alt+D

寄存器 Ctrl+D,R

内存 1 Ctrl+D,Y

内存 2 Ctrl+Alt+M,2

内存 3 Ctrl+Alt+M,3

内存 4 Ctrl+Alt+M,4

附加到进程 Ctrl+Alt+P

代码段管理器 Ctrl+K,Ctrl+B

运行当前宏 Ctrl+Shift+P

记录当前宏 Ctrl+Shift+R

宏 IDE Alt+F11

当前上下文中的测试 Ctrl+R,T

解决方案中的所有测试 Ctrl+R,A

如何实现 Ctrl+F1,H

搜索 Ctrl+F1,S

目录 Ctrl+F1,C

索引 Ctrl+F1,I

帮助收藏夹 Ctrl+F1,F

动态帮助 Ctrl+F1,D

索引结果 Ctrl+F1,T

参 考 文 献

[1] Imar Spaanjaars. ASP. NET 3. 5 入门经典. 北京:清华大学出版社,2008.

[2] Bill Evjen,Scott Hanselman,Devin Rader. ASP. NET 3. 5 高级编程. 北京:清华大学出版社,2008.

[3] 郑淑芬,赵敏翔. ASP. NET 3. 5 最佳实践. 北京:电子工业出版社,2009.

[4] 孔琳俊,陈松. ASP. NET 3. 5 网络开发. 北京:电子工业出版社,2009.

[5] 胡勇辉,曹倬瑝,兰湘涛. ASP. NET 开发实战详解. 北京:电子工业出版社,2006.

[6] 青岛海尔软件有限公司. ASP. NET 程序设计(C#). 北京:电子工业出版社,2011.

[7] 李春葆,喻丹丹,曾慧,等. ASP. NET 动态网站设计教程. 北京:清华大学出版社,2011.

[8] 陈伟,卫琳. ASP. NET 3. 5 网站开发实例教程. 北京:清华大学出版社,2009.

[9] 刘丹妮. ASP. NET2. 0(C#)大学实用教程. 北京:电子工业出版社,2010.

[10] 卫琳. SQL Server 2008 数据库应用与开发教程. 北京:清华大学出版社,2011.

[11] 郑阿奇. SQL Server 实用教程. 北京:电子工业出版社,2005.

[12] http://blog. csdn. net.

[13] http://www. msdn. com.